电工安全 必读

第二版

王曹荣 编著

中国电力出版社
CHINA ELECTRIC POWER PRESS

内 容 提 要

本书内容侧重电气安全技术方面的知识，主要内容包括电工基础知识、电气安全工作、变配电安全、电气安全用具与安全标识、电击防护技术措施、接地与等电位联结、电气防火与防爆、防雷与防静电、电气测量工作、触电危害与救护以及电气事故案例等。在电气事故案例一章中，收集了近百例在实际工作中发生的典型电气事故案例，并对案例从事故经过、原因分析及对策措施三个方面分别加以阐述。

本书可供工矿企业电工作业人员、电气技术人员及电气安全管理人员使用，也可供职业技术类院校电工专业的师生参考。

图书在版编目（CIP）数据

电工安全必读/王曹荣编著．—2版．—北京：中国电力出版社，2015.5

ISBN 978 - 7 - 5123 - 7455 - 3

Ⅰ.①电… Ⅱ.①王… Ⅲ.①电工－安全技术 Ⅳ.①TM08

中国版本图书馆 CIP 数据核字（2015）第 063436 号

中国电力出版社出版、发行

（北京市东城区北京站西街 19 号　100005　http://www.cepp.sgcc.com.cn）

汇鑫印务有限公司印刷

各地新华书店经售

*

2013 年 1 月第一版

2015 年 5 月第二版　　2015 年 5 月北京第三次印刷

850 毫米×1168 毫米　32 开本　15.125 印张　362 千字

印数 6001—9000 册　　定价 **38.00** 元

第二版前言

随着电网生产技术的快速发展，电力安全工作的实际需求也大幅增加。2013 年，国家电网公司对 2005 年版《国家电网公司电力安全工作规程（变电站和发电厂电气部分）》和《国家电网公司电力安全工作规程（电力线路部分）》进行了修订，形成了 Q/GDW 1799.1—2013《国家电网公司电力安全工作规程　变电部分》和 Q/GDW 1799.2—2013《国家电网公司电力安全工作规程　线路部分》发布实施；后又印发了 2014 年版《国家电网公司电力安全工作规程（配电部分）（试行）》，并征集在执行过程中的问题和意见。国家住房和城乡建设部、国家质量监督检验检疫总局也联合发布了 GB 50058—2014《爆炸危险环境电力装置设计规范》，并于 2014 年 10 月 1 日起实施。

为了适应新的标准与规范的要求，本书在第一版的基础上进行了修订。修订时，考虑到新从业电工人员的工作需要，增加了电工基础知识一章内容。修订过程中依据最新版标准和规范，重点对电气安全工作和变配电安全两章的相关内容进行了修补、分解和细化；对触电危害与救护一章内容略做了改动，使其更具有可操作性，便于解决实际问题；对电气防火与防爆一章的相关内容进行了部分修改，使其与最新版标准及规范的要求相一致；增加了部分电气事故案例，案例总数达 90 余例，涉及内容更广，更具参考性。

由于编者学识水平和理解能力有限，在修订过程中难免出现一些不当之处，望读者谅解并欢迎批评指正。

编者

2015 年 5 月

第一版前言

随着国民经济的稳步发展和城乡居民生活水平的不断提高，生产生活用电需求也显著增长，电力电网的投资建设和升级改造工作也步入了快速、高效的快车道，同时对电力电网的安全性和技术性也提出了更高的要求。为满足和适应电力电网的发展形势需要，电工作业人员的专业技术水平和安全防范技能也必须得到同步提升。如何确保电网的安全运行和电力的连续供应，减少因人为因素造成的电气事故的发生频次，降低电气事故造成的经济损失，显得更加重要。

本书主要从电气安全工作、变配电安全、电气安全用具与安全标识、电击防护技术措施、接地与等电位联结、电气防火与防爆、防雷与防静电、电气测量工作、触电危害与救护等方面进行阐述，作为电工作业人员必须阅读和掌握的知识面。在本书最后一章，还收集了80余例在实际工作中发生的典型电气事故案例，希望对读者有所启迪和帮助。在编写过程中，编者除参考了有关书籍外，还参照了国家近几年新颁发的相关规范和标准。

由于编者能力和水平有限，书中难免有错误和疏漏之处，恳请读者批评指正。

编　者

2012 年 9 月

目　录

目　录

第二章　电气安全工作　　　　　　　　　20

目　录

目　录

目　录

目　录

目　录

目　录

目　录

目　录

目　录

目　录

目 录

第八章 防雷与防静电   188

目 录

目　录

目　录

目　录

目　录

第一章

电 工 基 础 知 识

▶ 1 电路及其组成元件

电路是指电流所流经的通路，由不同的电器元件组成。电器元件可大致分为电源、负载、导线及控制元件四类。电源是指发电设备，它是将其他形式的能量（如机械能、风能、热能、光能、化学能、原子核能等）转换为电能，在电路中产生电能。负载是指用电设备，它是将电能转化为其他形式的能量，在电路中使用电能。导线是由导电材料制成，将电路中的电器元件连接成一个通路，在电路中传输电能。控制元件是指具有通断或保护功能的设备，在电路中分配电能。

▶ 2 直流电与交流电

直流电是指电流方向不随时间变化，沿一个方向流动的电流。直流电可分为稳恒直流电（方向、大小都不改变）和脉动直流电（方向不改变，但大小改变）。直流电的方向规定为：在电源内部从负极流向正极，在电源外部从正极流向负极。常用的直流电为稳恒直流电。

交流电是指方向和大小都随时间周期性变化的电流。较为常见的交流电是正弦交流电，其方向和大小是按照正弦函数关系做周期性的变化。

▶ 3 电流及电流强度

带电微粒（电荷）的定向移动就会形成电流。电荷电量的大小用库仑（C）表示。电子所带电量是电量的最小单元，其值为 1.6×10^{-19} C，也就是说，1库仑相当于 6.25×10^{20} 个电子所带的电量。可见，一个电子的带电量也是非常小的，而库仑是一个相当大的计量单位。

电流的大小可以用电流强度来衡量。电流强度（单位为安培，简称安）是指单位时间（单位为秒）内通过导体横截面的电量（单位为库仑），用公式可以表示为 $I=Q/t$（$1A=1C/s$）。

电流强度的计量单位除了安培（A）外，还有千安（kA）、毫安（mA）和微安（μA），其换算关系如下：

$$1kA = 1000A$$
$$1A = 1000mA$$
$$1mA = 1000\mu A$$

4　电压与电动势

电压是指电路中不同两点之间的电位差，是电路产生电流的必要条件之一。电路中两点之间有电压，未必有电流；要有电流，但必须有电压才行。电动势是指电源所能够维持的电路两端的电位差，是电源的固有特性。

电压用"U"表示，电动势用"E"表示。电动势的单位为伏特（简称伏），用"V"表示。电压的单位除了伏特外，还有千伏（kV）、毫伏（mV）和微伏（μV），其换算关系如下：

$$1kV = 1000V$$
$$1V = 1000mV$$
$$1mV = 1000\mu V$$

5　电阻及其影响因素

电流流经导体时会受到阻碍作用，这种阻碍作用被称为电阻。电阻用"R"表示。电阻的单位有欧姆（简称欧，Ω）、千欧（$k\Omega$）、兆欧（$M\Omega$）和毫欧（$m\Omega$），其换算关系如下：

$$1M\Omega = 1000k\Omega$$
$$1k\Omega = 1000\Omega$$
$$1\Omega = 1000m\Omega$$

　　任何导体都具有电阻性质，电阻的大小与导体材料的电阻率（ρ）、长度（L）和截面积（S）有关系。对于某种材料的不同导体，其电阻与导体的长度成正比，与导体的截面积成反比，这就是电阻定律，可以用公式 $R = \rho \dfrac{L}{S}$ 表示。

　　由于导体材料的电阻率受温度影响，因此同一导体在不同温度下的电阻值也是不相同的。

▶ 6　电阻率

　　电阻率是指长度为 1m、横截面积为 $1m^2$ 的导体所具有的电阻值。对于不同材料的导体，其电阻率是不相同的。同一种材料的导体，在不同的温度下，其电阻率也是不相同的。一般来说，导体材料电阻率随着温度的升高而增大。

　　电阻率用"ρ"表示，单位为欧姆·米（Ωm）。常用导体材料在 20℃时的电阻率分别如下：

　　银：$1.65 \times 10^{-8} \Omega m$；铜：$1.75 \times 10^{-8} \Omega m$；

　　铝：$2.83 \times 10^{-8} \Omega m$；钨：$5.48 \times 10^{-8} \Omega m$；

　　铁：$9.78 \times 10^{-8} \Omega m$；铅：$22.2 \times 10^{-8} \Omega m$。

▶ 7　电导和电导率

　　电导是反映导体对电流导通能力大小的物理量，用"G"表示，单位为西门子（S）。电导与电阻互为倒数关系，即 $G = 1/R$（$1S = 1/\Omega$）。

　　电导率是衡量导体导电性能好坏的物理量，用"γ"表示，单位为西门子/米（S/m）。电导率与电阻率互为倒数关系，即 $\gamma = 1/\rho$ [$1S/m = 1/(\Omega \cdot m)$]。

▶ 8　短路与断路

　　在正常工作状态下，电路中的电流会从电源流出，按照要求的路径，经过负载后再返回电源，形成回路。如果电路电流未经过负载或者没有按照所要求的路径而形成回路，这种现象就是短路。如果电路电流不能流动并形成回路，这种现象就是断路。短路和断路都是电路中两种非正常的工作状态，会造成负载不能正常运行。电路发生短路和断路故障时应立即进行排除。

▶ 9 欧姆定律

欧姆定律是描述电流、电压（或电动势）和电阻三者之间关系的定律。有部分电路欧姆定律和全电路欧姆定律两种。

部分电路欧姆定律是指在不包含电源在内的部分电路中，电流（I）的大小与该部分电路上的电压（U）成正比，与该部分电路上的电阻（R）成反比，用公式表示为 $I = \dfrac{U}{R}$，如图 1-1 所示。

全电路欧姆定律是指在含有电源的全电路中，电流（I）的大小与电路中电源的电动势（E）成正比，与电路的总电阻（$R+r$）成反比，用公式表示为 $I = \dfrac{E}{R+r}$，如图 1-2 所示。其中，R 为电路的外电阻，r 为电源的内电阻。通常由于电源的内电阻与电路的外电阻相比很小，因此可以认为电路的端电压基本不变，约等于电源的电动势。

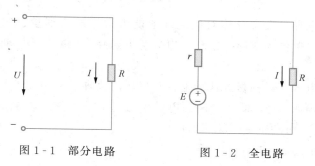

图 1-1　部分电路　　　　图 1-2　全电路

▶ 10　基尔霍夫第一定律

基尔霍夫第一定律也称节点电流定律。节点是指三个或三个以上支路的连接点。基尔霍夫第一定律表明：对于电路的任何一个节点，流入该节点的电流之和等于流出该节点的电流之和，即 $I_i = I_o$。或者说在电路中的任一节点处，电流的代数和为零，即 $\sum I = 0$。在应用时应注意节点处电流的方向，通常规定流入节点的电流为正，流出节点的电流为负。

在图 1 - 3 所示的电路图中，对于节点 1 来说，满足基尔霍夫第一定律的电流关系式为

$$I_1 + I_2 - I_3 = 0$$

对于节点 2 来说，满足基尔霍夫第一定律的电流关系式为

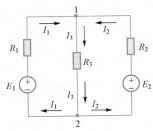

图 1 - 3　双电源电路图

$$I_3 - I_1 - I_2 = 0$$

▶ 11　基尔霍夫第二定律

基尔霍夫第二定律也称回路电压定律。回路是指电路中的任一闭合路径。基尔霍夫第二定律表明：电路中任一回路内电压降的代数和等于电源电动势的代数和，即 $\sum U = \sum E$。在应用时，先选定绕行方向，回路中凡是与绕行方向相同的电动势和电流取正号，反之取负号。电源电动势的方向是从负极到正极。

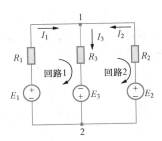

图 1 - 4　三电源电路图

在图 1 - 4 所示的电路图中，对于回路 1 来说，满足基尔霍夫第二定律的电压关系式为

$$I_1 R_1 + I_3 R_3 = E_1 + E_3$$

在图 1 - 4 所示的电路图中，对于回路 2 来说，满足基尔霍夫第二定律的电压关系式为

$$-I_2 R_2 - I_3 R_3 = -E_2 - E_3$$

▶ 12　串联电路及其特点

串联电路是指将两个或两个以上具有电阻参数的电气元件

的首端和尾端依次相连，构成只有一个首端和一个尾端的无分支电路。

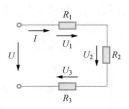

图 1-5　三电阻串联电路

电阻串联电路（如图 1-5 所示）有四个特点：

（1）流过每个电阻的电流都相等，即 $I=I_1=I_2=I_3$。

（2）电路两端的总电压等于各电阻上的电压之和，即 $U=U_1+U_2+U_3$。

（3）电路的等效电阻值等于各电阻值之和，即 $R=R_1+R_2+R_3$。等效电阻值大于最大的电阻值。

（4）具有分压作用。各电阻上的电压与其阻值成正比，阻值大的电压大，阻值小的电压小。用公式表示如下

$$U_1=\frac{R_1}{R_1+R_2+R_3}U$$

$$U_2=\frac{R_2}{R_1+R_2+R_3}U$$

$$U_3=\frac{R_3}{R_1+R_2+R_3}U$$

▶ 13　并联电路及其特点

并联电路是指将两个或两个以上具有电阻参数的电气元件的首端和尾端分别相连，构成只有一个首端和一个尾端的有分支电路。

电阻并联电路（如图 1-6 所示）有四个特点：

（1）每条支路的端电压都相等，即 $U=U_1=U_2=U_3$。

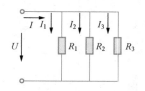

图 1-6　三电阻并联电路

（2）电路的总电流等于各支路电流之和，即 $I=I_1+I_2+I_3$。

（3）电路的等效电阻的倒数等于各支路电阻的倒数之和，

即 $\dfrac{1}{R} = \dfrac{1}{R_1} + \dfrac{1}{R_2} + \dfrac{1}{R_3}$。等效电阻值小于最小的电阻值。

（4）具有分流作用。各支路的电流与其阻值成反比，阻值大的电流小，阻值小的电流大。用公式表示如下

$$I_1 = \frac{R_2 R_3}{R_1 R_2 + R_2 R_3 + R_3 R_1} I$$

$$I_2 = \frac{R_3 R_1}{R_1 R_2 + R_2 R_3 + R_3 R_1} I$$

$$I_3 = \frac{R_1 R_2}{R_1 R_2 + R_2 R_3 + R_3 R_1} I$$

▶ 14 混联电路及其特点

混联电路是指一部分为串联电路，一部分为并联电路的串并联电路。混联电路兼有串联电路和并联电路的特点，其串联部分具有串联电路的特点，并联部分具有并联电路的特点。

三电阻混联电路如图 1-7 所示。

在图中，电阻 R_2 与电阻 R_3 并联后，再与电阻 R_1 串联，其等效电阻为

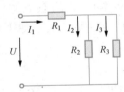

$$R = R_1 + \frac{R_2 R_3}{R_2 + R_3}$$

图 1-7 三电阻混联电路

该电路的总电流为

$$I = \frac{U}{R} = \frac{R_2 + R_3}{R_1 R_2 + R_2 R_3 + R_3 R_1} U$$

（1）流经电阻 R_1 上的电流等于电路的总电流，其值为

$$I_1 = I = \frac{R_2 + R_3}{R_1 R_2 + R_2 R_3 + R_3 R_1} U$$

（2）电阻 R_1 两端的电压为

$$U_1 = I_1 R_1 = \frac{R_1 R_2 + R_3 R_1}{R_1 R_2 + R_2 R_3 + R_3 R_1} U$$

（3）电阻 R_2 和电阻 R_3 两端的电压相等，其值为

$$U_2 = U_3 = U - U_1 = \frac{R_2 R_3}{R_1 R_2 + R_2 R_3 + R_3 R_1} U$$

（4）流经电阻 R_2 上的电流为

$$I_2 = \frac{U_2}{R_2} = \frac{R_3}{R_1R_2 + R_2R_3 + R_3R_1}U$$

（5）流经电阻 R_3 上的电流为

$$I_3 = \frac{U_3}{R_3} = \frac{R_2}{R_1R_2 + R_2R_3 + R_3R_1}U$$

▶ 15　电功与电功率

电功也称电能，是指电流在电路中所做的功，用"W"表示。电功的常用单位有焦耳（简称焦，J），千焦（kJ）和兆焦（MJ），换算关系如下：

$$1MJ = 1000kJ$$

$$1kJ = 1000J$$

电功率是指电流在单位时间内所做的功，用"P"表示。电功率的单位有瓦特（简称瓦，W）、千瓦（kW）和兆瓦（MW），换算关系如下：

$$1MW = 1000kW$$

$$1kW = 1000W$$

电功的大小与电路中的电压、电流和通电时间有关，用公式可表示为 $W = UIt$。电功和电功率之间的关系式为 $W = Pt$（$1J = 1Ws$）。

千瓦·时（kWh，俗称度）是电能表计量电能时所用的单位。功率为 1kW 的用电设备在 1h 所消耗的电能为 1kWh。与焦耳的换算关系如下：

$$1kWh = 3.6MJ = 3.6 \times 10^3 kJ = 3.6 \times 10^6 J$$

▶ 16　电流的热效应

电流的热效应是指电流通过电阻时，电阻就会发热，将电能转化为热能。热效应可以通过焦耳—楞次定律进行计算。也就是说电流通过电阻时，电阻所产生的热量与电流的平方、电阻和通电的时间成正比，用公式可表示为 $Q = I^2Rt$。热量的单位与电功的单位相同，也为焦耳（J）。

17 正弦交流电及其三要素

正弦交流电是指方向和大小周期性地按照正弦函数规律交替变化的交流电，通常所说的交流电指的是正弦交流电，如图1-8所示。

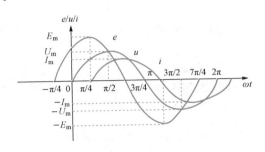

图 1-8 正弦交流电波形图

正弦交流电是由交流发电机产生的。交流发电机根据电磁感应原理制成，由线圈（绕组）在磁场中连续作旋转运动，在线圈中产生感生电动势。线圈两端通过铜环、电刷等装置与外部电路相连，形成回路。交流发电机的本身结构就决定了线圈中的感生电动势按照正弦函数规律变化，最终形成正弦交流电。

正弦交流电可以用下列三角函数式表示

$$e = E_m \sin(\omega t + \varphi_e)$$
$$u = U_m \sin(\omega t + \varphi_u)$$
$$i = I_m \sin(\omega t + \varphi_i)$$

正弦交流电的三要素是指最大值、角频率（或频率或周期）和初相角。

（1）最大值（E_m、U_m、I_m）是指交流电最大的瞬时值。

（2）角频率（ω）是指交流电在1s内变化的电角度，频率（f）是指交流电在1s内重复变化的次数，周期（T）是指交流电每重复变化一次所用的时间。

（3）相位角（$\omega t+\varphi_e$、$\omega t+\varphi_u$、$\omega t+\varphi_i$）是指交流电在任意时刻的电角度（线圈平面与中性面的夹角）；初相角（φ_e、φ_u、φ_i）是指交流电在起始时刻（$t=0$ 时）的相位角。在图 1-8 中，电动势 e、电压 u 和电流 i 的初相角分别为 $-\dfrac{\pi}{4}$（等于 $-45°$）、0（即 $0°$）和 $\dfrac{\pi}{4}$（等于 $45°$）。

▶ 18　正弦交流电的频率、角频率和周期之间的换算关系

正弦交流电的频率（f）、角频率（ω）和周期（T）之间的关系用公式表示如下

$$\omega = 2\pi f = \frac{2\pi}{T} \quad (\text{rad/s})$$

$$f = \frac{1}{T} = \frac{\omega}{2\pi} \quad (\text{Hz})$$

$$T = \frac{1}{f} = \frac{2\pi}{\omega} \quad (\text{s})$$

工频正弦交流电的频率为 $50\mathrm{Hz}$，角频率为 $314\mathrm{rad/s}$，周期为 $0.2\mathrm{s}$。

▶ 19　正弦交流电的有效值与最大值

正弦交流电的大小是不断变化的。在不同的时刻，正弦交流电的瞬时值是不同的。正弦交流电在一周期内变化中所出现的峰值，称为最大值。为了准确地反映交流电的大小，便于计算和测量，而引入了交流电有效值的概念。将交流电和某一直流电分别通过阻值完全相同的两个电阻，如果在相同的时间内两种电流产生的热量相等，就把该直流电的数值定义为该交流电的有效值。也就是说，把与交流电热效应相等的直流电流（电压、电动势）值定义为交流电流（电压、电动势）的有效值。交流电流、电压、电动势的表示符号分别为 "I"、"U"、"E"。

交流电有效值（I、U、E）与最大值（I_m、U_m、E_m）之间的换算关系如下

$$I = \frac{I_m}{\sqrt{2}} \approx 0.707I_m$$

$$U = \frac{U_m}{\sqrt{2}} \approx 0.707U_m$$

$$E = \frac{E_m}{\sqrt{2}} \approx 0.707E_m$$

20　电磁感应现象

电磁感应现象是指变化的磁场可以在导体中产生电动势，也称动磁生电。无论是导体在磁场中作切割磁力线运动，还是线圈中的磁通发生变化，其实质都是穿过导体或线圈的磁场发生变化，在导体或线圈中产生电动势。如果导体或线圈是闭合电路的一部分，则会在导体或线圈中产生电流。由电磁感应产生的电动势称为感生电动势，由感生电动势引起的电流称作感生电流。

21　自感现象

当电流流经线圈时，都会在其周围产生磁场，磁场的方向可以用安培定则判断。如果流入线圈中的电流发生变化时，磁场也会跟着变化。变化的磁场会在线圈中产生感生电动势，感生电动势总是阻碍磁场的变化。这种因流过线圈本身的电流发生变化而产生感生电动势的电磁感应叫自感现象，简称自感。由自感产生的感生电动势称作自感电动势。

自感电动势的大小与外电流的变化率成正比。自感电动势的方向可以用楞次定律判断。线圈中的外电流减小，自感电动势与外电流同向；线圈中的外电流增大，自感电动势与外电流反向。

22　互感现象

当一个线圈中的电流发生变化时，在另一个线圈中产生感

生电动势的电磁感应叫互感现象，简称互感。由互感产生的电动势叫互感电动势。

互感电动势的大小与穿过本线圈磁通的变化率成正比，也与另一线圈中电流的变化率成正比。互感电动势的方向，不但与原磁通的大小、变化方向有关，还与线圈的绕向有关。

23　同名端与异名端

对于绕向相同的两个及以上线圈来说，将其感生电动势极性始终保持一致的端点互称为同名端，感生电动势极性不一致的端点互称为异名端。线圈的同名端用"·"表示。当两个及以上线圈的电流分别由同名端流入或流出时，它们所产生的磁通是互相增强的。否则，所产生的磁通则是相互抵消的。

24　电感及其影响因素

电感是电感量的简称，是衡量电感器（线圈）产生自感磁通大小的物理量。电感是指线圈中每通过单位电流时所产生的自感磁通，用"L"表示。如果一个线圈中通过 1A 的电流，能产生 1Wb 的自感磁通，就将该线圈的电感定义为 1H，即 $1H=1Wb/A$。电感的单位除亨利（简称亨）外，还有毫亨（mH）和微亨（μH），其换算关系如下：

$$1H = 1000mH$$

$$1mH = 1000\mu H$$

电感的大小不但与线圈的匝数（匝数越多，电感越大）和几何形状有关，而且与线圈中媒介质的磁导率有关系。对于结构一定的空心线圈，其电感为常数。对有铁芯的线圈，其电感不是一个常数。

25　电感的串联与并联

（1）对于线圈本身有磁屏蔽的无互感线圈来说：

1）串联时的总电感为各线圈的电感之和，即

$$L = L_1 + L_2 + L_3 + \cdots$$

2）并联时的总电感的倒数等于各线圈的电感的倒数之

和，即

$$\frac{1}{L} = \frac{1}{L_1} + \frac{1}{L_2} + \frac{1}{L_3} + \cdots$$

（2）对于有互感的两个线圈来说：

1）顺串（异名端相连接）时，总电感的计算公式为

$$L = L_1 + L_2 + 2M$$

2）反串（同名端相连接）时，总电感的计算公式为

$$L = L_1 + L_2 - 2M$$

其中 M 为两个线圈之间的互感系数。

26　感抗及其大小

感抗是指线圈对交流电的阻碍作用，用 X_L 表示。感抗常用的单位是欧姆（Ω）。线圈感抗的大小，与线圈的电感和交流电的频率成正比。用公式表示如下：

$$X_L = 2\pi fL = \omega L \qquad (1\Omega = 1\text{rad} \cdot \text{Hz} \cdot \text{H} = 1\text{rad/s} \cdot \text{H})$$

电感器具有通直流、阻交流和通低频、阻高频的作用。交流频率越高，电感器产生的感抗越大。

27　电容及其影响因素

电容是电容量的简称，是衡量电容器储存电荷能力大小的物理量，用"C"表示。电容量越大，说明电容器储存电荷的能力越强。电容量的大小，可以电容器每一极板的电量（Q）与两极板之间的电压（U）比值来计算，即 $C = Q/U$。电容的单位有法拉（简称法 F）、微法（μF）和皮法（pF），1F 是指加在电容器两端的电压为 1V 时，电容器可以储存 1C 的电量，即 1F＝1C/V。电容单位之间的换算关系如下：

$$1\text{F} = 1 \times 10^6 \mu\text{F}$$

$$1\mu\text{F} = 1 \times 10^6 \text{pF}$$

电容的大小与电容器两极板的相对面积、两极板的间距以及两极板中间的绝缘介质有关。对于绝缘介质相同的电容器，极板相对面积越大、极板间距越小，电容越大。

输电线路的导线与导线之间、导线与大地之间以及变压器和电动机的绕组每匝导线之间、绕组与外壳之间都有电容存在。

▶▶ 28 电容器的串联与并联

电容器串联、并联时，等效电容值的计算与电阻有所不同。电容器串联时，电路的等效电容值的倒数等于各电容器电容值的倒数之和，等效电容值小于最小的电容值。电容器并联时，电路的等效电容值等于各电容器电容值之和，等效电容值大于最大的电容值。

三电容串联电路如图 1 - 9 所示。其等效电容计算公式为

$$\frac{1}{C} = \frac{1}{C_1} + \frac{1}{C_2} + \frac{1}{C_3}$$

三电容并联电路如图 1 - 10 所示，其等效电容计算公式为

$$C = C_1 + C_2 + C_3$$

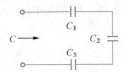

图 1 - 9 三电容串联电路   图 1 - 10 三电容并联电路

▶▶ 29 容抗及其大小

容抗是指电容器对交流电的阻碍作用，用"X_C"表示。容抗常用的单位是欧姆（Ω）。电容器容抗的大小与电容器的电容、交流电的频率成反比，用公式表示如下

$$X_C = \frac{1}{2\pi f C} = \frac{1}{\omega C} \quad [1\Omega = 1/(\text{rad} \cdot \text{Hz} \cdot \text{F}) = 1\text{s}/(\text{rad} \cdot \text{F})]$$

电容器具有通交流、断直流的作用。交流频率越高，电容器产生的容抗越小。在电力系统中，电容器可用来调整电压和改善功率因数；在电子电路中，电容器可用来隔断直流和滤波等。

▶ **30　阻抗及其简单计算**

阻抗是指电阻、电感和电容组成的电路对交流电产生的阻碍作用的总称，用"Z"表示。阻抗的常用单位也是欧姆（Ω）。阻抗的大小，与电阻、感抗和容抗有关系。阻抗可以由电阻和感抗（或容抗）两者组成，也可以由电阻、感抗和容抗三者共同组成。感抗和容抗合称为电抗，用"X"表示。

由电阻分别与电感、电容组成的两元件串并联交流电路，其电路阻抗计算公式分别如下：

（1）电阻与电感串联

$$Z = \sqrt{R^2 + X_L^2}$$

（2）电阻与电容串联

$$Z = \sqrt{R^2 + X_C^2}$$

（3）电阻与电感并联

$$Z = \frac{RX_L}{\sqrt{R^2 + X_L^2}}$$

（4）电阻与电容并联

$$Z = \frac{RX_C}{\sqrt{R^2 + X_C^2}}$$

▶ **31　电阻、电感和电容三元件交流电路的阻抗**

由电阻、电感和电容组成的三元件交流电路，常见的有三种情况：①三元件相互串联；②三元件相互并联；③电阻与电感串联后，再与电容并联。三种连接方式下的电路阻抗计算公示分别如下：

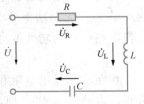

图 1-11　电阻电感与
电容串联电路

（1）电阻、电感、电容相互串联，如图 1-11 所示。

$$Z = \sqrt{R^2 + (X_L - X_C)^2}$$

（2）电阻、电感、电容相互并联，如图 1-12 所示。

$$Z = \frac{RX_L X_C}{\sqrt{R^2(X_L - X_C)^2 + (X_L X_C)^2}}$$

（3）电阻与电感串联后，再与电容并联，如图 1 - 13 所示。

$$Z = \frac{\sqrt{R^2 + X_L^2} \cdot X_C}{\sqrt{R^2 + X_L^2 + X_C^2}}$$

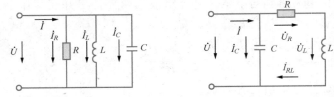

图 1 - 12　电阻电感与　　　　图 1 - 13　电阻电感串联后与
电容并联电路　　　　　　　　电容并联电路

32　有功功率、无功功率、视在功率

有功功率是指交流电路中瞬时功率在一个周期内的平均功率，等于电路从电源吸取的净功率，用"P"表示。有功功率的单位有瓦（W）、千瓦（kW）和兆瓦（MW）。单相交流电路中有功功率的计算公式如下

$$P = UI\cos\varphi$$

无功功率是指交流电路中电感或电容用来交换的功率，用"Q"表示。无功功率的单位有乏（var）、千乏（kvar）。单相交流电路中有功功率的计算公式如下

$$Q = UI\sin\varphi$$

视在功率是指电阻和电抗交流电路中电压和电流有效值的乘积，也指总功率，用"S"表示。视在功率的单位有伏安（VA）、千伏安（kVA）和兆伏安（MVA）。单相交流电路中有功功率的计算公式如下

$$S = UI = \sqrt{P^2 + Q^2}$$

以上公式中，当电压 U 的单位为伏特（V）、电流 I 的单位为安培（A）时，有功功率的对应单位取瓦特（W）、无功功率的对应单位取乏（var）、视在功率（S）的对应单位取伏安（VA）。$\cos\varphi$、$\sin\varphi$ 分别为电压与电流夹角 φ 的余弦值、正弦值。

▶ 33　功率因数及其作用

功率因数是指交流电路中电压与电流之间的相位差 φ 的余弦值，也叫力率，用 $\cos\varphi$ 表示。其值等于有功功率与视在功率的比值，用公式表示如下

$$\cos\varphi = \frac{P}{S}$$

功率因数的高低可以反映交流电路中有功功率在视在功率中的占比，衡量电网供用电质量的优劣。功率因数太低，说明线路中无功功率及电能损耗太大，会影响到有功功率和电能的分配、传送和使用，也会增大线路电压损失，降低线路供电质量。通常采用电力电容器并联补偿的办法，提高线路功率因数。

▶ 34　三相正弦交流电

三相正弦交流电指的是由三个最大值相等、频率相同、相位角互差 $120°$ 的单相正弦交流电组成的交流电。三相正弦交流电是由三相交流发电机产生的。以电源电动势为例，三相正弦交流电的波形图如图 1-14 所示。

以上三相正弦交流电电动势的瞬时值可以表示如下

$$e_u = E_m \sin\omega t$$
$$e_v = E_m \sin(\omega t - 120°)$$
$$e_w = E_m \sin(\omega t - 240°) = E_m \sin(\omega t + 120°)$$

按照瞬时值达到最大值的先后顺序，三个单相交流电分别用 u、v、w 表示，该顺序也称为正相序。为便于区分，按照规定的正相序对三根电源相线分别用 L1（黄色）、L2（绿色）、

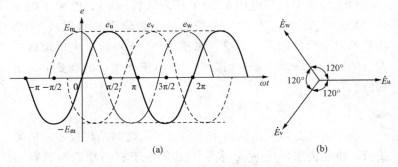

图 1 - 14　三相正弦交流电电动势波形及相量图

（a）波形图；（b）相量图

L3（红色）进行标识。

35　三相三线制、三相四线制与三相五线制

三相三线制是指将三相交流电源（发电机或变压器）用三根输电导线（称作相线）引出向外供电的系统。三相三线制供电的电源既可以采用三角形（△）连接，也可以采用星形（Y）连接，如图 1 - 15 所示。三相三线制多用于高压输电系统。

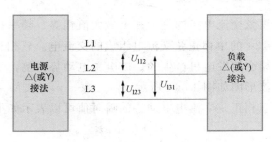

图 1 - 15　三相三线制电路图

三相四线制（TN-C）是指三相交流电源（发电机或变压器）用四根输电导线（三根相线、一根中性线）引出向外供电的系统。三相四线制供电的电源只能采用星形连接，电源中性

点必须接地（称作工作接地）并将中性线引出，如图 1 - 16 所示。中性线上有电流，具有工作和保护双重作用，用"PEN"标识。三相四线制多用于低压供电系统，可同时提供 380V 和 220V 两种电压，分别用于动力设备和照明设备。

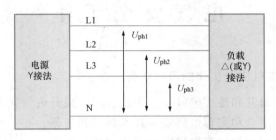

图 1 - 16　三相四线制电路图

三相五线制（TN-S）是在三线四线制基础上形成的，除了四根输电导线（三根相线、一根中性线）外，还增加了一根起安全保护作用的导线（称作保护接地线，用"PE"标识），将工作接地线与保护接地线区分开来。保护接地线连接在电源装置、配电设备和用电设备的外露可导电壳体上，与工作接地共用接地体，并可做重复接地。当供配电装置和用电设备正常运行时，保护接地线上没有电流。只有当供配电装置或用电设备发生故障（短路、接地等）时，保护接地线上有故障电流流过，促使保护装置动作，最终切断供电线路电源。

36　线电压、线电流和相电压、相电流

在三相交流电路中，线电压是指相线与相线之间的电压，线电流是指每条相线中流过的电流。相电压是指每相负载两端的电压，相电流是指流经每相负载的电流。线电压与相电压、线电流与相电流之间存在着一定的关系，具体因电源或负载的接法不同而不同。线电压、线电流分别用 U_l、I_l 表示，相电压、相电流分别用 U_{ph}、I_{ph} 表示。

电 气 安 全 工 作

1 电气安全工作的基本任务

（1）研究和推广电气安全先进技术，提升电气安全水平。

（2）建立和完善电气安全技术标准和规范。

（3）制定和执行电气安全管理制度和程序。

（4）研究和落实电气安全技术方案和措施。

（5）部署和实施电气作业人员安全知识教育、培训和考核工作。

（6）分析电气事故案例原因和规律，提出有效预防措施，减少电气事故发生。

（7）编制和演练电气事故应急救援预案，提高应急救援队伍对突发性事故的应急响应速度和处理能力。

2 电气安全工作的基本要求

（1）建立健全规章制度。合理的规章制度是人们从长期生产实践中总结出来的，是保证安全生产的有效措施，包括安全操作规程、电气安装规程、运行管理和维护检修制度及其他规章制度。

（2）配备管理机构和管理人员。管理机构要结合用电特点和操作特点，管理人员应具备必需的电工知识和电气安全知识，管理机构之间和人员之间要相互配合。

（3）进行安全检查。定期地进行群众性的电气安全检查，检查内容要详细，发现问题及时解决。

（4）加强安全教育。安全教育的目的是为了使工作人员懂得电的基本知识，认识安全用电的重要性，掌握安全用电的基本方法。

（5）组织事故分析。通过事故分析，吸取教训，分析事故原因，制定防范措施。

（6）建立安全资料。安全技术资料是做好安全工作的重要依据，应该注意收集和保存。

▶▶ 3　保证电气安全的基本要素

影响电气安全的要素较多，保证电气安全的基本要素主要有以下几方面：

（1）电气绝缘。电气设备和线路的绝缘性能，是保证电气安全最基本的要素。绝缘电阻、耐压强度、泄漏电流和介质损耗等参数的大小可以反映绝缘性能的好坏。

（2）安全距离。安全距离是指人体、物体等接近带电体时不会发生电击危险的可靠距离。安全距离包括带电体与带电体之间、带电体与地面之间、带电体与人体之间、带电体与其他物体之间的可靠距离。

（3）安全载流量。安全载流量是指电气设备和线路允许长期通过的电流，是保证设备和线路正常运行的重要参数。

（4）安全标志。安全标志是用来表明电气设备和线路所处的状态或者用来提醒电气作业人员必须遵守的指令。安全标志是保证电气安全的重要因素。

▶▶ 4　电气作业人员应具备的基本条件

电气作业人员应具备下列基本条件：

（1）到达法定工作年龄，经医师鉴定无妨害工作的病症（体格检查每两年至少一次）。

（2）接受相应的安全生产知识教育和岗位技能培训，掌握必要的电气知识和业务技能，熟悉 Q/GDW 1799.1—2013《国家电网公司电力安全工作规程　变电部分》、Q/GDW 1799.2—2013《国家电网公司电力安全工作规程　线路部分》

和《国家电网公司电力安全工作规程　配电部分（试行）》（合并简称《电力安全工作规程》）相关知识，并经考试合格后持证上岗。

（3）具备必要的安全生产知识，学会紧急救护法，特别要学会触电急救。

（4）进入作业现场应正确佩戴安全帽，现场作业人员应穿全棉长袖工作服、绝缘鞋。

5　电气作业人员的教育和培训

电气作业人员应当接受相应的安全生产教育和岗位技能培训，经考试合格上岗。

（1）电气作业人员对《电力安全工作规程》应每年考试一次。考试不合格者必须重新学习，直至考试合格。否则调换工作岗位，禁止从事电气作业。

（2）因故间断电气作业连续三个月以上者，应重新学习《电力安全工作规程》，并经考试合格后，方可恢复工作。

（3）新参加电气作业人员、实习人员和临时参加劳动的人员（管理人员、非全日制用工等），应经过安全知识教育后，方可到现场参加指定的工作，并且不准单独工作。

（4）外来单位或外来人员参与电气工作，应熟悉《电力安全工作规程》，经考试合格，并经设备运维管理单位认可后，方可参加工作。工作前，设备运维管理单位应告知现场电气设备接线情况、危险点和安全注意事项。

6　电气作业人员应当履行的职责

（1）积极参加电气作业安全技术培训，做到持证上岗。

（2）自觉遵守电气安全法律法规、管理制度和操作规程，杜绝各种违章违纪现象。

（3）对分管电气设备和线路的安全负责，做好巡视检查工作，及时发现和消除各种安全隐患。

（4）对于自己无法处理的电气故障，要及时报告上级主管领导，寻求解决方案。

（5）架设临时线路或者从事危险作业（如高空作业、高温作业、动土作业和受限空间作业等），必须遵守相关审批程序。

（6）积极宣传电气安全技术知识，及时纠正和制止各种违章指挥和违章作业行为。

▶▶ **7　电气作业安全措施的分类**

电气作业的安全措施一般可分为安全组织措施和安全技术措施两大类。两大类措施也是《电力安全工作规程》的主要组成部分，具有同等的作用，互为补充，缺一不可。安全技术措施又可分为预防性措施和防护性措施：预防性技术措施是为了防止产生危害人身安全的因素；防护性技术措施是当发生危害人身安全的因素时，保护工作人员不受伤害。

▶▶ **8　保证电气作业安全的组织措施**

保证电气作业安全的组织措施包括：现场勘察制度；工作票制度；工作许可制度；工作监护制度；工作间断、转移制度；工作终结和恢复送电制度。

▶▶ **9　现场勘察制度**

现场勘察制度就是指电气作业相关人员在作业开始前，根据工作任务对作业现场的设备线路进行查看，确定停电范围，辨别危险源、识别危险因素，提出注意事项，制定组织、技术和安全措施，并填写现场勘察记录。

现场勘察制度的相关要求如下：

（1）现场勘察应由工作票签发人或工作负责人组织，工作负责人、设备运维管理单位（用户单位）和检修（施工）单位相关人员参加。对涉及多专业、多部门、多单位的作业项目，应有项目主管部门、单位组织相关人员共同参与。

（2）现场勘察内容主要包括作业需要停电的范围，保留的带电部位，装设接地线的位置，以及邻近设备或线路、交叉跨越、多电源、自备电源、地下管线设施和作业现场的条件、环境及其他影响作业的危险点等。

（3）根据现场勘察结果，对危险性、复杂性和困难程度较大的作业项目，应编制组织措施、技术措施和安全措施，经项目主管单位批准后执行。

（4）现场勘察后，现场勘察记录应送交工作票签发人、工作负责人及相关人员，作为填写工作票的依据。

（5）开工前，工作负责人或工作票签发人应重新核对现场勘察情况，发现情况变化，则应及时修正、完善相应的安全措施。

现场勘察记录格式如下：

现场勘察记录

勘察单位：_____   部门（或班组）：_____

编号：_____   勘察负责人：_____

勘察人员：_____

勘察的线路名称或设备双重名称（多回应注明双重称号及方位）：

_____

工作任务（工作地点或地段以及工作内容）：_____

_____

现场勘察内容：

1. 工作地点需要停电的范围：
2. 保留的带电部位：

3. 作业现场的条件、环境及其他危险点（应注明：交叉、邻近或同塔或并行电力线路；多电源、自发电情况；地下管网沟道及其他影响施工作业的设施情况）：

4. 应采取的安全措施（应注明：接地线、绝缘隔板、遮栏、围栏、标示牌等装设位置）：

5. 附图与说明：

记录人：_____　勘察日期：_____年___月___日___
时___分至___时___分。

10　工作票和工作票制度

工作票是准许在电气设备和线路上工作的书面命令，是现场工作开始前需要布置安全措施和到施工现场开展工作的主要依据，也是履行工作许可、监护、间断、转移、终结和恢复送电制度所必需的手续。工作票制度是指在电气设备和线路上工作时，必须填写和使用工作票或者按照命令执行的一项制度。

11　工作票种类及其格式

工作票一般可分为第一种工作票、第二种工作票、带电作业工作票、事故（或故障）紧急抢修单、低压工作票及其他书面记录或口头、电话命令等。根据工作性质、工作内容的不同，可分别用于变电站（发电厂）、电力线路、电力电缆、20kV 及以下配电网中的设备和线路四种工作场所。

各种工作场所的工作票，其内容和格式有所不同，见附录 A。

▶ **12 第一种工作票的适用范围**

（1）变电站（发电厂）第一种工作票适用于以下几种情况的工作：

1）高压设备上的工作，需要全部停电或部分停电。

2）二次系统和照明等回路上的工作，需要将高压设备停电或采取安全措施。

3）高压电力电缆需要停电的工作。

4）需要将高压直流系统或直流滤波器停用的工作。

5）需要将高压设备停电或采取安全措施的其他工作。

（2）电力线路第一种工作票适用于以下几种情况的工作：

1）在停电的线路或同杆（塔）架设多回线路中的部分停电线路上的工作。

2）在停电的配电设备上的工作。

3）高压电力电缆需要停电的工作。

4）在直流线路停电时的工作。

5）在直流接地极线路或接地极上的工作。

（3）配电第一种工作票适用于需要将高压设备、线路停电或采取安全措施的配电工作。以下几种情况，可以使用配电第一种工作票：

1）同一高压配电站、开闭所内，全部停电或属于同一电压等级、同时停送电、工作中不会触及带电导体的几个电气连接部分上的工作。

2）同一天在几处同类型高压配电站、开闭所、箱式变电站、柱上变压器等配电设备上依次进行的同类型停电工作。

3）配电变压器及其与其连接的高、低压配电线路（含线路上的设备及其分支线）或设备上同时停送电的工作。

4）一条配电线路（含线路上的设备及其分支线）或同一

个电气连接部分的几条配电线路或同（联）杆塔架设、同沟（槽）敷设且同时停送电的几条配电线路。

5）不同配电线路（含线路上的设备及其分支线）改造形成同一电气连接部分，且同时停送电者。

▶ **13　第二种工作票的适用范围**

（1）变电站（发电厂）第二种工作票适用于以下几种情况的工作：

1）符合设备不停电安全距离要求的相关场所的工作、带电设备外壳上的工作以及不可能触及带电设备导电部分的工作。

2）高压电力电缆不需要停电的工作。

3）控制盘和低压配电盘、配电箱、电源干线上的工作。

4）二次系统和照明等回路上的工作，不需要将高压设备停电或者采取安全措施。

5）转动中的发电机、同期调相机的励磁回路或高压电动机转子电阻回路上的工作。

6）非运维人员用绝缘棒、核相器和电压互感器定相或用钳形电流表测量高压回路电流的工作。

7）无需将高压直流系统以及直流单、双极或直流滤波器停用的相关工作。

（2）电力线路第二种工作票适用于以下几种情况的工作：

1）在带电线路杆塔上且与带电导线之间的距离不符合安全距离要求的工作。

2）电力电缆不需要停电的工作。

3）在运行中的配电设备上的工作。

4）在直流线路上或直流接地极线路上不需要停电的工作。

（3）配电第二种工作票适用于高压配电（含相关场所及二次系统）工作，与邻近带电导体的距离大于设备不停电时的安全距离、不需要将高压设备及线路停电或者采取安全措施的配电工作。以下两种情况，可以使用一张配电第二种工作票：

1）同一电压等级、同类型、相同安全措施且依次进行的不同配电线路或不同工作地点上的不停电工作。

2）同一高压配电站、开闭所内，在几个电气连接部分上依次进行的不停电工作。

▶ **14　带电作业工作票的适用范围**

为避免大面积停电，减少停电损失，通常需要带电作业。带电作业工作票适用于带电作业，或者人身与邻近带电导体之间的距离小于设备不停电时的安全距离、大于带电作业时的安全距离的不停电作业。

▶ **15　事故紧急抢修单的适用范围**

电力设备、线路在运行过程中，受各种不利因素影响，会发生故障或事故，造成电力供应中断。事故紧急抢修单适用于设备、线路发生事故需要紧急抢修时的工作，非连续进行的事故修复工作，应使用工作票。20kV 及以下配电网中的设备、线路发生故障需要紧急处理时，应填写配电故障紧急抢修单；非连续进行的故障修复工作，应使用工作票。

电力线路事故紧急抢修单除与变电站（发电厂）事故紧急抢修单的名称不同外，其他内容和格式完全相同。

▶ **16　按口头或电话命令执行的工作**

可按口头或电话命令执行的工作包含以下几种：

（1）测量接地电阻工作。

（2）修剪树枝或砍伐树木工作。

（3）杆塔底部或基础等地面检查、消缺工作。

（4）涂写杆塔号、安装标示牌等工作地点在杆塔最下层导线以下，并能够满足与带电体之间安全距离要求的工作。

（5）进户、接户计量装置上的不停电工作。

（6）单一电源低压分支线的停电工作。

（7）不需要高压设备、线路停电或者采取安全措施的配电运维一体工作。

▶▶ **17　工作票的填写与签发规定**

（1）工作票应由设备运维管理单位签发，也可经设备运维管理单位审核合格且经批准的检修及基建单位签发。检修及基建单位的工作票签发人、工作负责人名单应事先送有关设备运维管理单位、调度控制中心备案。

（2）工作票由工作票签发人填写，也可以由工作负责人填写。同一张工作票中，工作许可人和工作负责人不得互相兼任。若工作票签发人兼任工作许可人或工作负责人，应具备相应资质，并履行相应安全责任。

（3）工作票签发人应使用黑色或蓝色的钢（水）笔或圆珠笔填写工作票，字迹清楚、内容正确，不得任意涂改。如有个别错、漏字需要修改，应使用规范的符号。用计算机生成或打印的工作票应使用统一的票面格式。由工作票签发人审核无误，手工或电子签名后方可执行。

（4）工作票应一式两份。一份应提前交给工作负责人，保存在工作地点；另一份由工作许可人收执，按值移交。工作许可人应将工作票的编号、工作任务、许可及终结时间记入登记簿。

（5）第一种工作票所列工作地点超过两个，或有两个及以上不同的工作单位（班组）在一起工作时，可采用总工作票和分工作票。

1）总工作票和分工作票应由同一个工作票签发人签发，其格式与第一种工作票格式相同。分工作票也必须一式两份，分别由总工作票负责人和分工作票负责人收执。

2）几个班同时作业时，总工作票上的工作班成员栏只填写各分工作票上的工作负责人姓名，分工作票上的工作班成员栏必须填写工作班所有人员姓名。

3）总工作票上所列的安全措施应包含所有分工作票上所

列的安全措施。

4）分工作票的许可和终结，由分工作票负责人与总工作票负责人办理。分工作票应在总工作票许可后方可许可，总工作票应在分工作票终结后才能终结。

（6）供电单位或施工单位到用户变配电站内施工时，工作票应由有权签发工作票的用户单位、施工单位或供电单位签发。

（7）承发包工程中的工作票可采用"双签发"形式，由承发包双方的工作票签发人在工作票上分别签名，并各自承担本工作票签发人相应的安全责任。

▶ 18　工作票的使用规定

（1）使用变电站（发电厂）工作票宜遵守以下规定：

1）一个工作负责人只能执行一张工作票，不能同时执行多张工作票。工作票上所列的工作地点，应以一个电气连接部分为限。

2）若检修设备同时停、送电，并且属于同一电压等级、位于同一平面场所，工作中不会触及带电导体的几个电气连接部分，或者变压器及其断路器（开关）同时停电检修，或者变电站全站停电，则允许几个电气连接部分使用一张第一种工作票。

3）同一张工作票上所列的检修设备或线路应同时停、送电，开工前工作票内的全部安全措施应一次全部完成。至预订时间，一部分工作尚未完成，需继续工作而不妨碍送电者，在送电前，应按照送电后现场设备带电情况，办理新的工作票，布置好安全措施后方可继续工作。

4）同一变电站内，在几个电气连接部分上依次进行不停电的同一类型的工作可以使用一张第二种工作票，依次进行同一类型带电作业可以使用一张带电作业工作票。

5）进入变电站或发电厂升压站进行架空线路、电缆等工作时，应增填线路或电缆工作票份数，由变电站或发电厂工作许可人许可并留存。工作票签发人和工作负责人名单必须事先送有关运维单位备案。

6）第一种工作票应在工作前一日直接送达或者通过传真、网络等手段传送运维人员，临时型工作可在工作开始前直接交给工作许可人，传真传送工作票的许可手续应在正式工作票到达后履行。第二种工作票和带电作业工作票可在工作当天预先交给工作许可人。

7）在原工作票的停电及安全措施范围内增加工作任务时，工作负责人必须经过工作票签发人和工作许可人同意，并在工作票上增填工作项目。如果工作票签发人和工作许可人无法当面办理手续时，应通过电话联系，由工作负责人在工作票或登记簿上注明。

8）非特殊情况，不得变更工作负责人和工作班成员。工作负责人变更（只允许一次）必须经过工作票签发人和工作许可人同意，工作许可人将变更情况记录在工作票上。原工作负责人与现工作负责人应对工作任务和安全措施进行现场交接。工作班成员变更必须经工作负责人同意，新成员必须经履行安全交底手续后方可进行工作。

9）若要变更或增设安全措施，或者工作票有破损不能继续使用，或者工作票丢失时，必须补填新的工作票，并重新履行签发许可手续。

（2）使用电力线路工作票，宜遵守以下规定：

1）一个工作负责人只能执行一张工作票，并且在工作期间，工作票应始终由工作负责人保管。一张工作票下设多个小组工作时，每个小组应指定小组负责人（监护人），并使用工作任务单。工作任务单一式两份，由工作票签发人或工作负责人签发后，一份交工作负责人留存，一份交小组负责人执行。工作任务单由工作负责人许可。工作结束后，小组负责人向工作负责人办理终结手续，并交回工作任务单。

电力线路工作任务单

单位：_____ 工作票号：_____ 编号：_____

1. 工作负责人：_____

2. 小组负责人：_____ 小组名称：_____

   小组人员（不含小组负责人）：

   _____

   _____ 共 _____ 人。

3. 工作的线路名称或设备双重名称：

   _____

   _____

4. 工作任务：

工作地点或地段 （注明线路名称、起止杆号）	工作内容

5. 计划工作时间：

   自_____年_____月____日____时____分至_____年
   _____月____日____时____分。

6. 注意事项（安全措施，必要时可附页绘图说明）：

   _____

   _____

   工作任务单签发人签名：_____

   _____年_____月_____日_____时_____分。

   小组负责人签名：_____

   _____年_____月_____日_____时_____分。

7. 确认本工作单 1～6 项，许可工作开始：

许可方式	许可人签名	小组负责人签名	许可工作的时间
			年 月 日 时 分
			年 月 日 时 分

8. 确认小组负责人布置的工作任务和本施工项目安全措施：小组人员签名：

_____

_____

9. 小组工作于 _____ 年 ___ 月 ___ 日 ___ 时 ___ 分结束，现场临时安全措施已拆除，材料、工具已清理完毕，小组人员已全部撤离。

10. 工作终结报告：

终结报告方式	许可人签名	小组负责人签名	终结报告时间
			年 月 日 时 分
			年 月 日 时 分

11. 备注：

_____

_____

2）一条线路或同一个电气连接部分的几条供电线路或同（联）杆塔架设且同时停送电的几条线路的工作，可以使用一张第一种工作票。同一电压等级、同类型工作的几条线路上的工作，可以共用一张第二种工作票。同一电压等级、同类型、相同安全措施且依次进行带电作业的几条线路上的工作，可以共用一张带电作业工作票。

3）一条线路分区段工作，如果只填用一张工作票，必须经过工作票签发人同意。在线路检修状态下，由工作班自行装设的接地线等安全措施可分段执行。工作票中应填写清楚使用的接地线的编号、装拆时间、位置等随工作区段的转移情况。

4）检修线路时，如果需要与其相邻的或交叉的其他线路配合停电和接地，应当在工作票中列入相应的安全措施。配合停电线路属于外单位时，施工单位必须事先书面申请，由外单位运维管理部门同意并实施停电、接地等安全措施。

5）进入变电站或发电厂升压站进行架空线路、电缆等工作时，应增填线路或电缆工作票份数，由变电站或发电厂工作许可人许可并留存。工作票签发人和工作负责人名单须事先送有关运维单位备案。

（3）使用配电工作票，宜遵守以下规定：

1）一个工作负责人只能执行一张工作票，并且在工作期间，工作票应始终由工作负责人保管。一张工作票下设多个小组工作时，每个小组应指定小组负责人（监护人），并使用工作任务单。

配电工作任务单

单位：_____ 工作票号：_____ 编号：_____

1. 工作负责人：_____

2. 小组负责人：_____ 小组名称：_____

小组人员（不含小组负责人）：

_____

_____ 共 ____ 人。

3. 工作任务：

工作地点或地段 （注明线路名称、起止杆号）	工作内容及 人员分工	专职 监护人

4. 计划工作时间：

自_____年____月____日____时____分至_____年____月____日____时____分。

5. 工作地段采取的安全措施：

（1）应装设的接地线：

应装设的接地线的位置					

（2）应装设的标示牌、遮栏（围栏）等：

_____

_____

6. 其他危险点预控措施和注意事项（必要时可附页绘图说明）：_____

_____

工作任务单签发人签名：_____

_____年____月____日____时____分。

小组负责人签名：_____

_____年____月____日____时____分。

7. 工作小组成员确认工作负责人布置的工作任务、人员分工、安全措施和注意事项并签名：

_____

_____

工作许可时间：_____年____月____日____时____分。

工作负责人签名：_____

小组负责人签名：_____

8. 工作任务单结束：

（1）小组工作于_____年____月____日____时____分结束，现场临时安全措施已拆除，材料、工具已清理完毕，小组人员已全部撤离。

（2）小组工作结束报告：

线路或设备	报告方式	工作负责人签名	小组负责人签名	许可工作的时间				
				年	月	日	时	分
				年	月	日	时	分

9. 备注：

_____

_____

a）工作任务单一式两份，由工作票签发人或工作负责人签发后，一份交工作负责人留存，一份交小组负责人执行。

b）工作票上的工作班成员栏只需填写各工作任务单上的小组负责人姓名，而各工作任务单上的小组人员栏必须填写本小组除组长以外的所有人员姓名。

c）工作票上所列的安全措施应当包含所有工作任务单上所列的安全措施。

d）工作任务单由工作负责人许可。工作结束后，小组负责人向工作负责人办理终结手续，并交回工作任务单。

2）同一电压等级、同类型、相同安全措施且依次进行的几条配电线路上的带电作业，允许使用一张配电带电作业工作票。同一个工作日、相同安全措施的多条低压配电线路或设备上的工作，允许使用一张低压工作票。

3）线路检修（施工）时，与其相邻的或交叉的其他线路需要配合停电和接地，应当在工作票中列入相应的安全措施。配合停电线路属于外单位时，施工单位必须事先书面申请，由外单位运维管理部门同意并实施停电、接地等安全措施。

4）进入变电站或发电厂升压站进行架空线路、电缆等工作时，应增填线路或电缆工作票份数，由变电站或发电厂工作许可人许可并留存。工作票签发人和工作负责人名单须事先送有关运维单位备案。

5）需要在原工作票的停电及安全措施范围内增加工作任务时，工作负责人必须经过工作票签发人和工作许可人同意，并在工作票上增填工作项目。如果工作票签发人和工作许可人无法当面办理手续时，应通过电话联系，由工作负责人在工作票或登记簿上注明。

6）非特殊情况，不得变更工作负责人。如果变更工作负责人或者变更、增设安全措施，应重新填用新的工作票，并办理签发许可手续。

7）第一种配电工作票应在工作前一天送达设备运维管理单位（包括信息送达）；通过传真传送的工作票，必须在接受到正式工作票后才能许可。需要办理工作许可手续的第二种配电工作票和需要运维人员操作设备的配电带电作业工作票，也应在工作前一天送达设备运维管理单位。

8）在配电设备、线路上进行其他非电气专业的工作，应执行工作票制度，并履行工作许可、监护等相关安全措施。

19 工作票的有效期与延期

（1）工作票的有效期，以批准的检修期限为准。有效期内不能结束工作，必须办理延期手续。

（2）工作票的延期手续，应在工期尚未结束以前由工作负责人向运维人员或工作票签发人提出申请，经工作许可人同意后给予办理。属于调控中心管辖、许可的检修设备，还应通过值班调控人员批准。

（3）工作票只允许延期一次，延期手续应记录在工作票上。

（4）带电作业工作票不准延期。

▶ **20　工作票所列人员应具备的基本条件**

（1）工作票签发人应由熟悉人员技术水平、熟悉设备运行情况、熟悉配电网络接线方式、熟悉《电力安全工作规程》并且有相关经验的生产领导、技术人员或经本单位书面批准的人员担任。工作票签发人名单应书面公布。

（2）工作负责人（监护人）应由具有相关专业工作经验、熟悉工作范围内设备运行情况、熟悉配电网络接线方式、熟悉工作班人员工作能力和《电力安全工作规程》，并经本单位书面批准的人员担任。

（3）工作许可人应由经本单位书面批准的具有相关专业工作经验、熟悉工作范围内设备情况、熟悉配电网络接线方式、熟悉《电力安全工作规程》的值班调控人员、运维人员或检修操作人员（进行该工作任务操作及做安全措施的人员）担任，也可以是相关变配电站和发电厂的运维人员、配合停电的线路许可人及现场许可人。用户变配电站的工作许可人应由持有效证书的高压电气工作人员担任。

（4）专责监护人应是具有相关专业工作经验，熟悉工作范围内设备运行情况、熟悉配电网络接线方式和《电力安全工作规程》的人员。

▶ **21　工作票签发人的安全职责**

工作票签发人不得兼任工作负责人。工作票签发人的安全职责如下：

（1）审核工作必要性和安全性。

（2）核实工作票所填安全措施是否正确完备。

（3）核查所派工作负责人和工作班人员是否适当和充足。

▶▶ **22　工作负责人的安全职责**

工作负责人可以兼任工作监护人。工作负责人的安全职责如下：

（1）正确安全地组织工作，严格执行工作票所列安全措施。

（2）负责检查工作票所列安全措施是否正确完备和工作许可人所做的安全措施是否符合现场实际条件，必要时予以补充。

（3）工作前对工作班成员进行危险点告知，交代安全措施和技术措施，并确认每一个工作班成员都已知晓。

（4）督促、监护工作班成员遵守《电力安全工作规程》，正确使用劳动保护用品和执行现场安全措施。

（5）确认工作班成员精神状态是否良好，工作班成员变动是否合适。

▶▶ **23　工作许可制度及其要求**

工作许可制度是指在电力设备、线路上开始工作时，必须事先得到工作许可人的许可，不得擅自进行工作的一项制度。工作许可手续应逐级办理。工作许可人不得签发工作票。执行工作许可制度，是为了在完成安全措施以后，进一步加强工作责任感，确保万无一失地采取安全措施。

执行工作许可制度应注意以下要求：

（1）在办理工作许可手续之前，工作许可人应记录工作班组名称、工作负责人姓名、工作地点和工作任务等相关内容。会同工作负责人核对设备双重名称或线路名称，检查核对现场安全措施，指明保留带电部位。

（2）工作许可人在完成施工现场的安全措施后，还应会同工作负责人到现场再次检查所做的安全措施，证明检修设备确无电压，对工作负责人指明带电设备的位置和工作过程中的注意事项，和工作负责人在工作票上分别签字确认。

（3）各工作许可人应在完成工作票上所列由其负责的停电和装设接地线等安全措施后，方可向工作负责人发出许可工作的命令。所有许可手续（工作许可人姓名、许可方式和许可时间等）均应记录在工作票上。许可方式可采用当面通知、派人送达或电话下达三种方式，电话下达方式应进行同期录音。

（4）运维人员不得变更有关检修设备的运行接线方式，工作负责人、工作许可人也不能擅自变更现场安全措施。如因特殊情况需要变更时，进行变更的一方必须取得其他两方的同意，并将变更情况记录在值班记录簿上。

（5）变电站（发电厂）第二种工作票可采取电话录音许可方式，并做好记录。工作票上所列的安全措施可由工作人员自行布置，工作结束后应汇报许可人。

（6）使用电力线路和配电第一种工作票时，工作负责人应得到全部工作许可人的许可，并确认工作票中所列的安全措施全部完成后方可开始工作。需要其他单位配合停电的线路，工作负责人应在得到这些线路已停电和接地的通知，并履行工作许可书面手续后，方可开始工作。线路停电检修时，工作许可人应在线路可能受电的各方面都已停电并且挂好接地线后，方可向工作负责人发出许可工作命令。

（7）带电作业需要停用重合闸（已含处于停用状态的重合闸），应向调控人员申请并履行工作许可手续。使用电力线路和配电第二种工作票，可以不履行工作许可手续。

（8）用户侧设备检修，需要电网侧设备配合停电时，用户停送电联系人应提出书面申请，经批准后方可停电。电网侧设备停电后，由电网侧设备的运维管理单位或调度控制中心负责向用户停送电联系人许可。恢复送电时，应接到用户停送电联系人的工作结束报告，做好录音并记录后方可进行操作。

（9）在用户设备上工作时，工作负责人应在许可工作前检查确认用户设备的运行状态、安全措施符合作业安全要求，在作业前检查多电源和有自备电源的用户已采取机械或电气联锁等防反送电的强制性技术措施。

（10）禁止约时停、送电。工作许可人只有在检修设备或线路全部停电，并做好所有安全措施后，才能向工作负责人许可工作，不得提前许可。工作负责人只有在工作任务全结束、安全措施已拆除、材料工具已清理、施工人员已撤离后，方可向工作许可人终结工作，不得提前终结。

24　工作许可人的安全职责

（1）负责审查工作票上所列的安全措施是否正确、完备，是否符合现场条件。

（2）负责检查工作现场布置的安全措施是否正确、完善，是否与工作票上所列的相同，必要时予以补充。

（3）保证由其负责的停、送电和许可工作的命令正确，负责检查所检修的设备、线路有无突然来电的危险。

（4）对工作票上的内容有异议时，应及时向工作票签发人询问清楚，必要时要求详细补充。

25　工作监护制度及其要求

工作监护制度是指作业人员在作业过程中必须有人监督和保护，以便及时纠正作业人员一切不安全行为和错误的一项制度。

执行工作监护制度应注意以下要求：

（1）工作许可人许可工作后，工作负责人、专责监护人应向工作班成员交代工作内容、人员分工、带电部位和现场安全措施、进行危险点告知，并履行确认手续，工作班方可开始工作。

（2）工作票签发人或工作负责人应根据现场的安全条件、施工范围、工作需要等具体情况，对其有触电危险、施工复杂容易发生事故的工作，应增设专责监护人和确定被监护的人员。

（3）工作负责人、专责监护人应始终在工作现场，对工作班人员的安全进行认真监护，及时纠正不安全的行为。专责监护人不得兼做其他工作。专责监护人临时离开时，应通知被监护人员停止工作或离开工作现场，待专责监护人回来后方可恢复工作。若专责监护人长时间离开，工作负责人应变更专责监护人，履行变更手续并告知全体被监护人员。

（4）在工作期间，工作负责人因故暂时离开工作现场时，应指定能胜任的人员临时代替，离开前应将工作现场交代清楚，并告知工作班成员。原工作负责人返回工作现场时，也应履行同样的交接手续。如果工作负责人必须长时间离开，原工作票签发人应变更工作负责人，履行变更手续，并告知全体工作人员及工作许可人。原、现工作负责人应做好必要的交接手续。

（5）所有工作人员（包括工作负责人）不许单独进入或滞留在高压配电室、阀厅内、开闭所等带电设备区域内。如果工作需要而且现场设备允许时，可准许工作班中有实际经验的人员同时进入工作，但工作负责人应事先详尽告知安全注意事项。

（6）工作班成员的变更，必须经过工作负责人的同意，并在工作票上做好变更记录。中途新加入的工作班成员，应由工作负责人、专责监护人对其进行安全交底并履行确认手续，必要时要告知工作许可人。

（7）全部停电时，工作负责人可以参加工作班工作。在部分停电时，只有在安全措施可靠、人员集中在一个工作地点、不致误碰带电部分的情况下，工作负责人方能参加工作。

▶▶ 26　专责监护人的安全职责

（1）熟悉工作现场情况，确认被监护人员和监护范围。

（2）在工作前，对被监护人员交代清楚监护范围内的安全措施，并告知危险点和安全注意事项。

（3）及时提醒、制止和纠正被监护人员的不安全行为，监督被监护人员遵守《电力安全工作规程》和现场安全措施。

27　工作班成员的安全职责

（1）熟悉工作内容、工作流程和作业范围，掌握安全措施，明确工作中的危险点，并在工作票上履行交底签名确认手续。

（2）服从工作负责人（监护人）、专责监护人的指挥，在指定的作业范围内工作，对自己在工作中的行为负责，互相关心工作安全。

（3）严格遵守《电力安全工作规程》和劳动纪律，并监督工作班其他成员对《电力安全工作规程》的执行和现场安全措施的实施。

（4）正确使用施工机具、安全工器具和劳动防护用品。

28　工作间断、转移制度及其要求

工作间断制度是指对于当天的作业因故需要暂停中断时而必须执行的一项制度。工作转移制度是指对于需要在同一电气连接部分的不同作业地点依次进行作业时所必须执行的一项制度。

执行工作间断、转移制度时，应注意以下要求：

（1）工作中遇到雷、雨、大风等恶劣天气或气候变化，威胁到作业人员的安全时，工作负责人或专责监护人可根据情况，下令停止工作，执行工作间断制度。

（2）工作间断时，工作班人员应从工作现场撤出，所有的安全措施和接线方式保持不变，必要时派人看守。工作票暂由工作负责人执存，间断后继续作业时无需再通过工作许可人许可。恢复工作前，应检查确认各项安全措施的完整性和有效性。

（3）对于数日连续性的工作，在每日收工时，应清扫工作

地点，开放已封闭道路，工作负责人应电话告知工作许可人。次日复工时，应得到工作许可人的许可，并重新按照工作票上的要求对现场安全措施重新进行检查和确认。间断后继续工作，须经工作负责人或专责监护人同意和带领，工作班成员才能进入工作地点。

（4）在工作间断期间，若遇紧急情况需要送电，运维人员可在工作票未交回的情况下合闸送电，但应事先通知工作负责人，在得到工作班人员全部撤离工作地点、可以送电的答复后，拆除临时遮栏、接地线和标示牌，恢复常设遮栏，换挂"止步，高压危险！"标示牌后方可执行操作。同时应在所有道路派专人守候，以便告知工作人员"设备已经合闸送电，不得继续工作"，守候人员在工作票未交回以前，不得离开守候地点。

（5）在检修工作结束前，需要对设备试加工作电压时，所有工作人员应撤离工作地点，运维人员收回所有工作票，拆除临时遮栏、接地线和标示牌，恢复常设遮栏，并由工作负责人和运维人员对设备进行全面检查确认无误后，运维人员方可进行加压试验。若需继续工作时，工作负责人应重新办理工作许可手续。

（6）在同一电气连接部分用同一工作票依次在几个工作地点转移工作时，全部安全措施应在开工前一次完成，不需再办理转移手续。但工作负责人在转移工作地点时，应逐一向工作人员交代带电范围、安全措施和注意事项。

（7）如果工作票上所列的停电、接地等安全措施随工作地点而转移，则每次转移必须分别履行许可、转移和终结手续，依次记录在工作票上，并填写使用的接地线编号、装拆时间、装拆位置等转移情况。

（8）在一条配电线路分区段工作，可使用一张工作票。在线路检修状态下，经工作票签发人同意，工作班可以分段执行接地线装设等安全措施。工作票上应填写使用的接地线编号、装拆时间、装拆位置等转移情况。

29　工作终结、恢复供电制度及其要求

工作终结制度是指作业全部完成，作业人员已全部撤离现场、材料工具已清理完毕、安全措施已全部拆除后，需要恢复供电时所必须执行的一项制度。恢复供电制度是指在接到工作终结报告后，对停电设备、停电线路恢复供电必须执行的一项制度。

执行工作终结、恢复供电制度时，应注意以下要求：

（1）全部工作结束后，工作班成员应对现场进行清扫、整理。工作负责人（小组负责人）对现场进行详细检查，确认所有工作人员撤离工作地点、材料工具已清理完毕、自设的接地线等安全措施已全部拆除后，方可向工作许可人（工作负责人）报告现场工作终结。多个小组工作时，工作负责人必须得到所有小组负责人的工作结束报告。

（2）工作终结采用当面报告或电话（录音）报告两种方式，报告内容要简明扼要。工作终结报告要向工作许可人说明工作负责人姓名、工作任务、所完成的项目、发现的缺陷、试验的结果和存在的问题等，明确工作班自设的接地线等安全措施已经拆除、工作班成员已全部撤离、材料工具已清理完毕、现场没有遗留物、可以恢复供电。

（3）工作许可人在接到所有工作负责人（包括用户）的工作结束汇报，确认所有工作现场全部工作已经结束、所有工作人员已经撤离、所有接地线已经拆除并做好相应记录后，方可下令拆除安全措施、恢复供电。工作负责人与工作许可人应同时在工作票上签名，填写工作终结时间，办理工作票终结手续。

（4）变电站（发电厂）的现场工作终结后，工作负责人应同运维人员一起检查设备状况，清理遗留物件，在工作票上填明工作结束时间，并双方签字确认。运维人员还应对照工作票

的安全措施，拆除临时遮栏、接地线和标示牌，恢复常设遮栏，并向调控人员汇报设备运行方式后，工作票才算终结。

（5）在未办理工作票终结手续以前，运维人员不许将停电设备合闸送电。只有在同一停电系统的所有工作票都已终结，并取得调控人员的许可指令后，运维人员方可拆除各种安全措施（接地线、临时遮栏及标示牌等），然后合闸送电。

（6）已办理终结手续的工作票、事故紧急抢修单和工作任务单等资料应归档保存，保存期限至少一年。

30　保证电气作业安全的技术措施

保证电气作业安全的技术措施包括停电、验电、装设接地线、悬挂标示牌和装设遮栏（围栏）。在全部停电或部分停电的电力设备或线路上工作时，必须由运维人员在完成以上技术措施后，工作人员方可开始工作。

31　电气作业的停电要求

（1）在工作地点，应对以下设备或线路进行停电：

1）检修的设备或线路。

2）与检修设备或线路相邻、并且安全距离小于表 2 - 1 中规定的带电设备或线路。

表 2 - 1　　　　作业人员工作中正常活动范围与
导体带电部分的安全距离

电压等级（kV）	≤10（13.8）	20、35	66、110	220	330	500
安全距离（m）	0.35	0.60	1.50	3.00	4.00	5.00
电压等级（kV）	750	1000	±50 及以下	±400	±500	±800
安全距离（m）	8.00①	9.50	1.50	6.70②	6.80	10.10

注　表中未列电压按高一挡电压等级的安全距离。

①　750kV 数据按照海拔 2000m 校正，其他等级数据按照海拔 1000m 校正。

②　±400kV 数据按照海拔 3000m 校正，海拔 4000m 时安全距离为 6.80m。

3）安全距离虽大于表 2-1，但小于表 2-2 中的规定，同时又无绝缘挡板或安全遮栏的设备或线路。

表 2-2 高压设备、线路不停电时的安全距离

电压等级（kV）	≤10（13.8）	20、35	66、110	220	330	500
安全距离（m）	0.70	1.00	1.50	3.00	4.00	5.00
电压等级（kV）	750	1000	±50 及以下	±400	±500	±800
安全距离（m）	8.00①	9.50	1.50	7.20②	6.80	10.10

注 1. 其他等级数据按照海拔 1000m 校正。

　　2. 未列电压按高一挡电压等级的安全距离。

①　750kV 数据按照海拔 2000m 校正。

②　±400kV 数据按照海拔 5300m 校正。

4）在工作人员上下、两侧及后面有带电部分、又无可靠安全措施的设备或线路。

5）有可能从低压侧向高压侧反送电的设备，或者在工作地段有可能反送电的各分支线路。

6）危及设备或线路停电作业安全，且不能采取相应安全措施的交叉跨越、平行或同杆（塔）架设线路。

7）其他需要停电的设备或线路。

（2）对于检修设备、线路停电，应把工作地段内所有可能来电的电源完全断开（应将任何运用中的星形接线设备的中性点视为带电设备）。与停电检修设备、线路有关的变压器和电压互感器也须断开，防止向停电检修设备、线路反送电。断开检修设备、线路电源时，在断开断路器（开关）后，应继续拉开隔离开关（刀闸），手车开关应拉至试验或检修位置。采用跌落式熔断器时，须将熔管摘下。检修设备、线路电源断开后，其电气连接部分至少应有一个明显的断开点（无法观察到断开点的设备除外）。既无明显断开点，也无电气、机械等指示时，应断开上一级电源。

（3）高压开关柜停电检修时，如果其前后间隔没有可靠隔

离措施，其相邻的高压开关柜也应同时停电。未经断路器（开关）或隔离开关，直接与母线或引线相连接的设备，在检修时必须将母线或引线停电。

（4）两台及以上配电变压器低压侧共用一个接地引下线时，其中一台变压器停电检修时，其他变压器也应同时停电。低压配电设备、线路检修时，应将所有可能来电的电源（电源侧电源和负荷侧连线）断开，并对工作中容易触及到的带电设备、线路停电或者采取隔离措施。

（5）停电检修设备、线路和可能来电侧的断路器（开关）、隔离开关（刀闸）的控制电源和合闸电源也应断开，隔离开关（刀闸）的操作把手应加锁，确保不会误送电。对难以做到与电源完全断开的检修设备、线路，可以拆除其与电源之间的电气连接。禁止在只经断路器（开关）断开电源且未接地的高压设备、线路上工作。

（6）对断路器（开关）和隔离开关（刀闸）的停电操作，可以在地面上直接操作的，应当在其操动机构（操作机构）上加锁；不能在地面上直接操作的，应当在其操动机构（操作机构）上悬挂"禁止合闸，有人工作！"或"禁止合闸，线路有人工作！"的标示牌。对跌落式熔断器的停电操作，应当摘下其熔管或悬挂"禁止合闸，有人工作！"或"禁止合闸，线路有人工作！"的标示牌。

32　电气作业停电后的验电要求

在对检修电气设备、线路停电后，运维人员还必须对其进行验电。验电必须遵循以下要求：

（1）在对停电设备、线路装设接地线前，要先验电，确认设备、线路无电压。验电器应采用符合相应电压等级的接触式验电器或测电笔，并且在试验合格有效期内。

（2）在验电前，宜先在带电导体上进行试验，确认验电器工作良好；无法在带电导体上进行试验时，可用工频高压发生器或其他低压电源装置等确认验电器工作良好。

（3）高压验电时，应戴绝缘手套，并设专人监护。验电器应逐渐接近导体，根据有无放电声和火花来判断线路是否确无电压。验电器的伸缩式绝缘棒应拉足到位，保证绝缘有效长度，手握在手柄处，不得超过护环。验电人员与被验电设备之间的距离应不小于安全距离。

（4）验电时，应在装设接地线或合接地刀闸（装置）处对各相分别验电。检修联络用的开关（断路器）、刀闸（隔离开关）或其组合时，应在其两侧分别验电。验电人员如果站在木梯、木架或木杆上，不接地线验电器无法指示，可在验电器绝缘杆尾部接上接地线，但应经过运维负责人或工作负责人许可。

（5）对无法直接验电的设备、线路和 330kV 及以上的设备、线路，可以采用间接验电方法。可以通过检查隔离开关（刀闸）的机械指示位置、电气指示仪表及带电显示装置指示的变化，并且至少有两个及以上非同原理或非同源的指示信号同时发生对应变化，方可确认设备、线路无电。发现指示信号不对应或者异常，则应停止操作并查明原因。若进行遥控操作，在间接验电时还应同时检查隔离开关（刀闸）的状态指示、遥测、遥信信号及带电显示装置的指示信号等是否正常。

（6）作业人员对电力线路进行验电时，须逐相（直流线路须逐级）进行。对同杆（塔）架设的多层线路验电，应遵循"先低压、后高压，先下层、后上层，先近侧、后远侧"的顺序。作业人员不许穿越未经验电而确认停电和接地的电力线路。

（7）如果表示设备断开和允许进入间隔的信号、经常接入的电压表指示有电，则应在排除异常并确认设备停电、接地后，作业人员方可在该设备上工作。

（8）在雨雪天气时，对室外设备或线路宜采用间接验电方法。要直接验电时，必须使用雨雪型验电器。

▶▶ 33 停电后必须进行验电和放电

设备或线路停电后，必须对其进行验电和放电。验电是为了验证电气设备和线路等是否确无电压，以防止发生带电装设接地线或带电合接地刀闸等恶性事故。验电后确认电气设备和线路已停电，还要进行放电。放电的目的是消除电气设备和线路上的残余电荷，避免冲击电流伤害作业人员。

▶▶ 34 接地线的装设要求

停电检修设备、线路，经过验电确认其无电压后，可以对其装设接地线。装设接地线应注意以下要求：

（1）经过验电，确认设备、线路无电压后，应立即装设接地线，将检修设备、线路接地并三相短路，工作地段两端和工作地段内有可能反送电的设备、线路都应接地。如果变配电站全部停电时，应将各个可能来电侧的部分接地短路，其余部分不必每段都装设接地线或合上接地刀闸。

（2）电缆及电容器接地前应逐相充分放电，星形接法电容器的中性点应接地，串联电容器及与整组电容器脱离的电容器应逐个放电，装在绝缘支架上的电容器的外壳也应放电。检修电缆应至少有一处可靠接地。

（3）接地线应当装设在与检修设备、线路直接相连、除去油漆或没有绝缘层的裸露导电部位，绝缘导线的接地线应当装设在验电接地环上。

（4）检修部分若是在电气上不相连接的几个部分，如被断路器（开关）、隔离开关（刀闸）隔开的几段分段母线，则应对各部分分别进行验电和接地短路。

（5）接地线、接地刀闸与检修设备之间不得连有断路器（开关）或熔断器。若由于设备原因，接地刀闸与检修设备之间连有断路器（开关）。在接地刀闸和断路器（开关）合上后，应有保证断路器（开关）不会分闸的措施。

（6）对于可能送电至停电设备、线路的各方面都应装设接地线或合上接地刀闸。所装接地线与带电部分之间的距离，在接地线摆动时仍要符合安全距离的规定。

（7）在门型架构的线路侧进行停电检修，如果工作地点与所装接地线的距离不足 10m，工作地点即使在接地线外侧，也可不必另装接地线。

（8）装设或拆接地线应由两人（一人操作、一人监护）进行。当单人值班时，只允许使用接地刀闸接地，而且必须用绝缘杆操作。装设、拆除接地线，运维人员应做好记录，交接班时应交代清楚。

（9）接地线应在作业开始前装设，在作业结束后拆除。装设接地线应先接接地端，后接导线端，接地线应接触良好，连接应可靠。拆除接地线的顺序与此相反。装、拆接地线均应使用绝缘棒和戴绝缘手套。人体不得触碰接地线或未经接地的导线，以防止感应电触电。

（10）对于同杆（塔）架设的多层电力线路，在装设接地线时应按照"先低压、后高压，先下层、后上层，先近侧、后远侧"的顺序。拆除接地线时，与此顺序相反。杆塔无接地引下线时，可采用临时接地体。临时接地体的截面积应大于 $190mm^2$，埋深大于 0.6m，接地电阻符合要求。

（11）需要配合停电的交叉跨越或邻近线路，应在其跨越处或邻近处附近装设一组接地线。装设、拆除接地线的顺序和要求与上述内容相同。

（12）对于因平行、交叉或邻近带电导体导致检修设备、线路可能产生感应电压时，应加装接地线或作业人员使用个人保安线。加装的接地线应登记在工作票上，个人保安线由作业人员自装自拆。

（13）严禁作业人员擅自移动或拆除接地线。因工作需要变更接地线时，须由工作负责人征得工作票签发人或工作许可人同意，并在工作票上记录变更情况。作业人员应当在接地线保护范围内的区域工作，禁止在无接地或者接地线装设不齐全的情况下进行作业。

（14）对于无法装设接地线的停电检修设备、线路，应当采取绝缘遮蔽或其他可靠隔离措施。配电装置上的接地线应当连接在其导电部分的固定地点，刮除连接地点处的油漆，并标明黑色标记。所有配电装置的适当地点，均应设有与接地网相连的接地端，接地电阻应符合要求。

▶▶ **35 安装接地线的重要性**

安装接地线是防止突然来电的唯一可靠的安全措施，同时也可以释放掉设备和线路中的残余电荷。对于可能送电到停电设备的各电源侧，或停电设备可能产生感应的电压的部分都要装设接地线，并将三相短路。安装接地线的目的在于将三相人为短路，一旦检修的设备和线路突然来电，则会发生短路故障，引起保护装置动作，迅速切断电源，保护作业人员的安全。当验证所要检修的电气设备确无电压并将其放电后，应立即将设备接地，并将三相短路，这是防止作业人员遭受电击伤害最直接和有效的保护措施。

▶▶ **36 对接地线的要求**

接地线应采用三相短路式接地线。若使用分相式接地线时，应设置三相合一的接地端。成套接地线应由有透明护套的多股软铜线和专用线夹组成，接地线的截面不得小于 25mm^2，同时应满足装设地点短路电流的要求。禁止将其他导线用作接地线或短路线。每组接地线均应编号，并存放在固定地点。存放位置也要编号，并与其存放接地线的编号一致。每次使用前，都应对接地线进行详细检查，确保完好。使用时接地线应使用专用的线夹固定在导线上，严禁用缠绕的方法进行接地或短路。

▶▶ **37 对个人保安线的要求**

（1）受周围邻近带电线路影响，在停电检修线路上会存在感应电压。为防止感应电压伤害，作业人员应使用个人保安线。个人保安线由作业人员自行装、拆。

（2）个人保安线的截面积不得小于16mm²，应使用有透明护套的多股软铜线，并且带有绝缘手柄和绝缘部件。

（3）个人保安线应在作业开始前挂接，在作业结束后拆除。挂接时，先接接地端、后接导线端，要求接触良好、连接牢靠。拆除时，顺序相反。

（4）在杆塔或横担接地状况良好的情况下，个人保安线可以挂接在杆塔或横担上。禁止用个人保安线代替接地线。

38　悬挂标示牌和装设遮栏（围栏）的要求

不同的标示牌适用于不同的场所。悬挂标示牌和装设遮栏（围栏）应注意以下要求：

（1）在一经合闸即可送电到工作地点的断路器（开关）、隔离开关（刀闸）及跌落式熔断器的操作位置处，均应悬挂"禁止合闸，有人工作！"的标示牌。如果线路上有人工作，则均应悬挂"禁止合闸，线路有人工作！"的标示牌。低压开关（熔丝）断开（取下）后，也应在操作位置处悬挂"禁止合闸，有人工作！"或"禁止合闸，线路有人工作！"的标示牌。

（2）如果检修设备与接地刀闸之间有断路器（开关），在接地刀闸和断路器（开关）合上后，应在断路器（开关）的操作把手上悬挂"禁止分闸！"的标示牌。

（3）在显示屏上进行操作时，应在断路器（开关）和隔离开关（刀闸）的操作处应设置"禁止合闸，有人工作！"或"禁止合闸，线路有人工作！"以及"禁止分闸！"的标示牌。

（4）部分停电的工作，安全距离应符合相关要求（见表2-1与表2-2）。当工作人员与未停电设备之间的距离小于表2-2中的安全距离时，应装设临时遮栏，但临时遮栏与带电体之间的距离不得小于表2-1中的安全距离。临时围栏可用干燥木材、橡胶或其他坚韧绝缘材料制成，装设应牢固，并悬挂"止步，高压危险！"的标示牌。

（5）35kV 及以下电气设备的临时遮栏，如因工作特殊需求，可用绝缘隔板与带电部分直接接触，但是绝缘隔板应具有高度的绝缘性能，并应符合相关规定要求。

（6）在室内设备上工作，在工作地点的两旁及对面运行设备间隔的遮栏（围栏）上和禁止通行的过道遮栏（围栏）上应悬挂适当数量的"止步，高压危险！"标示牌。

（7）在室外设备上工作，应在工作地点四周装设围栏，其出入口要围至邻近道路旁边，并设置"从此进出"的标示牌。在工作地点四周的围栏上悬挂适当数量的"止步，高压危险！"标示牌，标示牌应朝向围栏里面。若室外设备大多已经停电，只有个别设备带电并且其他设备也没有触及带电导体的可能，则可以在带电设备四周装设全封闭围栏，在围栏上悬挂适当数量的"止步，高压危险！"标示牌，标示牌应朝向围栏外面。

（8）在室外构架上工作，在工作地点邻近带电部分的横梁上，应悬挂"止步，高压危险！"标示牌。在工作人员上下铁架或梯子上，应悬挂"从此上下！"的标示牌。在邻近其他可能误登的带电构架上，应悬挂"禁止攀登，高压危险！"的标示牌。

（9）对高压配电设备做耐压试验时，应在周围设置围栏，并在围栏上朝外悬挂"止步、高压危险！"标示牌。在高压开关柜内手车开关拉出后，隔离带电部位的挡板应完全封闭，并设置"止步、高压危险！"标示牌。

（10）如果工作地段位于城区、人口密集区或交通道路、十字路口处时，工作场所周围应装设遮栏（围栏），并在醒目位置装设相应标示牌。必要时，要派专人看管。

（11）对于直流换流站单极工作，应在双极公共区域设备与停电区域之间设置围栏，在围栏面向停电设备及运行阀厅门口悬挂"止步，高压危险！"标示牌。在检修阀厅和直流场设备处设置"在此工作！"标示牌。

（12）在工作地点或检修设备处应设置"在此工作！"的标

示牌。对于已经接地的设备，可以悬挂"已接地！"标示牌。

（13）严禁任何人员越过遮栏（围栏）或拆除标示牌，作业人员不得擅自移动、拆除临时遮栏（围栏）和标示牌。如果因工作需要必须暂时移动或拆除遮栏（围栏）和标示牌，须经工作许可人同意，并在工作负责人监护下进行。工作完毕后，必须立即恢复。

▶▶ 39 悬挂标示牌和装设遮栏的重要性

悬挂标示牌的目的在于及时提醒作业人员纠正将要进行的错误操作或动作，确保作业人员在检修过程中的安全。装设遮栏是为了限制作业人员的活动范围，以防止作业人员误入带电间隔或者接近高压带电设备。严禁作业人员在工作中移动或拆除遮栏和标示牌。

▶▶ 40 线路作业的安全措施

在线路上作业，变、配电站（发电厂）应采取以下安全措施：

（1）值班调控人员或线路工作许可人应将线路停电检修的工作班组数目、工作负责人姓名、工作地点和工作任务等情况记入登记簿。

（2）线路作业的停、送电都应当按照值班调控人员或线路工作许可人的工作指令执行，并执行停、送电规定，不得约时停、送电。

（3）停电时，值班调控人员应首先将检修线路可能来电的所有断路器（开关）、隔离开关（刀闸）和跌落式熔断器全部拉开，手车开关应拉至试验或检修位置；其次进行验电，确认该线路无电压后，在线路上所有可能来电的各端装设接地线或合上接地刀闸（装置）；最后在线路断路器（开关）、隔离开关（刀闸）和跌落式熔断器的操作把手上、机构箱门锁把手上或操作位置处，均应悬挂"禁止合闸，线路有人工作！"的标示牌，在显示屏上断路器（开关）和隔离开关（刀闸）的操作处均应设置"禁止合闸，线路有人工作！"的标示。

（4）线路检修作业结束时，值班调控人员或工作许可人应得到线路工作负责人（包括用户）的工作结束报告，确认工作班组均已竣工、接地线已拆除、工作人员已全部撤离线路，并与登记簿核对无误后，方可下令拆除变、配电站（发电厂）内的安全措施，向线路送电。

（5）当用户管辖的线路要求停电时，值班调控人员或工作许可人应得到用户停送电联系人的书面申请，经相关领导批准后方可停电，并做好安全措施。恢复送电，应接到原申请人的工作结束报告，做好录音并记录后方可送电。用户停送电联系人的名单应在调控中心和有关部门备案。

41　带电作业及其优点

带电作业是指对带电的设备或线路，利用特殊的操作方法进行测试、维护、检修等方面的工作。带电作业必须采取有效的安全预防措施，确保作业人员不受到任何伤害。

带电作业具有以下优点：

（1）保证设备或线路供电的连续性。

（2）加强设备或线路检修计划执行的有效性。

（3）减轻作业人员的劳动强度，减少检修时间。

（4）降低对供电设备和线路的设计要求，节约工程投资。

42　带电作业的类型和作业方式

按照作业人员是否直接接触带电体划分，带电作业可分为直接带电作业和间接带电作业两大类型。按照作业人员所处电位的高低划分，带电作业的方式主要有等电位方式、中间电位方式和地电位方式三种。等电位作业方式属于直接带电作业类型，而地电位和中间电位作业方式属于间接带电作业类型。

43　带电作业的基本安全要求

无论是直接带电作业还是间接带电作业，都必须满足以下基本安全要求：

（1）通过人体的电流不得大于 1mA。

（2）作业人员身体表面的电场强度不能超过 200kV/m。

（3）作业人员与带电体之间不能发生闪络放电现象。

（4）作业人员必须经过专业技术培训并经考核合格。

（5）作业线路必须停用自动重合闸装置。

（6）作业现场必须有专人监护。

（7）作业当天应天气晴好。

（8）对于较为复杂的作业，应制定详细的作业方案和操作程序，采取有效的安全技术措施。

▶▶ **44　带电作业的安全规定**

（1）工作票签发人或工作负责人应提前组织有施工经验的人员到现场进行勘察，对带电作业的必要性、带电作业方法、使用的工器具及采取的安全措施进行科学预判、评估和商定。

（2）在带电作业开始前，工作负责人应与值班调控人员或工作许可人联系，对需要停用重合闸或直流线路再启动功能和带电断、接引线等事项办理工作许可手续。

（3）有下列情况之一时，带电作业应停用重合闸或直流线路再启动功能，不得强行送电，并且不能约时停用或恢复：

1）中性点有效接地系统的作业中，有可能引起单相接地的情况。

2）中性点非有效接地系统的作业中，有可能引起相间短路的情况。

3）直流线路作业中，有可能引起单极接地或极间短路的情况。

4）其他作业中，认为需要停用重合闸或直流线路再启动功能的情况。

（4）带电作业人员在作业过程中应穿戴绝缘服或绝缘披肩、绝缘袖套、绝缘手套、绝缘鞋及绝缘安全帽等绝缘防护用品。断、接引线时，还须戴护目镜。

（5）带电作业过程中，即使设备、线路突然停电，作业人员应对其视为仍然带电，不得改变作业方法。值班调控人员未经工作负责人同意，不得对其强行送电。与作业线路有联系的馈线需要倒闸操作时，应征得工作负责人的同意，并在带电作业人员撤离带电部位后方可进行。

（6）带电作业过程中，如果相关设备、线路发生故障，工作负责人一经发现应立即停止工作，撤离人员，并将情况向值班调控人员或运维人员汇报。同样，如果值班调控人员或运维人员发现故障，也应立即通知工作负责人。

（7）带电作业过程中，对作业区域的带电体、绝缘子等应采取相与相、相对地之间的绝缘隔离或遮蔽措施。对可能触及其他带电体及无法满足安全距离的接地体（导线支承件、金属紧固件、横担、拉线等）采取绝缘隔离或遮蔽措施，严禁同时接触到两个非连通的带电体，或者同时接触带电体和接地体。

（8）带电作业必须设专责监护人，监护范围不能超过一个作业点。专责监护人不准直接操作，应全程监护。作业人员进行换相工作转移前，应得到专责监护人的同意。

（9）带电、停电配合作业的项目，在作业工序转换时，双方工作负责人应进行安全技术交底。确认无误后，方可开始工作。工作结束后，工作负责人应及时向值班调控人员汇报。

▶▶ 45　地电位带电作业与中间电位带电作业的区别

虽然地电位带电作业和中间电位带电作业都属于间接带电作业类型，但它们之间存在着较大的区别。地电位带电作业，就是作业人员站在地面上或接地物体（如铁搭、横担等）上，利用绝缘工具对带电导体进行的作业，构成"大地—人体—绝缘工具—带电体"的系统。而中间电位带电作业，作业人员站在绝缘梯或绝缘台上，手持较短的绝缘工具对带电体进行的作业，构成"大地—绝缘梯（台）—人体—绝缘工具—带电体"的系统。

▶ **46　地电位带电作业的安全技术措施**

进行地电位带电作业时，必须采取以下安全技术措施：

（1）人体与带电体之间要保持足够的安全距离。带电作业时人体与带电体的安全距离见表 2-3。35kV 及以下的带电设备不能满足表 2-3 中的规定时，应采取可靠的绝缘隔离措施。

表 2-3　带电作业时人体与带电体的安全距离

电压等级（kV）	10	35	66	110	220	330	500
安全距离（m）	0.4	0.6	0.7	1.0	1.8 (1.6)①	2.6	3.4 (3.2)②
电压等级（kV）	750		1000		±400	±500	±660	±800
安全距离（m）	5.2 (5.6)③		6.8 (6.0)④		3.8⑤	3.4	4.5⑥	6.8

注　表中数据根据线路带电作业安全要求而提出。

① 220kV 带电作业，因受设备限制安全距离达不到 1.8m 时，经单位领导批准，采用必要的隔离措施后，可采用 1.6m。

② 500kV 带电作业，海拔 500m 以下时采用 3.2m，但不适用于 500kV 紧凑型线路；海拔 500～1000m 时采用 3.4m。

③ 500kV 带电作业，直线塔边相或中相值，海拔 1000m 以下时采用 5.2m，海拔 2000m 以下采用 5.6m。

④ 单回输电线路数据，中相值取 6.8m，边相值取 6.0m。不包括人体占位间隙，考虑人体占位间隙时，应不小于 0.5m。

⑤ ±400kV 数据按照 3000m 校正，海拔为 3500、4000、4500、5000m 和 5300m 时，分别取 3.9、4.1、4.3、4.4m 和 4.5m。

⑥ ±660kV 数据按照海拔 500～1000m 校正，海拔为 1000～1500m 和1500～2000m 时，分别取 4.7m 和 5.0m。

（2）绝缘操作杆、绝缘承力工具和绝缘绳索等要足够长。绝缘工具的最小有效长度见表 2-4。

表 2-4　绝缘工具的最小有效绝缘长度

电压等级（kV）	有效绝缘长度（m）	
	绝缘操作杆	绝缘承力工具、绝缘绳索
10	0.7	0.4
35	0.9	0.6
66	1.0	0.7
110	1.3	1.0

续表

电压等级 （kV）	有效绝缘长度（m）	
	绝缘操作杆	绝缘承力工具、绝缘绳索
220	2.1	1.8
330	3.1	2.8
500	4.0	3.7
750	5.3	5.3
1000	6.8	
±400	3.75	
±500	3.7	
±660	5.3	
±800	6.8	

注 ±400kV 数据按照海拔 3000m 校正，海拔为 3500、4000、4500、5000m 和 5300m 时，分别取 3.9、4.1、4.3、4.4m 和 4.5m。

（3）禁止地电位作业人员直接向进入电场的作业人员传递非绝缘物件。应使用绝缘绑扎带传递工具、材料等，禁止上下抛掷。不得使用非绝缘绳索（如棉纱绳、白棕绳、钢丝绳等）进行带电作业。

（4）更换绝缘子或在绝缘子串上作业时，绝缘子必须良好，片数要足够。带电作业良好绝缘子的最少片数见表 2-5。

表 2-5 良好绝缘子的最少片数

电压等级（kV）	35	66	110	220	330	500
最少片数	2	3	5	9	16	23
电压等级（kV）	750	1000	±500	±660	±800	
最少片数	25①	37②	22③	25④	32⑤	

① 适用于海拔 2000m 以下，绝缘子单片高度为 195mm。

② 适用于海拔 1000m 以下，绝缘子单片高度为 195mm，未包括人体占位间隙（≥0.5m）。

③ 绝缘子单片高度为 170mm。

④ 适用于海拔 500～1000m 范围，绝缘子单片高度为 195mm。

⑤ 适用于海拔 1000m 以下，绝缘子单片高度为 195mm。

（5）更换直线绝缘子串、移动或开断导线作业，应采用防止导线脱落时的后备保护措施。在绝缘子串未脱离导线前，拆、装横担的第一片绝缘子时，应采用专用短接线或穿屏蔽服方可直接进行操作。不得对两相及以上的导线同时开断，开断后应及时对导线端部采取绝缘包裹等遮蔽措施。

（6）避免在跨越处下方或邻近有电力线路或其他通信线路的档内进行带电架、拆线的工作。必需时，应经单位主管领导批准，并采取可靠的安全技术措施后方可进行。

（7）如果在市区或人口稠密区域作业时，工作现场应设置围栏，并派专人监护，严禁非作业人员入内。

▶▶ 47 等电位带电作业的原理

在电场中的不同位置，其电位高低是不同的。电场中电荷的定向移动就会形成电流。电流的方向取决于电场中两点电位的高低，电流的大小取决于电场中两点的电位差。也就是说，如果电场中的两点没有电位差，在两点之间就不会形成电流。等电位带电作业就是利用该原理，使作业人员各部位的电位与带电体的电位保持相等，没有电位差，不会有电流通过作业人员的人体，从而保证了作业人员的人身安全。理论上如此，但在实际中操作中很难做到人体完全没有电流通过，仍存在着一定的危险性，必须采取必要的安全技术措施。

▶▶ 48 等电位带电作业的安全技术措施

等电位带电作业，多用于 66kV 和 ±125kV 及以上电压等级的电气设备和电力线路。若在 35kV 电压等级进行等电位带电作业时，则应采取可靠的绝缘隔离措施。在 20kV 及以下电压等级的电气设备和电力线路上，不得进行等电位带电作业。进行等电位带电作业时，必须采取以下安全技术措施：

（1）作业人员须穿戴合格的阻燃内衣和全套屏蔽服（包括帽子、面罩、衣裤、袜子和鞋子等），屏蔽服各部分应连接良好。严禁用屏蔽服断、接接地电流以及空载线路和耦合电容器的电容电流。

（2）作业人员的对地距离（或对接地体的距离）和对相邻导线的距离要符合安全距离要求。人体对地、对接地体的安全距离与对带电体的安全距离要求相同，见表2-3。等电位作业人员对相邻导线的最小距离见表2-6。

表2-6　　　　等电位作业人员对相邻导线的最小距离

电压等级（kV）	35	66	110	220	330	500	750
最小距离（m）	0.8	0.9	1.4	2.5	3.5	5.0	6.9（7.2）

注　750kV边相取6.9m，中相取7.2m。应用时应在表中数据的基础上增加人体活动范围（≥0.5m）。

（3）在绝缘梯上作业或者沿绝缘梯进入强电场时，作业人员与接地体和带电体两部分间隙所组成的组合间隙要符合规定。等电位作业中的最小组合间隙见表2-7。

表2-7　　　　等电位作业中的最小组合间隙

电压等级（kV）	35	66	110	220	330	500	750	1000
最小组合间隙（m）	0.7	0.8	1.2	2.1	3.1	3.9	4.9	6.9（6.7）

电压等级（kV）	±400		±500		±660		±800
最小组合间隙（m）	3.9		3.8		4.3		6.6

注　1.表中数据未包含人体占位间隙，实际作业时，应增加人体占位间隙（≥0.5m）。

2.750kV列，4.9m为直线塔的中相值。

3.1000kV列，中相取6.9m，边相取6.7m。

4.±400kV列，按照海拔3000m校正，当海拔为3500、4000、4500、5000m和5300m时，分别取4.15、4.35、4.55、4.80m和4.90m。

5.±660kV列，海拔500m以下取4.3m，当海拔在500～1000m、1000～1500m和1500～2000m时，分别取4.6、4.8m和5.1m。

（4）220kV及以上电压等级，作业人员可以沿绝缘子串进入强电场作业，但其组合间隙不得小于表2-7中的规定，否则应加装保护间隙。在扣除人体短接和零值绝缘子片数后，良好绝缘子片数不得少于表2-5中的规定。

（5）作业人员在转移电位前，应得到工作负责人的许可。转移电位时，人体裸露部分与带电体之间的距离不应小于表 2-8 中的规定。电压等级为 750、1000kV 时，应使用电位转移棒进行电位转移。

表 2-8　　　　等电位作业转移电位时人体裸露部分与
带电体的最小距离

电压等级（kV）	35、66	110、220	330、500	750、1000	±400、±500
最小距离（m）	0.2	0.3	0.4	0.5	0.4

（6）作业人员在传递工具和材料时，应使用绝缘工具或绝缘绳索，其有效绝缘长度不得小于表 2-4 的规定。

（7）作业人员沿导、地线上悬挂的软、硬梯或飞车进入强电场时，应做到：

1）连续档距导、地线的截面积不得小于 120mm² （钢芯铝绞线和铝合金绞线）、50mm² 钢绞线或等同于 OPGW 光缆和配套的 LGJ-70/40 导线。

2）本档两端塔（杆）处导、地线的紧固情况要良好，挂梯荷载后地线及人体对下方带电导线的安全间距应在表 2-3 数值的基础上增加 0.5m，带电导线及人体对被跨越的电力线路、通信线路和其他建筑物的安全距离应在表 2-3 数值的基础上增加 1m。

3）如果在孤立档的导、地线上作业，或者在有断股的导、地线上和锈蚀的地线上作业，或者在其他类型的导、地线上作业，或者两人以上在同档同一根导、地线上作业的情况，须经单位主管领导批准后方可进行。

4）严禁在瓷横担线路上挂梯作业，有转动横担时应在挂体前将横担固定。

（8）作业人员严禁使用酒精、汽油等易燃品擦拭带电体及绝缘部分，以免引起火灾。

49 屏蔽服的作用原理

屏蔽服也叫均压服，是根据静电感应和静电屏蔽原理制作的。也就是说，处于电场中的空腔金属导体，受外部电场影响，在空腔导体的外表面会产生感应电荷，而在空腔导体的内部不会形成电场。因此作业人员穿上屏蔽服后，就相当于将自己封闭在了一个空腔导体内，不会受到外部带电体所产生电场的影响。屏蔽服主要采用金属丝（或金属纤维）制成，其电阻远小于人体电阻。因此，屏蔽服还有很大的分流作用。

50 带电断、接引线作业的安全技术措施

（1）检查确认线路无接地、绝缘良好、线路上无人工作并且相位正确无误后，方可进行带电断、接引线作业。

（2）严禁带负荷断、接引线。断、接空载线路时，应检查确认线路另一端的断路器（开关）和隔离开关（刀闸）已经断开，接入线路侧的变压器、电压互感器应已经退出运行。

（3）断、接空载线路时，作业人员应戴护目镜，并采取消弧措施。消弧工具的断流能力应与被断接的空载线路电压等级及电容电流相适应。若使用消弧绳，则其断接空载线路的长度不应大于表2-9的规定，并且人体与断开点应保持4m以上的距离。

表2-9　　　　使用消弧绳断、接空载线路的最大长度

电压等级（kV）	10	35	63	110	220
最大长度（km）	50	30	20	10	3

注　线路长度应包括分支线路在内，电缆线路可不计入。

（4）断、接架空线路与电缆线路的连接引线时，不得直接带电断、接，应先做好消弧措施。断、接连接引线之前，应检查电缆相序并做好标识。10kV空载电缆的长度不宜超过3km。如果电缆空载电容电流超过0.1A，就应当使用消弧开关操作。

1）在断开架空线路与电缆线路的连接引线之前，要检查电缆线路所连接的开关设备均已断开，确认电缆线路处于空载带电状态。

2）在接通架空线路与电缆线路的连接引线之前，要确认电缆线路经过试验合格，电缆线路另一终端头已连接完好，所连接的负荷设备已断开，接地措施已拆除。

（5）作业人员不得触及已断开的导线（断线时）或未接通的导线（接线时），防止感应电压危害。严禁作业人员同时接触未接通的或已断开的两个断头，以防止人体被串入线路。

（6）断、接空载线路、耦合电容器、避雷器、阻波器等设备引线时，应采取防止引流线摆动的措施。断、接耦合电容器时，应将其信号、接地刀闸合上并停用高频保护。被断开的电容器应立即对地放电。

（7）严禁用断、接空载线路的方法对两电源解列或并列。

▶ **51　带电短接设备的安全技术措施**

（1）在短接断路器（开关）、隔离开关（刀闸）和跌落式熔断器等设备之前，应检查核对相位，确认被短接设备处于正常的通流或合闸位置，并采取相应措施，以防止被短接设备意外断开或跳闸。

（2）短接断路器（开关）、隔离开关（刀闸）和跌落式熔断器等设备时，应采用分流线。分流线及其两端线夹的载流量，应当满足通过设备最大负荷电流的要求；分流线绝缘性好，符合相关规定；分流线连接处表面应无氧化层，线夹接触牢固可靠；分流线应支撑固定好，防止摆动。

（3）阻波器被短接前，作业人员要防止通过自身将阻波器短接的情况。

（4）设备被短接后，要检测、确认分流线上流经的电流是否正常。

（5）严禁短接故障设备和故障线路。必须短接时，应确认设备故障、线路故障已被隔离。

▶ **52　电压互感器带电作业的安全技术措施**

（1）作业前，宜将有关保护装置、安全自动装置或自动监控系统停用。

（2）严禁将电压互感器二次侧短路或接地。

（3）作业人员应穿绝缘鞋、戴绝缘手套，并使用绝缘工具。

（4）需要接临时负载时，应采用专用的开关和熔断器。

（5）作业过程中，应由专人监护，二次回路的安全接地点不能断开。

▶ **53　电流互感器带电作业的安全技术措施**

（1）作业前，宜将有关保护装置、安全自动装置或自动监控系统停用。

（2）严禁将电流互感器二次侧开路（光电流互感器除外）。

（3）作业人员应穿绝缘鞋、戴绝缘手套，并使用绝缘工具。

（4）短接二次绕组时，应采用短路片或短路线，禁止使用导线缠绕。

（5）作业过程中，应由专人监护，二次回路的安全接地点不能断开。

▶ **54　配电带电作业的安全技术措施**

对于20kV及以下电压等级带电设备和线路，在采用直接接触方式进行带电作业时，应采取以下安全技术措施：

（1）作业人员应穿戴合格的绝缘防护用品（绝缘服或绝缘披肩、绝缘手套、绝缘鞋），使用绝缘性能良好的安全带和安全帽，必要时还要戴护目镜。

（2）在作业前，作业人员应对使用的各种绝缘防护用品进行检查，确认外观完好无损。

（3）作业开始前，对工作区域内存在的带电导体、绝缘子等应采取相与相之间、相与地之间绝缘隔离措施，绝缘隔离范围应大于人体活动范围的 0.4m 以上。

（4）装、拆绝缘隔离措施时，应逐相进行。装设绝缘隔离措施时，应先装近处、后装远处，先装下侧、后装上侧。拆除时，顺序相反。

（5）作业过程中，作业人员不得摘下绝缘防护用品，不得同时接触到两个非连通的带电导体或者带电导体与接地导体。

（6）作业结束后，严禁作业人员同时拆除带电导体与地电位的绝缘隔离措施。

（7）作业人员必须征得专责监护人的同意，才能进行换相工作转移。

▶▶ 55　低压带电作业须注意的安全事项

由于电压等级较低，人员对低压带电作业的安全防范措施落实不到位，因此在作业过程中容易发生电击事故。为减少和消除触电事故，低压带电作业必须注意以下安全事项：

（1）作业人员必须经过专业技术培训并经考核合格。作业现场至少两人，只能允许一人带电作业，并有专人全程监护。

（2）作业人员须穿戴好绝缘手套、绝缘靴（鞋）、安全帽、护目镜等防护用品。作业时应站在干燥的绝缘垫或绝缘台上，与大地可靠绝缘。

（3）作业人员所使用的各种工器具的绝缘手柄应完好无损，严禁使用锉刀、金属尺和带有金属物的毛刷、毛掸等绝缘性能不好的工器具。

（4）作业人员的工作活动空间不能太狭小，只能允许一个工作面或一侧带电，不能背对带电线路，否则应对其他带电线路进行停电或隔离。

（5）作业前须分清相线、中性线或地线，选好工作位置。需切断电源时，应先断开相线，后断开中性线或地线；需接通电源时，应先接通中性线或地线，后接通相线。

（6）作业人员须集中精力，作业时间不宜过长。作业过程中只能接触到一根导线，不能同时接触到其他导线或与大地相连的物体。

（7）作业人员不得穿越未经绝缘处理的带电线路，并采取措施防止周围带电线路发生单相接地或相间短路故障。

（8）作业现场有高压带电线路时，必须保证与高压带电线路之间的安全距离，并采取防止误碰高压带电线路的安全措施。

▶▶ **56 低压停电作业的安全技术措施**

（1）停电时，应再将与检修设备相关联的、各方面的电源断开。装有低压断路器（自动空气开关）、负荷开关或熔断器式刀开关的回路时，可以直接对检修设备进行分断操作。只有隔离闸刀开关的回路，首先要将检修设备在现场停运、断电，再拉开回路隔离闸刀开关。装有熔断器的回路，断开电源后还应取下熔断器。

（2）停电后，要在检修设备回路开关的操作手柄上挂上"禁止合闸，有人工作！"的标示牌。标示牌应悬挂牢靠，防止掉落。必要时，还要设备围栏。

（3）开始检修前，工作人员要对检修设备进行验电。必要时，还要进行放电。

（4）根据工作需要，在现场设置安全标示牌及其他安全措施。

（5）检修完毕后，对工作现场进行检查确认，防止检修材料、工器具掉落。

（6）恢复供电时，首先拆除标示牌、围栏等安全措施，安装熔断器，再按照隔离闸刀开关—负荷开关或熔断器式刀开关—低压断路器（自动空气开关）的顺序进行送电操作。

（7）停、送电操作时，操作人员应戴绝缘手套和护目镜。

第三章

变 配 电 安 全

►► 1 变配电站安全要求

变配电站的一般安全要求涉及建筑设计、设备安装、运行管理等环节。安全要求具体如下：

（1）变配电站的选址位置合理得当。变配电站应靠近企业用电负荷中心，进出线方便，有利于生产和运输，与其他建筑之间互无影响，远离易燃、易爆、易污染场所，位于企业的上风侧。

（2）变配电站的建筑要符合要求。油浸式变压器室不低于一级，高压配电室耐火等级不低于二级，低压配电室耐火等级不低于三级。变配电站通往室外的门应向外开启，室内通道之间的门应向两个方向开启。高压配电室长度超过 7m 或低压配电室长度超过 10m 时，应设置两个及以上通向室外的门。

（3）变配电站检修通道及间距合格。电气设备安装符合规范要求，检修通道、屏柜之间要留有足够的安全距离，门窗、围栏等屏护装置完好，各种标识清晰正确。

（4）变配电站通风良好。各室自然通风良好（下进风、上排风），必要时进行强制通风，以利于热量散失和排放。

（5）安全用具和灭火器材齐全完好。安全用具符合规范要求，应配置 1211 灭火器、二氧化碳灭火器、干粉灭火器等可用于带电灭火的灭火器材。

（6）各种管理制度、操作程序正确完善。建立值班运行、巡视检查、停送电、检修等制度程序及岗位责任管理制度。

（7）保持电气设备正常运行。各种电气设备的电压、电流、温度等参数及状态指示正确无误，各种安全联锁防护装置均处于正常和可控状态。

▶▶ 2　变配电站应当建立健全的管理制度

（1）岗位责任制度。明确各岗位人员的职责和权限等。

（2）交接班制度。规定交接班的内容、程序及要求等。

（3）倒闸操作票制度。规定倒闸操作时各个操作的步骤、顺序及注意事项。

（4）巡视检查制度。制定巡视检查的时间、路线和内容等。

（5）检修工作票制度。制定检修的申请、审核和批准等工作要求。

（6）工器具保管制度。明确工器具的保管方法、条件和环境要求等。

（7）设备缺陷管理制度。规定设备缺陷的检查、处理等要求。

（8）安全保卫制度。明确来客登记、审查和批准等要求。

▶▶ 3　变配电站应当建立完善的记录

（1）抄表记录。主要记录各开关柜、控制柜运行过程中的电压、电流、功率、电能等参数。

（2）值班记录。主要记录系统运行方式、设备检修、安全措施布置、事故处理、指令指示等事项。

（3）设备缺陷记录。主要记录设备出现缺陷的时间、内容、类别以及消除缺陷处理等情况。

（4）试验及检修记录。主要记录定期预防性试验、预防维修以及故障性检修和试验的过程资料和数据等。

（5）异常及事故记录。主要记录设备发生异常或事故的时间、经过、保护动作以及原因分析、处理措施等。

4 变配电站运行基本条件

变配电站要投入运行，应达到以下基本条件：

（1）变配电站及其周围场所必须设置安全遮栏，悬挂相应的警示标志。

（2）值班人员拥有符合电压等级的绝缘安全用具（绝缘棒、验电器、绝缘夹钳、绝缘手套、绝缘靴、绝缘垫和绝缘台等）和一般防护用具（携带型接地线、临时遮栏、隔离板及安全腰带等）。

（3）绝缘安全用具应定期进行预防性试验合格有效后方可继续使用，并且要整齐存放在干燥显眼的地方，以方便取用。

（4）变配电站的电气设备应定期进行预防性试验，并经试验合格。

（5）变配电站配置有效的灭火器材和通信设备。

（6）无人值守的变配电站必须加锁。

5 变配电站运维人员的工作要求

（1）对电气设备操作必须两人同时进行，一人操作，一人监护。

（2）执行工作票、操作票制度，严禁口头约时进行停、送电操作。

（3）应确切掌握变配电系统的接线情况，主要电气设备的位置、性能和技术数据，具有一定的实际工作经验。

（4）应熟悉事故照明的配电情况和操作方法。

（5）认真填写、抄报有关报表和记录，将日运行情况、检修及事故处理情况填入运行记录内，并按时上报。

（6）自觉遵守劳动纪律和各项规章制度，规范穿戴劳动防护用品。

（7）应具备必要的电气"应知""应会"技能，有一定的排除故障能力，熟知《电力安全工作规程》，并经考试合格。

（8）进行停电检修或安装工作时，应有保证人身和设备安全的组织和技术措施，并向工作人员指明停电范围和带电设备所在位置。

（9）遇紧急情况可先拉开有关设备的电源开关，后向上级报告。

（10）对于不能判断发生原因的事故和异常现象应立即报告，报告前不得进行任何修理恢复工作。

（11）懂得应急救治知识，熟练掌握触电急救方法。

6 变配电站运维人员应注意的安全事项

（1）巡视室内设备，应随手关门。不准单独移开或超过遮栏（围栏）及警戒线进行任何操作。若必须时，应由专人现场监护。

（2）不准接近带电设备，与带电设备之间的距离不得小于表2-2中规定的安全距离。

（3）单人值班时，不得参加检修工作。换流站不允许单人值班或单人操作。

（4）发生停电现象，在未拉开有关断路器（开关）、隔离开关（刀闸）和采取安全措施以前，不得触及停电设备或进入遮栏内，以防止突然来电。

（5）检查高压设备接地故障时，必须距故障点4m（室内）或8m（室外）以外。否则，必须穿绝缘靴、戴绝缘手套。

（6）巡视线路时，禁止随意攀登电杆、铁塔或变电台。两人巡视时，一人检查，一人监护，并注意安全距离。

（7）特殊天气（雷、雨、雪、雾等）巡视室外设备必须穿绝缘靴，不得靠近避雷器和避雷针。

（8）发生自然灾害（地震、台风、洪涝、坍塌等）时，禁止进入灾害现场巡视。必要时，必须制定安全措施，并经设备运维管理单位审核、批准。

7 变配电站运维人员交接班工作的具体要求

（1）交班人员应提前做好以下交班准备工作：

1）整理好统计报表、值班记录、检修记录及交接班记录等。

2）系统设备实际运行与状态显示是否一致。

3）各种运行参数的检测、显示是否正常。

4）系统设备存在的异常现象或缺陷排除记录。

5）检查和核对仪器仪表、安全绝缘用具、钥匙及各种工器具等是否完好和齐全。

6）做好值班室、控制室等现场的环境卫生清洁工作。

（2）接班人员须按规定时间提前（一般提前 15min）到岗，做好以下接班准备工作：

1）查阅各种记录的填写情况。

2）询问了解调度命令以及倒闸操作的执行情况。

3）检查各项运行参数的检测、显示以及系统设备运行方式和负荷情况。

4）检查系统设备存在的异常现象或缺陷的排除情况。

5）检查和核对仪器仪表、安全绝缘用具、钥匙及各种工器具等情况。

6）检查值班室、控制室等室内外的环境卫生清洁情况。

（3）交接班工作应包括以下内容：

1）系统设备的运行方式和状况。

2）系统设备的各种运行参数的检测和显示情况。

3）系统设备发生的变更、存在的异常或缺陷及排除的经过、结果等情况。

4）系统设备检修、改造的情况和结果。

5）继电保护装置的运行和动作情况。

6）已完成和未完成的工作及安全措施等情况。

（4）交接班人员必须遵照现场、书面和口头三同时交接的原则，不得脱离现场交接，交接后双方必须履行签字手续。接班人员签字后允许交班人员离开后，交班人员方可离岗。

（5）以签字时间为准，在交接班前系统设备发生异常，由交班人员负责处理；在交接班后系统设备发生异常，由接班人员负责处理。

（6）在以下情况下不允许交接班：

1）正在执行调度命令或正在进行倒闸操作。

2）系统设备异常尚未查清原因。

3）系统设备发生故障或正在处理事故。

4）接班人员班前饮酒或精神异常。

8 倒闸操作及其分类

倒闸操作主要是指分、合断路器或隔离开关，分、合直流操作回路，拆、装临时接地线等，以改变设备和线路的运行方式（运行、热备用、冷备用和检修）等方面的操作。倒闸操作可以通过就地操作、遥控操作和程序控制等方式完成。

倒闸操作可分为监护操作、单人操作和检修人员操作三类。

（1）监护操作。由两人进行同一项的操作，由其中对设备较为熟悉者进行监护。较为复杂的操作，应由熟练的运维人员或运维负责人监护。

（2）单人操作。由一人完成的操作。单人操作时，运维人员根据发令人用电话传达的操作指令填写操作票，复诵无误。如果确认和自动记录手段完善可靠，调控人员可以单人操作。实行单人操作的设备、项目及人员需经设备运维管理单位或调度控制中心批准，人员应经过专项考核。

（3）检修人员操作。由检修人员完成的操作。经设备运维管理单位考试合格、批准的本单位的检修人员，可进行 220kV 及以下电气设备由"热备用"转至"检修"或由"检修"转至"热备用"的监护操作，监护人应是同一单位的检修人员或设备运维人员。检修人员进行操作的接发令程序及安全要求应由设备运维管理单位技术负责人审定，并报相关部门和调度控制中心备案。

▶ 9　倒闸操作的基本条件

（1）具有与现场一次设备和实际运行方式相符的一次系统模拟图（包括各种电子接线图）。

（2）操作设备应具有明显的标志，包括命名、编号、分合指示、旋转方向、切换位置的指示及设备相色等。

（3）高压设备的防误操作闭锁装置应当完善、有效。防误操作闭锁装置不得随意退出运行，需要停用时必须经过设备运维管理单位批准。需要短时间退出运行时，应经变配电站站长或运维负责人批准，并按程序尽快投入。

（4）具有值班调控人员、运维负责人正式发布的指令（规范的操作术语），并使用经事先审核合格的操作票。

（5）在未安装防误闭锁装置或闭锁装置失灵的隔离开关（刀闸）手柄、阀厅大门和网门上，在当设备处于冷备用且网门闭锁失去作用时的有电间隔网门上，在检修设备的回路中的各来电侧隔离开关（刀闸）操作手柄和电动操作隔离开关（刀闸）机构箱的箱门上，均应加挂机械锁。机械锁应做到一把钥匙开一把锁，钥匙要编号并妥善保管。

▶ 10　倒闸操作的基本要求

（1）必须填写并使用操作票。如遇事故紧急处理、分合断路器（开关）单一操作或者按程序规定操作等工作，可以不用操作票。

（2）操作应当由两人同时进行。简单操作，一人操作、一人监护。复杂操作，应由运维负责人监护。

（3）高压设备操作应穿绝缘靴、戴绝缘手套。必要时，需使用绝缘杆或绝缘棒。

（4）装卸高压熔断器时，应戴防护镜和绝缘手套。必要时，需使用绝缘夹钳并站在绝缘垫（台）上。

（5）遇特殊天气（雷、雨、雪、雾等）时，不得进行室外操作。

▶▶ **11 倒闸操作的技术规定**

（1）送电先合电源侧隔离开关（刀闸），再合负荷侧隔离开关（刀闸），最后合断路器（开关）。停电顺序与之相反。严禁带负荷分、合隔离开关（刀闸）。

（2）同一系统的联络母线在停、送电时，要用断路器（开关）解列、并列，不得用隔离开关（刀闸）解列、并列。

（3）母线停、送电时，电压互感器应后停、先送。

（4）倒换母线时，应先合备用母线断路器（开关），再将负荷倒至备用母线，最后再分原运行母线断路器（开关）。

（5）变压器停电时，先停负荷侧，后停电源侧。送电顺序相反。

（6）分、合隔离开关（刀闸）应迅速果断，但不能用力过猛，也不能强分、强合。

（7）跌落熔断器停电时，先拉中相，再拉下风向一相，最后拉另一相；送电顺序相反。操作前应先切断负荷，严禁带负荷操作。

▶▶ **12 操作隔离开关（刀闸）应注意的问题**

隔离开关（刀闸）不能用来接通、切断负荷电流和短路电流，只能在断路器（开关）切断负荷的情况下才能进行操作，因此隔离开关（刀闸）的操作必须与断路器（开关）的分、合状态相配合。也就是说，隔离开关（刀闸）必须在断路器（开关）闭合之前先闭合，在断路器（开关）断开之后再断开。操作隔离开关（刀闸）前，应当注意断路器（开关）的分、合位置，严禁带负荷操作隔离开关（刀闸）。手动分、合隔离开关（刀闸）时，应迅速果断，在合闸行程终了时用力不能太猛。操作完毕后，检查隔离开关（刀闸）分、合状态是否良好，并将隔离开关（刀闸）的操作把手锁住。

▶▶ 13　停电时先分线路侧隔离开关（线刀闸），送电时先合
母线侧隔离开关（母刀闸）

停电时先分线路侧隔离开关（线刀闸），送电先合母线侧隔离开关（母刀闸），都是为了防止错误操作，缩小事故范围，避免事故扩大。在断路器（开关）没有断开的情况下先分母线侧隔离开关（母刀闸），也即带负荷拉闸，或者在断路器（开关）已经合上的情况下后合母线侧隔离开关（母刀闸），也即带负荷合闸，都有可能引发母线短路故障，而断路器（开关）对该两种短路故障无法进行有效保护。在断路器（开关）没有断开的情况下先分线路侧隔离开关（线刀闸），也即带负荷拉闸，或者在断路器（开关）已经合上的情况下后合线路侧隔离开关（线刀闸），也即带负荷合闸，一旦发生线路短路故障，均可引起断路器（开关）动作保护，能够迅速切除故障。

▶▶ 14　操作隔离开关（刀闸）出现失误的处理办法

操作隔离开关（刀闸）应当小心谨慎，不可带负荷操作。当发生带负荷误合隔离开关（刀闸）时，即使合错甚至出现电弧，也不能将隔离开关（刀闸）再拉开，防止发生三相弧光短路事故。当发生带负荷误拉隔离开关（刀闸）时，如果刀片未完全离开固定触头，应当立即将隔离开关（刀闸）合上，可以消除电弧短路事故；如果刀片已经完全离开固定触头，则不能将隔离开关（刀闸）再合上。

▶▶ 15　隔离开关（刀闸）和断路器（开关）之间的联锁装置
及其常用类型

在隔离开关（刀闸）和断路器（开关）之间加装联锁装置，是为了防止在断路器（开关）未切断电源的情况下拉开隔离开关（刀闸），也即带负荷拉闸，或者在断路器（开关）已闭合的情况下闭合隔离开关（刀闸），也即带负荷合闸。常用的联锁装置分为机械联锁装置和电气联锁装置。机械联锁装置

一般利用钢丝绳或杠杆等的机械位置的变化来限制隔离开关（刀闸）的操作，以确保在断路器（开关）闭合的情况下无法操作隔离开关（刀闸）。电气联锁装置一般利用操动机构上的联动辅助触点去控制断路器（开关）或隔离开关（刀闸），以防止带负荷操作隔离开关（刀闸）。

▶▶ 16　正确操作跌落式熔断器

跌落式熔断器是分相操作的，在操作第二相时会产生强烈的电弧。如果操作不当，有可能引发相间短路故障或触电事故。因此在操作跌落式熔断器前，操作人员应首先切断负荷，穿绝缘靴、戴绝缘手套，使用绝缘棒。分断跌落式熔断器时，先分中相，再分下风侧边相，最后分上风侧边相；闭合跌落式熔断器时，先合上风侧边相，再合下风侧边相，后合中相。

▶▶ 17　倒闸操作票及其格式

倒闸操作票是进行倒闸操作时必须填写的一种凭证。它记录着每一步操作项目的内容及先后顺序，是保证正确操作、防止误操作的一种有效手段。对于复杂冗长的操作，使用倒闸操作票尤为重要。根据使用场所的不同，倒闸操作票的格式略有差异。

▶▶ 18　操作票的填写要求

（1）操作票必须由操作人在接受指令后、操作前亲自填写（打印）。操作指令应清楚明确，受指令人应将指令内容向发令人复诵，核对无误。发令人发布指令（包括对方复诵指令）的全过程和听取指令的报告时，都应录音并做好记录。

（2）操作票必须根据调度操作指令（口头、电话或传真、电子邮件）或上级通知要求填写（打印），不得填错或遗漏。事故应急处理、拉合断路器（开关）的单一操作、程序操作、低压操作或工作班组的现场操作等，可以不使用操作票。

变电站（发电厂）倒闸操作票

单位：_____　　　编号：_____

发令人		受令人		发令时间	年　月　日　时　分		
操作开始时间： 年　月　日　时　分				操作结束时间： 年　月　日　时　分			
（　　）监护下操作　（　　）单人操作　（　　）检修人员操作							
操作任务：							

顺序	操作项目	✓

备注：

操作人：_____　　　监护人：_____

运维负责人（值长）：_____

电力线路倒闸操作票

单位：_____　　　编号：_____

发令人		受令人		发令时间	年　月　日　时　分
操作开始时间： 年　月　日　时　分				操作结束时间： 年　月　日　时　分	
操作任务：					

顺序	操作项目	√

备注：

操作人：_____　　　监护人：_____

配电倒闸操作票

单位：_____   编号：_____

发令人		受令人		发令时间	年　月　日　时　分

操作开始时间：
　　年　月　日　时　分

操作结束时间：
　　年　月　日　时　分

操作任务：

顺序	操作项目	√

备注：

操作人：_____   监护人：_____

（3）操作票应用黑色或蓝色的钢（水）笔、中性笔或圆珠笔逐行填写，不得空行或错行。用计算机生成或打印的操作票应与手写格式票面统一。操作票票面应整洁，字迹应清楚，不得任意涂改。

（4）每张操作票只能填写一个操作任务。操作票应填写设备双重名称，即设备名称和编号。必须按照操作项目的先后操作顺序逐项填写，不得颠倒或并项填写。

（5）操作票票面上的时间、地点、设备双重名称、线路名称、杆塔号（位置）等关键内容应填写正确、清晰。若有个别错、别、漏字需要修改、补充时，必须使用规范的文字、符号和方法。

（6）操作票填写完毕后，操作人和监护人应根据模拟图或接线图核对所填写的操作项目，并分别签名，再经运维负责人（检修人员操作时须经工作负责人）审核签名后方可操作。签名方式采用手工签名或者电子签名均可。

（7）操作票应按统一连续编号顺序使用，使用过的注明"已执行"字样，未执行的注明"未执行"字样，作废的注明"作废"字样，三者都要妥善保管，便于日后查询。操作票保管期至少一年。

19 操作票中的操作项目栏应填写的内容

（1）倒负荷或解列、并列操作时，相关电源运行、负荷分配和转移情况。

（2）应拉、合的断路器（开关）、隔离开关（刀闸）、跌落式熔断器和接地刀闸（装置）的名称和编号。

（3）应拉、合断路器（开关）、隔离开关（刀闸）、跌落式熔断器和接地刀闸（装置）的位置和状态。

（4）拉、合断路器（开关）、隔离开关（刀闸）或接地开关（装置）之前与之后，其他有电气关联的断路器（开关）、隔离开关（刀闸）和接地刀闸（装置）的位置和状态。

（5）高压直流输电系统启停、功率变化、状态转换、控制方式、主控站转换，控制、保护系统的投退，换流变压器冷却器切换及分接头手动调节；直流输电控制系统对断路器（开关）进行的锁定操作；阀冷却、阀厅消防和空调系统的投退、方式变化等操作。

（6）验电、接地线的装设或拆除以及标示牌的悬挂或拆除。

（7）验电、临时接地线的装设或拆除以及临时遮栏（围栏）的装设或拆除。

（8）电压互感器回路或控制回路熔断器、空气开关的安装、拆除或拉、合操作。

（9）保护回路和自动化装置的切换与否以及电压的隔离与测试确认操作。

▶▶ **20　正确执行操作票制度**

操作票的执行好坏，直接关系到倒闸操作的结果是否正确。因此，操作票应按照以下要求执行：

（1）操作票填写完毕后，运维人员必须进行审核确认，与系统接线图或模拟盘进行对照，以消除差错。

（2）操作前，运维人员应检查确认要操作设备的名称、编号、位置以及当前所处的位置和状态，并按操作票顺序在模拟图或接线图上预演核对无误后方可执行。

（3）操作后，应对已经操作设备的实际位置和状态进行检查。无法看到实际状态时，可通过设备机械指示位置、电气指示、仪表及各种遥测、遥信信号的变化，且至少应由两个及以上的指示同时发生对应变化，才能确认该设备已经操作到位。

（4）操作时，应由两人进行。一人操作，一人监护，并认真执行唱票、复诵制。发布指令和复诵指令都要严肃认真，使用规范术语，准确清晰。由监护人唱票，操作人复述，监护人评判正确并发出操作命令后，操作人方可操作。禁止操作人未经监护人同意，私自进行操作。

（5）严格按照操作票上操作项目的先后顺序执行，不得重复或遗漏。每操作完一项，监护人对其检查无误后，立即在操作票上的对应操作项目前打上"√"标记。

（6）操作过程中，如果发现疑义，应立即停止操作，汇报运维负责人或当值调控人员，待弄清楚后再继续操作，不可擅自改动操作票，随意解除闭锁装置，甚至强行贸然操作。

（7）操作票全部项目操作完成后，运维人员应填写终了时间，并做好"已执行"的标记。操作票执行完毕后，应对所有操作项目进行复查，确认无误后，交由运维负责人审核、保存。

（8）单人操作，必须满足相关技术条件和安全要求，但不得进行登高和登杆操作。

（9）设备停电（含事故停电）后，在未拉开有关隔离开关（刀闸）和做好安全措施前，任何人员不得靠近或触及停电设备，以防突然来电。

（10）发生人身触电事故或遇到严重危及人身安全情况时，可不等待指令即行断开有关设备的电源，但事后应立即报告调控人员或设备运维管理单位及上级主管部门。

（11）雷电天气时，严禁进行倒闸操作和更换跌落式熔断器熔丝工作。

21 高压设备的倒闸操作

（1）高压开关柜，停电先拉断路器（开关），再拉负荷侧隔离开关（刀闸），最后拉电源侧隔离开关（刀闸）；送电先合电源侧隔离开关（刀闸），再合负荷侧隔离开关，最后合断路器（开关）。

（2）配电变压器，停电先拉低压侧断路器（开关）、隔离开关（刀闸），后拉开高压侧断路器（开关）、隔离开关（刀闸）；送电先合高压侧隔离开关（刀闸）、断路器（开关），后合低压侧隔离开关（刀闸）、断路器（开关）。

（3）更换配电变压器高压隔离开关或跌落式熔断器熔丝，应先拉开配电变压器低压侧的断路器，后拉开高压隔离开关（刀闸）或跌落式熔断器。停电时，先拉中间相、再拉下风相、最后拉上风相；送电时，先合上风相、再合下风相、最后合中间相。

（4）装设有柱上开关（柱上断路器、柱上负荷开关）的配电线路，停电先拉柱上开关，后拉隔离开关（刀闸）；送电先合隔离开关（刀闸），后合柱上开关。操作柱上充油断路器（开关）时，应有防止断路器（开关）爆炸时伤人的措施。

（5）操作机械传动的断路器（开关）或隔离开关（刀闸）时应戴绝缘手套。操作没有机械传动的断路器（开关）、隔离开关（刀闸）或跌落式熔断器，还要使用合格的绝缘棒进行操作。雨天室外操作应使用有防雨罩的绝缘棒，并穿绝缘靴、戴绝缘手套。

（6）装卸高压熔断器，操作人员应戴护目镜和绝缘手套，必要时使用绝夹钳，并站在绝缘垫或绝缘台上。

▶▶ **22 直流输电系统的倒闸操作**

（1）换流站直流系统，应采用程序操作。操作不成功时，应查明原因并经值班调控人员许可后，方可进行遥控步进操作。

（2）同一直流系统两端换流站之间，如果发生系统通信故障时，两换流站间的操作应根据值班调控人员的指令配合执行。

（3）双极直流输电系统单极停运检修时，禁止操作双极公共区域设备，禁止合上停运极中性线大地/金属回线隔离开关（刀闸）。

（4）在升降功率前，应当确认功率设定值不小于当前允许的最小功率，也不超过当前允许的最大功率。

（5）交流滤波器（并联电容器）在手动切除前，应检查系统中的备用数量，以满足当前输送功率的无功需求。在退出运行再次投入运行前，应满足电容器放电时间的要求。

23 低压设备的停送电操作

（1）操作前，操作人员应先用试电笔或验电器对配电盘金属外壳进行验电，确认有无漏电现象。

（2）停电时，应先断开各分路低压断路器（空气开关），后断开总低压断路器（空气开关）；送电时，应先合上总低压断路器（空气开关），后合上各分路低压断路器（空气开关）。

（3）只有负荷开关或熔断器式刀开关、而没有低压断路器的回路，可以用负荷开关或熔断器式刀开关代替低压断路器进行停送电操作。

（4）只有隔离刀开关的回路，停电时，必须先将现场用电设备停运、并断掉电源开关后，才能拉开隔离刀开关。送电时，先合上隔离刀开关，后合上现场用电设备的电源开关。

（5）有熔断器式刀开关或者隔离刀开关和熔断器的回路，停电时应先拉开刀开关，后取下熔断器；送电时，应先装上熔断器，后合上刀开关。

（6）对于装有熔断器的回路，在拔卸、插装熔断器前必须对回路停电，确认用电设备端三相均无电压后方可操作。

24 对操作监护人的条件要求

操作监护要由专人监护，及时纠正和制止错误的操作，确保操作人员操作的正确性和人身安全。因此，操作监护人必须满足下列条件要求：

（1）具有丰富的操作经验和工作经历。

（2）审核操作票，并协助操作人员检查操作使用的安全用具。

（3）坚守操作现场，监护操作人员的每一步操作是否正确，直至操作完毕，中途不得擅离现场或参与其他工作。

（4）只监护、不操作，检查每一部操作完成后的开关位置、仪表指示、状态标识等是否正确。

（5）设备投运后，检查电压、电流、声光显示等信号是否正确。

（6）具有一定的纠错操作水平及应急处置能力。

25　倒闸操作停送电时应注意的安全事项

倒闸操作，必然涉及停送电操作。停送电操作必须注意以下安全事项：

（1）明确操作票或调控指令的要求，认真填写操作票，核对将要停电、送电的设备和位置。

（2）按照操作票上的先后操作顺序，逐项在模拟盘上进行模拟操作。

（3）操作时，必须穿戴好绝缘靴、绝缘手套等防护用品。

（4）在监护人的监护下，按照操作票上的顺序逐项操作，监护人对已完成的操作项要做好记号。

（5）停电时，应先停负荷侧，后停电源侧；送电时，应先送电源侧，后送负荷侧。

（6）停电后，要使用合格有效的验电器进行验电。确认停电后，方可挂接地线、设遮栏和悬挂标示牌等。

（7）送电时，首先要拆除设置的安全措施。送电完成后，必要时进行验电。

（8）严禁带负荷拉闸，严禁带负荷合闸；严禁带电挂接地线，严禁带接地线送电。

26　新的调控术语中设备和线路的状态划分

在调控术语中，将设备和线路的状态划分为"运行""热备用""冷备用"和"检修"四种。

（1）运行是指设备和线路的隔离开关（刀闸）和断路器（开关）都在合上位置，继电保护和二次设备按规定投入，设备和线路带有规定电压的状态。

（2）热备用是指设备和线路的断路器（开关）断开，而隔离开关（刀闸）仍在合上位置，保护正常运行的状态。线路高压电抗器、电压互感器等无单独开关的设备均无"热备用"状态。

（3）冷备用是指设备和线路没有故障、无安全措施，隔离开关（刀闸）和断路器（开关）都在断开位置，可以随时投入运行的状态。

（4）检修是指设备和线路的所有断路器（开关）、隔离开关（刀闸）均断开，并挂好接地线或合上接地开关的状态。

27　常用的调控术语

××设备或线路由"运行"转"热备用"、××设备或线路由"热备用"转"冷备用"、××设备或线路由"冷备用"转"检修"或者××设备或线路由"运行"转"检修"。

××设备或线路由"检修"转"冷备用"、××设备或线路由"冷备用"转"热备用"、××设备或线路由"热备用"转"运行"或者××设备或线路由"检修"转"运行"。

××设备或线路由"运行"转"冷备用"。

××设备或线路由"热备用"转"检修"。

××设备或线路由"冷备用"转"运行"。

××设备或线路由"检修"转"热备用"等。

28　变配电站应实行调控管理的情况

变配电站在下列情况下，一般应当实行调控管理：

（1）供电电源电压在35kV及以上的变配电站。

（2）由双路及以上电源供电，必须并路倒闸的变配电站。

（3）由多路电源供电、用电容量较大、内部线路结构复杂或形成了一个独立系统的变配电站。

（4）为重要公共场所、政治活动中心供电的变配电站。

（5）其他必须直接调控管理的变配电站。

▶▶ 　**29　运维人员可不经调控人员下令自行操作的情况**

　　实行调控管理的变配电站，运维人员的各种操作均应经过值班调控人员的下令或许可方可执行。但当出现以下情况之一时，可以不经值班调控人员批准而自行操作：

　　（1）35kV 及以上供电电源电压的变配电站，10kV 部分可以自行操作，但不能与外部 10kV 电源进行并路倒闸。

　　（2）双电源供电的变配电站，当一路电源无电压时，在确认非本站故障引起的情况下，可以先断开该路电源的进户断路器（开关），后合上备用电源进户断路器（开关），然后报告值班调控人员。

　　（3）两路电源并路操作时，为防止过流保护动作，运维人员可以自行断开两路电源线路保护，不必由调控人员下令。

　　（4）遇到紧急情况（突发故障或事故、发生燃爆、人员触电等）时，运维人员可先切断电源，后报告值班调控人员。

　　（5）经调控管理中心授权可以操作的调控设备，运维人员可以自行操作，但操作后需向值班调控人员报告。

　　（6）变配电站内不属于调控范围的设备需要停电检修时，运维人员可以自行操作。

▶▶ 　**30　变配电站常用联锁装置的类型**

　　为防止运维人员误操作，变配电站应设联锁装置，以便从技术上进行限制。常用的联锁装置有以下几种类型：

　　（1）机械联锁：以机械传动部件的位置变动对断路器（开关）的分、合状态进行控制。

　　（2）电气联锁：利用断路器（开关）分、合时辅助开关的通断信号在操作回路中进行控制。

　　（3）电磁联锁：利用多个电磁锁及其配套元件的组合进行控制。

　　（4）钥匙联锁：将需要联锁的断路器（开关）利用锁匙分离的办法进行控制。只有在一个断路器（开关）分、合的情况下，才能取下钥匙对另一个断路器（开关）进行分、合操作。

▶ **31　变配电站常见事故的引发原因**

（1）操作人员误操作。

（2）开关操作失灵、触点发热、绝缘子闪络等。

（3）继电保护装置误接线、误整定等。

（4）电缆绝缘击穿损坏。

（5）开关、互感器、电容器等设备损坏或发生燃爆。

▶ **32　变配电站发生误操作的处理办法**

　　变配电站运维人员应严格遵守操作规程，减少和消除误操作现象。一旦发生误操作，不要恐慌，要冷静处理。误操作断路器（开关），在不影响其他回路断路器（开关）运行的情况下，可立即纠正其操作，再汇报运维负责人。若影响到并列断路器（开关）的运行，则须报告值班调控人员，按照调控指令进行处理。如果误操作隔离开关（刀闸），必须立即停止操作，并对相关设备进行检查，再汇报运维负责人。

▶ **33　变配电站突然断电的处理办法**

　　（1）断开站内所有进出回路的电源开关，在断开时要注意各断路器（开关），尤其是进户电源断路器（开关），确认其有无跳闸现象。

　　（2）对站内所有设备和线缆进行巡视检查，检查是否有异常现象。

　　（3）检查测试进户电源电压是否正常，确定是站内故障引起还是系统停电引起。如果进户电源电压正常，进户断路器（开关）跳闸，说明站内设备或线路发生故障。如果进户电源无电压，进户断路器（开关）未跳闸，说明系统停电。如果进户电源无电压，进户断路器（开关）也跳闸，说明站内设备或线路发生故障，并造成系统停电。

　　（4）如果属于系统停电引起，运维人员应立即与值班调控人员联系，确定是否切换至备用电源或投入备用发电机组，以便早日恢复供电。备用电源或发电机组投运时，必须防止向系统倒送电现象的发生。

（5）如果属于站内某一设备或回路发生故障引起的全站失压，应首先拉开该回路的断路器（开关）及上下隔离开关（刀闸），断开故障设备或线路，并采取安全技术措施，禁止合闸；其次按照操作顺序合上其他断路器（开关），恢复其他无故障回路的供电；然后再检查处理停电设备或线路的故障。

34 变配电站巡视检查周期的规定

（1）有人值守的变配电站，除交接班外，每班至少巡查两次。

（2）设备运行存在缺陷或过负荷时，至少 0.5h 巡查一次，直至运行恢复正常。

（3）设备发生重大事故后恢复运行，对事故范围内的设备进行特殊巡查。

（4）新投运或大修后投运的设备，在 72h 内应加强巡查，直至运行正常。

（5）遇大风、暴雨、冰雹、雪、雾等特殊天气，对室外设备进行特殊巡查。

（6）处于多尘污秽区域的变配电站的室外设备，视污染程度大小进行相应频次的巡查。

35 变配电站巡视检查方法

配电设备发生故障前，都会出现一些征兆，如声音、气味、颜色、温升等出现异常。因此在巡视检查过程中，要充分发挥人的目视、耳听、鼻嗅和手摸功能，以便及早地发现故障并得到及时处理。目视就是用眼观察，检查设备的运行参数、状态指示、表面颜色等是否正常，电气连接点有无烧伤、黏结、熔焊等现象。耳听就是用耳倾听，检查设备运行过程中有无振动、噪声、放电、啸叫、摩擦等异常声响。鼻嗅就是用鼻嗅闻，检查设备运行过程中有无烟熏、焦煳等刺鼻性气味。手摸就是用手触摸设备外壳，检查设备运行过程中有无发热，温升是否在允许范围之内。

▶ 36 变配电站巡视检查注意的安全事项

在变配电站内对配电设备进行巡视检查时，巡视人员应注意以下安全事项：

（1）进入变配电站巡视设备的人员，应当熟悉站内设备的内部结构、接线和运行等情况。

（2）巡视人员应沿固定的安全路线和规定方向行走，保持与带电设备之间的安全距离。

（3）巡视人员检查配电设备时，不得越过遮栏或围栏。

（4）巡视人员进出配电室（箱）时，应随手关门，巡视完毕后应及时上锁。

（5）单人巡视时，禁止巡视人员打开配电设备的柜门或箱盖等。

▶ 37 变配电站正常巡视检查内容

（1）检查电气设备的外观是否清洁完好，外壳有无积垢、损伤等异常现象。

（2）检查电气设备的实际状态是否正确，状态指示信号是否与实际相一致。

（3）检查电气设备的三相运行参数是否正确，电压、电流、功率等指示值及平衡度是否在正常允许范围以内。

（4）检查电气设备的温升是否正常，有无超出允许限值；声音是否正常，有无杂声或噪声；气味是否正常，有无焦煳味。

（5）检查电气设备的进出连接导线是否完好，有无断裂；检查导线连接处接触是否良好，有无氧化或过热现象。

（6）检查所有电气设备的瓷质绝缘部分是否清洁完好，有无掉瓷、裂纹、放电、闪络等痕迹。

（7）检查各电气保护装置的信号指示是否正常，有无报警或动作，整定值是否正确。

（8）检查各类充油设备的密封是否完好，油位、油色是否正常，有无漏油、缺油或变色现象。

（9）检查所有接地线是否完好，有无松动、断裂或锈蚀。

（10）检查各安全用具是否有效，有无损坏、超检验期。

（11）检查门窗、孔洞是否严密，有无小动物进入痕迹。

▶▶ **38　变配电站特殊巡视检查内容**

除了正常的巡视检查以外，对变配电站还应进行特殊的巡视检查。特殊巡视检查的主要内容包含：

（1）大风天气，检查电气设备周围有无异物，导线摆动是否过大。

（2）阴雨、大雾天气，检查绝缘子有无放电、闪络痕迹。

（3）雷雨后，检查避雷装置的动作指示及记录和绝缘子有无放电、闪络痕迹。

（4）冰雹后，检查电气设备的绝缘子和熔断器有无损伤，导线有无断股和脱落现象。

（5）降雪及雾凇天气，检查导线连接端头和连接导线有无过热、融雪现象。

（6）夜间闭门，检查导线的各个电气连接点有无放电、发红现象。

（7）高温天气，检查充油设备的油位是否过高，连接导线是否过松，降温通风设备是否正常运转。

（8）低温天气，检查充油设备的油位是否过低，连接导线是否过紧，断路器套管及隔离开关连接处是否冷缩变形。

▶▶ **39　线路巡视检查应注意的安全事项**

（1）巡视检查线路的工作应由有电力线路工作经验的人员担任。单独巡线人员应考试合格并经运维管理单位批准。单人巡线时，禁止攀登电杆和铁塔。

（2）电缆隧道、偏僻山区、夜间或者汛期、暑天、大雪天等恶劣天气的巡线工作应由两人进行，巡视人员应配备必要的防护用具和药品。

（3）地震、台风、泥石流等严重灾害时，禁止进入灾害现场巡视。需要时，必须制定安全措施，经运维管理单位批准，至少两人一组，组与组之间要保持通信联络。

（4）雷雨、大风天气或事故巡线，巡视人员应穿绝缘鞋或绝缘靴，并沿线路上风侧前进，以免万一触及断落的导线。

（5）夜间巡线，巡视人员应携带足够的照明工具，并应沿线路外侧前进。

（6）特殊巡线，巡视人员应注意选择路线，防止洪水、塌方、恶劣天气等对人体的伤害。

（7）事故巡线，巡线人员应始终认为线路带电。即使明知该线路已停电，也应认为线路随时有恢复送电的可能。

（8）当发现电线、电缆断落地面或悬挂空中，巡视人员不能靠近，要远离断线点 8m 以外，并迅速报告调控人员和运维负责人。

第四章

电气安全用具与安全标识

▶▶ **1 电气安全用具的分类和构成**

电气安全用具是指在作业过程中为保证作业人员人身安全，防止发生触电、坠落、灼伤等事故所必须使用的各类专用工器具。电气安全用具可分为绝缘安全用具和一般防护用具两大类。而绝缘安全用具包括基本绝缘安全用具和辅助绝缘安全用具两种。具体分类和构成如图4-1所示。

▶▶ **2 基本绝缘安全用具和辅助绝缘安全用具**

基本绝缘安全用具是指绝缘强度足以抵抗电气设备运行电压的安全用具，可以直接接触带电部分，能够长时间承受设备和线路的工作电压。基本绝缘安全用具主要用来操作隔离开关、更换高压熔断器和装拆携带型接地线等。辅助绝缘安全用具是指绝缘强度不足以抵抗电气设备运行电压的安全用具。辅助绝缘安全用具一般必须与基本绝缘安全用具配合使用。因此，由于实际使用电压高低的不同，基本绝缘安全用具和辅助绝缘安全用具只是相对的。高压辅助绝缘安全用具可以作为低压基本绝缘安全用具使用。

▶▶ **3 使用绝缘棒应注意的事项**

绝缘棒又称令克棒、操作杆、绝缘拉杆等，主要由工作头、绝缘杆和握柄三部分构成，外形如图4-2所示。绝缘棒用于操作高压跌落式熔断器、单极隔离开关、柱上断路器及装卸临时接地线，以及进行测量和试验等。

绝缘棒分有不同的电压等级和长度规格（500V/1640mm、

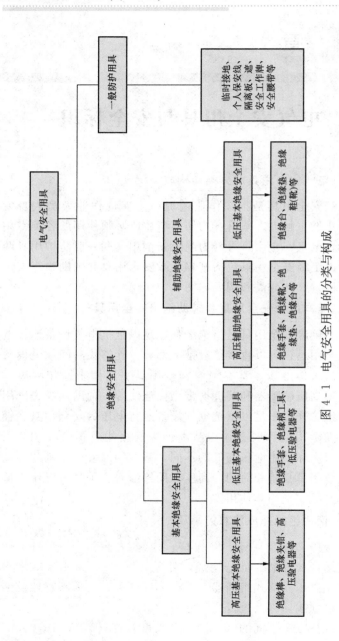

图 4-1 电气安全用具的分类与构成

10kV/2000mm、35kV/3000mm)。
使用时应注意以下事项：

（1）绝缘棒的型号、规格必须满足使用电压等级要求。

（2）使用前应将表面用干净的棉布擦拭干净，并检查外观有无缺陷。

（3）使用前在连接绝缘操作杆的节与节的丝扣时要离开地面，

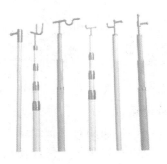

图 4-2　绝缘棒

不可将杆体置于地面上进行，以防杂草、土屑进入丝扣中或黏附在杆体的外表上，丝扣要轻轻拧紧，不可将丝扣未拧紧即使用。

（4）使用时应戴绝缘手套，穿绝缘靴或站在绝缘垫（台）上，手握位置不得超过隔离环，要尽量减少对杆体的弯曲力，以防损坏杆体。

（5）避免下雨、下雪或潮湿天气在室外使用，必要时采取相应保护措施。

（6）使用后要及时将杆体表面的污迹擦拭干净，并把各节分解后装入一个专用的工具袋内，存放在屋内通风良好、清洁干燥的支架上或悬挂起来，防止碰撞和损伤，保持表面清洁、干燥和完好。

（7）应按规定定期（每年一次）进行交流耐压试验，并经试验合格方可使用。

4　使用绝缘夹钳应注意的事项

绝缘夹钳用来在带电情况下安装或拆卸高压熔断器等，用于 35kV 及以下电力系统中。绝缘夹钳由工作钳口、绝缘部分和握手三部分组成，各部分都用绝缘材料制成，所用材料与绝缘棒相同，只是工作部分是一个坚固的夹钳，并有一个或两个管型的开口，用以夹紧熔断器。绝缘夹钳外形如图 4-3 所示。

图 4-3 绝缘夹钳

使用绝缘夹钳时，应注意以下事项：

（1）使用前应将表面用干净的棉布擦拭干净。

（2）使用前应将线路负载停运。

（3）使用时应戴绝缘手套，穿上绝缘靴，戴上护目镜。

（4）在潮湿天气应使用专门的防雨夹钳。

（5）应按规定定期（一年一次）进行绝缘试验，并经试验合格方可使用。试验时，10～35kV 夹钳施加 3 倍线电压，220V 夹钳施加 400V 电压，110V 夹钳施加 260V 电压。

5 高压验电器的类型及使用注意事项

高压验电器是检测 6～35kV 供配电系统设备和线路是否带电的专用工具，工作原理是通过检测流过验电器对地杂散电容中的电流，以达到检验设备、线路是否带电的目的，具有携带方便、验电灵敏度高、不受强电场干扰、具备全电路自检功能、待机时间长等特点。高压验电器主要由检测部分、绝缘部分和握手部分构成，可分为发光型、声光型和风车式三种类型，外形如图 4-4 所示。

使用高压验电器要注意以下事项：

（1）高压验电器的型号规格必须与被测电压等级相适应，以免危及验电操作人员的人身安全或者造成误判断。

图 4-4 高压验电器

（2）使用前必须确认验电器完好无损工作正常。各部分的连接牢固、可靠，指示器密封完好，表面光滑、平整，指示器上的标志完整，绝缘杆表面清洁、光滑。

（3）使用时，操作人员应戴绝缘手套、穿绝缘靴，并有专人监护；双手必须握在罩护环以下的绝缘手柄处，不得超过隔离环，并首先在有电设备上进行检验。

（4）验电时必须逐渐将验电器靠近带电体直至发出指示或响声为止，以确认验电器性能完好。有自检系统的验电器应先揿动自检钮确认验电器工作完好，然后再在需要进行验电的带电体上检测。

（5）验电时，在将高压验电器逐渐移近待测设备，直至触及设备导电部位的过程中，若验电器一直无声、光指示，则可判定该设备不带电。反之，如在移近过程中突然发光或发声，即认为该设备带电，即可停止移近，结束验电。

（6）使用时不可将高压验电器直接接触带电体，并且要防止高压验电器遭受碰撞或受到其他机械损伤。

（7）对线路验电必须逐相进行；对联络断路器或隔离开关等设备验电必须在两端逐相进行；对电容器组验电必须在放完电后进行；对同杆塔架设的线路验电必须先低压、后高压，先下层、后上层。

（8）对待检修的设备验电确认无电后，应立即进行接地操作，验电后若因故未及时接地，必须在接地前重新验电。

（9）高压验电器应妥善保管，应做到防尘、防潮、防腐等，并避免在特殊天气（雨、雪、雾、湿度大等）的室外使用。

（10）高压验电器应定期（每年一次）进行耐压试验，合格后方可继续使用。

▶▶ 6　低压验电器的类型及使用注意事项

低压验电器俗称电笔，只能用于380V及以下供配电系统的线路和设备。低压验电器按其结构形式分为钢笔式和螺钉旋具式两种，按其显示元件不同分为氖管发光指示式和数字显示式两种。氖管发光指示式验电器由氖管、电阻、弹簧、笔身和笔尖等部分组成。低压验电器如图 4 - 5 所示。

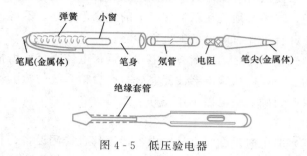

图 4 - 5　低压验电器

使用低压验电器时，应注意以下事项：

（1）使用时，应检查验电器内有无柱形电阻（特别是借用别人的验电器或长期未用的验电器），若无电阻，严禁使用。否则，将发生触电事故。

（2）验电前，先将验电器在确实有电处试测，确认验电器无问题后方可使用。

（3）验电时一般用右手握住电笔，左手背在背后或插在衣裤口袋中。应防止笔尖同时搭在两线上，人体的任何部位切勿触及与笔尖相连的金属部分。

（4）验电时要注意避光，在明亮光线下不易看清氖管是否发光或显示数字，防止误判。

▶ 7　低压验电器的特殊用法

除了可以测量设备或线路是否带电外，低压验电器还有以下几种特殊用法：

（1）区分相线与中性线：氖管亮者为相线。

（2）区分交流电和直流电：氖管两极亮者为交流电。

（3）判断直流电正负极：与氖管发亮的一端连接者为正极。

（4）区分电压高低：氖管越亮、电压越高。

（5）判断相线碰壳：氖管亮，说明外壳带电。

（6）线路接触不良：氖管闪亮，说明线路接触不良。

8　组合验电器

组合验电器是由常用的部分电工工具组合而成，其中包括低压验电器、螺钉旋具（"－"字形和"＋"字形）、扁圆锉、圆锥钻和扩孔钻等。具有携带方便、配备齐全等优点。

9　绝缘手套规格、用途及使用注意事项

绝缘手套用绝缘性能良好的特种橡胶制成，具有足够的绝缘强度和机械性能，可以使人的两手与带电体之间绝缘。按所用的材料可以分为橡胶绝缘手套和乳胶绝缘手套。绝缘手套的规格有 12kV 和 5kV 两种。12kV 绝缘手套可用作基本安全用具（1kV 以下电压区）和辅助安全用具（1kV 及以上电压区）；5kV 绝缘手套可作为基本安全用具（250V 以下电压区）和辅助安全用具（1kV 以下电压区）使用。

使用绝缘手套时，应注意以下事项：

（1）使用前必须进行充气检验，发现有任何破损则不能使用。

（2）使用时，应将衣袖口套入筒口内，以防发生意外。

（3）使用后，应将内外污物擦洗干净，待干燥后，撒上滑石粉放置平整，以防受压受损，且勿放于地上。

（4）应定期（每半年一次）对其进行耐压试验，合格后方可继续使用。

（5）应妥善保管，保持通风、干燥、远离热源，避免阳光直晒，防止油污、酸碱腐蚀等。

10　绝缘靴规格、用途及使用注意事项

绝缘靴（鞋）可以使人体与地面绝缘，并防止跨步电压触电。常用绝缘靴（鞋）一般有 20kV 绝缘短靴、6kV 矿用长筒靴和 5kV 绝缘鞋（电工鞋）三种。

使用绝缘靴（鞋）时，应注意以下事项：

（1）应根据作业场所电压高低正确选用绝缘靴（鞋）。

5kV 绝缘鞋只能用于 1kV 以下电压区。

（2）绝缘靴（鞋）只能用作辅助安全用具，人体不能与带电设备或线路相接触。

（3）绝缘鞋（靴）应完好，不能有破损现象。

（4）穿用绝缘靴时，应将裤管套入靴筒内；穿用绝缘鞋时，裤管不宜长及鞋底外沿条高度，更不能长及地面，保持布帮干燥。

（5）非耐酸、碱、油的橡胶底绝缘靴（鞋），不可与酸碱油类物质接触，并应防止尖锐物刺伤。

（6）布面料的绝缘鞋只能在干燥环境下使用，避免布面潮湿或进水。

（7）5kV 绝缘鞋底的花纹已被磨光，露出内部颜色时则不能再作为绝缘鞋使用。

（8）绝缘靴（鞋）应定期（每半年一次）进行耐压试验，合格后方可继续使用。

11 绝缘垫和绝缘台的作用

绝缘垫用于增强人体与地面的绝缘，并防止跨步电压触电。绝缘垫只能作为辅助安全用具使用，在低压操作时可以代替绝缘手套和绝缘鞋的作用。绝缘垫按照电压等级可分 5、10、20、25、35kV 等，按照颜色可分为黑色、红色、绿色等，按照厚度可分为 2、3、4、5、6、8、10、12mm 等。常用绝缘垫一般用厚度不小于 5mm 的特种橡胶制成，最小尺寸不应小于 800mm×800mm。

绝缘台主要用在设备安装调试过程当中，安装调试完成后拆除，是一种临时安全设施。绝缘台一般用木板或木条（间距不得大于 25mm）制成，最小尺寸不应小于 800mm×800mm。绝缘台可以代替绝缘垫和绝缘鞋，也只能作为辅助安全用具使用。

12 携带型接地线的作用及使用注意事项

携带型接地线也叫携带型短路接地线，是用来防止停电检修设备或线路突然来电或者感应起电而对人体造成的危害，同时也可以对需检修的设备或线路进行放电。携带型接地线由绝缘操作杆、导线夹、短路线、接地线、接地端子、汇流夹、接地夹等组成，分为分相式（单相）和组合式（三相）。导线采用多股软铜线，截面积应不小于 25mm^2。

使用携带型接地线时，应注意以下事项：

（1）使用前，应先对要接地的设备或线路进行验电，确认其已停电且无电压后进行。

（2）安装时，应先将接地端线夹连接在接地网或接地铁件上，然后用接地操作棒分别将导体端线夹连紧在设备或线路上。拆除时，顺序正好与上述相反。

（3）装设的携带型接地线，应与带电设备保持足够的安全距离，连接时要用专用线夹，不能做缠绕连接。

（4）接地端应用接地线卡或专用铜棒与固定接地点作接地连接。如无固定接地点，则可用临时接地点，接地极及埋入地下深度应不小于 0.6m。

（5）携带型接地线应妥善保管。每次使用前，均应仔细检查其是否完好，软铜线应无裸露，螺母应不松脱，否则不得使用。

（6）携带型接地线检验周期为每 5 年一次，经试验合格后方可继续使用。使用中的携带型接地线在经受短路后，应根据经受短路电流的大小和外观损伤程度检查判断，一般应予报废，不得继续使用。

13 个人保安线的组成和作用

个人保安线一般由保安钳、软铜线、铜鼻子和接地夹等组成，可分为分相式和组合式两大类，接线夹有平口式和钩式两种结构。根据使用场合不同，可采用分相式或组合式两种配置形式。软铜线截面积不小于 $16mm^2$。使用个人保安线，是为了消除作业场所内邻近、平行、交叉跨越及同塔（杆）架设的带电线路在停电检修线路上产生的感应电压，防止作业人员接触或接近停电检修线路时遭受到感应电压的危害。个人保安线的使用方法与携带型接地线的使用方法相似。

14 隔离板和临时遮栏的作用

装设隔离板和临时遮栏是为了防止工作人员走错位置，误入带电间隔或接近带电设备至危险距离。隔离板用干燥的木板制作而成，可做成栅栏状，高度不低于 1.8m，须有"止步，高压危险"警示标志。临时遮栏一般用于户外停电作业，用线网或绳子拉成，对地高度不低于 1m。

15 安全腰带的作用

安全腰带是防止工作人员坠落的安全用具。一般用皮革、帆布或化纤材料制成，由大小两根带子（大的固定在构件上、小的系在腰上）组成，其每根带子所能承受的拉力不应小于 2250N。

16 安全用具的检验周期规定

（1）绝缘靴（鞋）：每 6 个月检验一次。

（2）绝缘手套：每 6 个月检验一次。

（3）绝缘绳：每 6 个月检验一次。

（4）梯子、升降板：每 6 个月检验一次。

（5）高压验电器：每 12 个月检验一次。

（6）绝缘杆（夹钳）：每 12 个月检验一次。

（7）绝缘挡板、绝缘垫：每 12 个月检验一次。

（8）安全带、脚扣：每 12 个月检验一次。

（9）绝缘台：每 24 个月检验一次。

（10）携带型接地线：每 60 个月检验一次。

（11）个人保安线：每 60 个月检验一次。

▶▶ ## 17 安全用具的存放要求

安全用具应妥善保管，存放环境应干燥通风，并符合以下要求：

（1）绝缘手套应存于密闭橱柜内，并与其他工、器具分开存放。

（2）绝缘靴、绝缘夹钳应存于橱柜内，不能将绝缘靴当普通工鞋使用。

（3）绝缘垫和绝缘台应保持清洁和完好，无划痕和损伤。

（4）绝缘杆应悬挂或架在支架上，不应接触墙面。

（5）高压验电器应存于干燥、防潮的匣子内。

（6）安全用具不得与其他工、器具混放、混用。

▶▶ ## 18 正确使用梯子进行登高作业

登高作业通常需要借助梯子完成。常用梯子分为单梯和人字梯两种。使用梯子时应注意以下安全事项：

（1）单梯靠墙时，梯脚与墙壁的距离不得小于梯高的1/4，并要在梯脚与地面之间加胶套或胶垫，防止梯子滑倒。

（2）人字梯的开脚不得大于梯高的1/2，两侧应加装拉绳或拉链。

（3）梯脚处的地面应坚硬平整，梯脚与地面应接触踏实，不能悬空。

（4）梯子的担靠支持物应稳固牢靠，必要时应采用绳索绑扎。

（5）梯子的高度要合适，顶端不能低于作业人员腰部。禁止人员站在梯子的最高处或者在上面一、二级横档上作业。

（6）采用升降梯时，梯子升到合适高度后，要将止滑扣锁住，以防止自动下滑。

（7）梯子上面有人作业时，下面应有专人扶梯和监护。

▶▶ ## 19 安全色及其含义和对比色规定

安全色是表达安全信息含义的颜色，使人们迅速、准确地分辨各种不同环境，预防事故发生。安全色规定用红、黄、蓝、绿四种颜色表示。红色表示禁止、停止，黄色表示警告、注意，蓝色表示指令、遵守，绿色表示提示、通行。国家规定的对比色有黑、白两种颜色。黑色用于安全标识的文字、图形符号等；白色用于安全标识的背景色，也可用于文字和图形符号。安全色对应的对比色为红—白、蓝—白、绿—白、黄—黑。

20　安全标识的种类和含义

安全标识是指提醒人员注意或按某种要求去执行，保障人身和设备安全的各种信息和标志。安全标识可以分为禁止类、警告类、指令类和提示类四种，分别用红色、黄色、蓝色和绿色区分。禁止类标识的含义是表示不准或制止人员的某种行动；警告类标识的含义是提醒人员注意可能发生的危险；指令类标识的含义是要求人员必须遵守的行为；提示类标识的含义是向人员示意目标的方向。

21　禁止类安全标识的构成及常用标志

禁止类安全标识的几何图形是带斜杠的圆环，圆环与斜杠相连用红色，背景用白色，图形符号用黑色绘画。我国规定的禁止类标志有 28 个，常用的有"禁止吸烟""禁止拍照""禁止游泳""禁止攀登""禁放易燃物""禁止通行""禁止乘车"等，如图 4-6 所示。

22　警告类安全标识的构成及常用标志

警告类安全标识的几何图形是黑色的等边正三角形，背景用黄色，中间图形符号用黑色。我国规定的警告类标志有 30 个，常用的有"当心爆炸""当心火灾""当心中毒""注意安全""当心触电""当心机械伤人""当心落物""当心坠落"等，如图 4-7 所示。

图 4-6 禁止类安全标志示例

图 4-7 警告类安全标志示例

23 指令类安全标识的构成及常用标志

指令类安全标识的几何图形是圆形，背景用蓝色，图形符号及文字用白色。我国规定的指令类标志有 15 个，常用的有

"必须戴安全帽""必须系安全带""必须穿防护服""必须戴防护手套""必须穿防护鞋""必须戴护耳器""必须戴防毒面具"等，如图 4 - 8 所示。

图 4 - 8 　指令类安全标志示例

▶ 24　提示类安全标识的构成及常用标志

提示类安全标识的几何图形是方形，背景用红、绿色，图形符号及文字用白色。我国规定的提示类标志有 13 个。其中用绿色背景的一般提示类标识有 6 个，如"安全通道""安全出口"等；用红色背景的消防提示类标识有 7 个，如"火警电话""消防警铃""灭火器"等。部分标志如图 4 - 9 所示。

▶ 25　安全标识的基本要求

安全标识必须由安全色、几何图形和图形符号构成，用以表达特定的安全信息。安全标识必须科学规范、简明扼要、醒目清晰、便于识别。安全标识一般设置在光线充足、醒目的地方，用金属板或硬质绝缘材料制成。

图 4 - 9　提示类安全标志示例

26　常用的电气作业安全标示牌

常用电气作业安全标示牌的规格有 80mm×65mm、80mm×80mm、200mm×160mm、250mm×250mm、300mm×240mm 和500mm×500mm 五种。安全标示牌的主要内容有"止步，高压危险""禁止攀登，高压危险""禁止合闸，有人工作""禁止合闸，线路有人工作""在此工作""从此上下"和"从此进出"等几种。其名称、尺寸、背景色、字体颜色及悬挂位置等资料如表 4 - 1 所示。

表 4 - 1　　　　　　常用电气作业安全标示牌的资料

名称	式　样			悬挂位置
	颜色	字样	尺寸 （mm×mm）	
禁止合闸，有人工作！	白底，红色圆形斜杠，黑色禁止标志符号	黑字	200×160 80×65	一经合闸即可送电到检修设备的断路器（开关）和隔离开关（刀闸）操作手柄上
禁止合闸，线路有人工作！	白底，红色圆形斜杠，黑色禁止标志符号	黑字	200×160 80×65	一经合闸即可送电到检修线路的断路器（开关）和隔离开关（刀闸）操作手柄上
禁止分闸！	白底，红色圆形斜杠，黑色禁止标志符号	黑字	200×160 80×65	接地开关与检修设备之间的断路器（开关）操作把手上
止步，高压危险！	白底，黑色正三角形及标志符号，衬底为黄色	黑字	300×240 200×160	工作地点附近带电设备的遮栏上，室外工作地点的围栏上，禁止通行的过道上，高压试验地点，室外构架上，工作地点邻近带电设备的横梁上

名称	式　样			悬挂位置
	颜色	字样	尺寸 （mm×mm）	
禁止攀登， 高压危险！	白底，红色圆 形斜杠，黑色禁 止标志符号	黑字	500×400 200×160	高压配电装置 构架的爬梯上， 变压器、电抗器 等设备的爬梯上
在此工作！	绿底、中央有 直径 200（65） mm 的白色圆圈	黑字、位 于白色圆圈 中	250×250 （80×80）	工作地点或检 修设备上
从此上下！	绿底、中央有 直径 200mm 的 白色圆圈	黑字、位 于白色圆圈 中	250×250	工作人员上下 的铁架、爬梯上
从此进出！	绿底、中央有 直径 200mm 的 白色圆圈	黑字、位 于白色圆圈 中	250×250	室外工作地点 围栏的出入口处

第五章

电击防护技术措施

1　电击防护技术措施的主要构成要素

　　电击防护技术措施有很多种，但就其构成要素来说，电击防护技术措施主要由基本防护技术措施、故障防护技术措施和电气量限值防护技术措施三大类构成。基本防护技术措施也叫直接接触防护技术措施，主要用来防止人体触及电气装置和设备带电部分的直接接触触电。故障防护技术措施也叫间接接触防护技术措施，主要用来防止人体触及电气装置和设备外露可导电部分的间接接触触电。电气量限值防护技术措施是指采取特低电压的技术防护措施，降低人体接触电压的危险性。

2　基本防护技术措施及其主要方面

　　基本防护技术措施是指电气装置和设备在正常条件下所采取的防护技术措施，由在正常条件下能防止与危险带电部分接触的一个或多个措施组成。基本防护技术措施是电气装置和设备在无故障条件下的电击防护技术措施。这些防护技术措施主要包括绝缘（带电部分的绝缘）、遮栏或外壳（外护物）、阻挡物、置于伸臂范围之外、用剩余电流动作保护器的附加防护等五个方面。所有电气装置和设备都应采用基本防护技术措施。

3　对于绝缘的基本要求

　　绝缘是用绝缘物把带电部分封闭起来，用来防止人体与带电部分的任何接触。绝缘必须符合该电气装置和设备的有关标准。对于高压装置和设备，应预防固体绝缘表面可能存在的电压。仅用空气作为基本绝缘是不够的，还需采用其他措施（如阻挡物、遮栏等）以保证人体与带电部分的安全距离。单独的油漆、清漆、喷漆及类似物，不能认为其绝缘是有效的。绝缘电阻是最基本的绝缘性能指标。

4　常用绝缘材料的耐热等级及极限工作温度

绝缘材料的电阻率一般在 $10^9\Omega\cdot m$ 以上。常用绝缘材料有瓷、玻璃、云母、橡胶、木材、胶木、塑料、布、纸及矿物油等。常用绝缘材料的耐热等级（从低到高）分为 Y、A、E、B、F、H、C 七个等级，其对应的极限工作温度分别为 90、105、120、130、155、180、180℃以上。

5　绝缘材料的击穿类型

当绝缘材料所承受的电压超过一定幅度时，绝缘材料的某些部位就会发生放电现象而被击穿。固体绝缘材料一旦被击穿，其绝缘性能一般不能恢复；液体和气体绝缘材料被击穿后，其绝缘性能可以恢复。固体绝缘击穿分为热击穿和电击穿两种，热击穿是因泄漏电流的热效应引起绝缘材料的温度急剧升高而造成的，电击穿是因强电场引起绝缘材料分子电离而造成的。

6　电气设备和线路绝缘电阻的规定

绝缘电阻是最基本的绝缘性能指标，对不同设备和线路的绝缘电阻有着不同的要求。电气设备和线路的绝缘电阻应符合以下规定：

（1）高压设备和线路的绝缘电阻不低于 1000MΩ。

（2）架空线路绝缘子的绝缘电阻不低于 300MΩ。

（3）移动式电气设备的绝缘电阻不低于 2MΩ。

（4）配电柜二次线路的绝缘电阻不低于 1MΩ（干燥环境）或 0.5MΩ（潮湿环境）。

（5）新装或大修后的低压设备和线路的绝缘电阻不低于 0.5MΩ。

（6）运行中的设备和线路的绝缘电阻不低于 1kΩ/V（干

燥环境）或 0.5kΩ/V（潮湿环境）。

（7）运行中电缆线路的绝缘电阻不低于 300～750MΩ（3kV）、400～1000MΩ(6kV) 和 600～1500MΩ(20～35kV)。

（8）电力变压器投运前的绝缘电阻不低于出厂时的 70%。

7　对于遮栏或外壳的基本要求

遮栏是用来防止人员进入危险区域，防止从任一通常接近方向直接接触电气装置和设备的危险带电部分而设置的防护物。外壳是用来防止人员从任何方向触及电气装置和设备危险带电部分并围住设备内部部件的电器外壳。对于电气装置和设备，遮栏或外壳的最低防护等级不能低于 IP2X 或 IPXXB，即必须能够防止直径为 12.5mm 及以上的固体颗粒进入。遮栏或外壳必须具有足够的机械强度、稳定性、牢固性和耐久性。遮栏或外壳的打开、拆除必须具备一定的条件，该条件能够有效地防止人员进入危险环境或触及带电部分。遮栏的高度不应低于 1.70m，下部边缘离地面不应超过 0.10m，与带电设备之间必须保持足够的安全距离。

8　对于阻挡物的基本要求

阻挡物只用于对熟练技术人员或受过培训的人员的保护。阻挡物的作用在于防止无意识地接触到电气装置和设备危险带电部分（低压）或无意识地进入危险区域（高压）。阻挡物不能防止人员有意地直接接触电气装置和设备危险带电部分（低压）或有意地进入危险区域（高压）。阻挡物不能被无意识地移动。可导电的阻挡物应看作一个外露的可导电部分，应采取故障防护技术措施。

9　正确理解置于伸臂范围之外

伸臂范围是指人员从通常站立或活动的表面上的任一点，向外延伸到不借助任何手段、用手从任何方向所能达到的最大范围，也即人体活动区域。置于伸臂范围之外就是要确保人体活动区域与电气装置和设备危险带电部分或危险区域的距离必须不小于 1.25m（水平方向）或 2.5m（垂直方向）。如果在水平方向上设置有防护等级低于 IP2X 或 IPXXB 的阻挡物，则伸臂范围应从阻挡物算起。置于伸臂范围之外就是为了确保人体与电气装置和设备危险带电部分或危险区域之间有一定的安全距离。伸臂范围如图 5-1 所示。

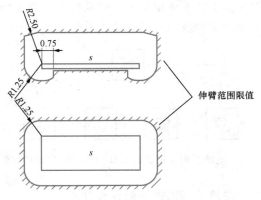

图 5-1　伸臂范围（单位：m）

s—人预期所占的表面

▶ 10　用剩余电流动作保护器的附加保护要求

剩余电流动作保护器也称为漏电保护器，英文缩写为RCD。剩余电流动作保护器是用于加强直接接触防护的额外措施。它不能被单独使用，必须与基本保护技术措施同时使用，以防止其他防护技术措施失效。通常剩余电流动作保护器的额定剩余动作电流不宜超过 30mA。对于额定电流不超过 20A 的户外插座以及为户外移动式设备供电的电源插座，应使用额定剩余动作电流不超过 30mA 的剩余电流动作保护器，采取自动切断电源进行防护。

▶ 11　剩余电流动作保护器的作用及其结构原理

剩余电流动作保护器是利用低压配电线路中发生短路或接地故障时所产生的剩余电流来迅速切断故障线路或设备电源，

防止发生间接接触触电事故，以达到保护人身安全和设备安全的目的。常用的电流型剩余电流动作保护器结构原理方框图如图 5-2 所示。检测元件检测电路中的剩余电流信号，通过放大元件对其电流信号放大后，由比较元件将放大后的电流信号与整定的动作电流进行比较。当达到动作电流，引起执行元件动作，最终作用于开关跳闸信号，切断配电线路电源。试验元件主要用来检验保护器本身动作是否有效。

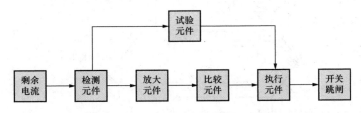

图 5-2　电流型剩余电流动作保护器的结构原理方框图

▶▶ **12　剩余电流动作保护器的分类方法**

（1）按运行方式分，分为无辅助电源剩余电流动作保护器和有辅助电源剩余电流动作保护器（辅助电源中断自动断开型和辅助电源中断不能自动断开型）。

（2）按安装形式分，分为固定安装剩余电流动作保护器和移动使用剩余电流动作保护器。

（3）按极数分，分为单极二线剩余电流动作保护器、两极剩余电流动作保护器、两极三线剩余电流动作保护器、三极剩余电流动作保护器、三极四线剩余电流动作保护器和四极剩余电流动作保护器。

（4）按保护功能分，分为无过载保护剩余电流动作保护器、有过载保护剩余电流动作保护器、有短路保护剩余电流动作保护器和有过载、短路双保护剩余电流动作保护器。

（5）按动作时间分，分为快速剩余电流动作保护器和延时剩余电流动作保护器。

（6）按额定剩余动作电流分，分为不可调剩余电流动作保护器和可调剩余电流动作保护器。

（7）按比较元件分，分为电磁剩余电流动作保护器和电子剩余电流动作保护器。

（8）按动作原理分，分为电压型剩余电流动作保护器和电流型剩余电流动作保护器。

▶ 13 电流型剩余电流动作保护器的工作原理

电流型剩余电流动作保护器的工作原理如图 5 - 3 所示。在正常情况下，线路三相电流的相量和约等于零，零序电流互感器的二次侧绕组无信号输出，开关不会动作，电源向负载正常供电。当设备绝缘损坏而发生接地故障时，设备外露可导电部分存在着危险电压。人体一旦触及到该设备的外露可导电部分，会有泄漏电流通过人体，引起三相电流的相量和发生变化，在零序电流互感器的二次侧绕组上产生感应电压。感应电压的高低与泄漏电流的大小成正比例。如果故障泄漏电流达到整定或限定的动作电流，二次侧的感应电压会使脱扣器线圈励磁，主开关跳闸，切断供电回路。

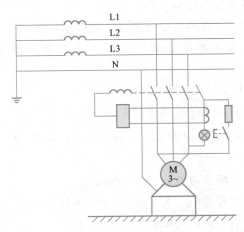

图 5 - 3 电流型剩余电流动作保护器工作原理图

▶ **14　电流型剩余电流动作保护器的保护方式**

电流型剩余电流动作保护器有以下四种保护方式：

（1）全网总保护：在低压电网电源处，装在中性点接地线上、装在总电源线上或装在各条引出干线上（较多采用）。

（2）末级保护：移动式电气设备、临时用电设备。

（3）多级保护：较大低压电网，主干线总保护、分支线分保护和用电设备末级保护相结合。

（4）报警保护：预先报警与断电保护相结合。

▶ **15　剩余电流动作保护器常见的接线方式**

剩余电流动作保护器的接线，要根据供配电系统的保护接地型式确定。剩余电流动作保护器常见的几种接线方式如表5-1所示。

▶ **16　剩余电流动作保护器的适用场所**

（1）手握式及移动式电气设备。

（2）建筑工地用电气设备。

（3）特殊环境（易燃易爆场所及浴室、食堂、锅炉房、地下室等）中的电气设备。

（4）住宅建筑的进线开关或专用插座回路。

（5）与人体直接接触的医用（急救及手术除外）电气设备。

（6）TT 系统内的电气设备。

▶ **17　剩余电流动作保护器动作电流的选择**

剩余电流动作保护器的动作电流值可以参考下列情况选择：

（1）防火场所电气设备，300mA。

（2）成套开关柜、配电盘，100mA 以上。

（3）家用电器，30mA。

（4）建筑工地电气设备，15～30mA。

表 5 - 1 剩余电流动作保护器常见的几种接线方式

接线方式 相数	极数	两 极	三 极	四 极
单相 220V				
三相 380/220V 接地保护	TT 系统			

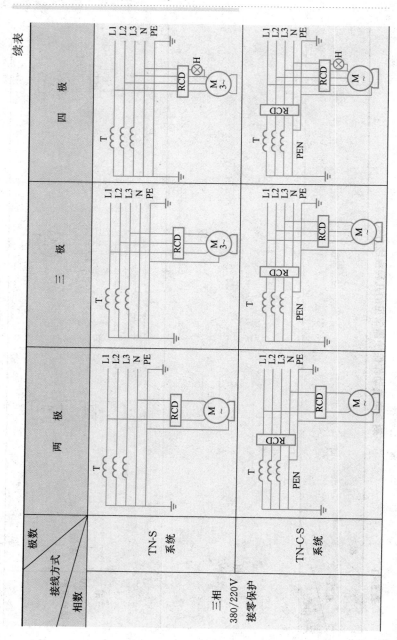

续表

接线方式 极数 相数		两 极	三 极	四 极
三相 380/220V 接零保护	TN-S 系统			
	TN-C-S 系统			

（5）手握式电气设备，15mA。

（6）恶劣环境电气设备，6～10mA。

（7）医疗用电气设备，6mA。

需要注意的是，剩余电流动作保护器的额定动作电流 $I_{\Delta N}$ 必须在正常剩余电流的 50％以上，如果正常剩余电流大于剩余电流动作保护器的额定动作电流 50％以上，则供电回路无法正常运行。剩余电流动作保护器动作电流选择示例如图 5-4 所示。

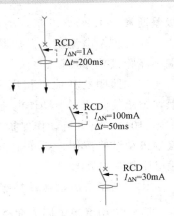

图 5-4 剩余电流动作保护器动作电流选择示例

18 剩余电流动作保护器安装使用应注意的事项

（1）安装前须检查剩余电流动作保护器的技术参数（额定电压、额定电流、短路通断能力、剩余动作电流及动作时间等）是否符合要求。

（2）安装接线时要根据配电系统接地型式进行接线，分清相线和零线。单极二线、两极三线、三级四线剩余电流动作保护器均有一根直接穿过检测元件且不能断开的中性线（N）。

（3）安装带短路保护功能的剩余电流动作保护器时，要注意其分断时电弧喷出的方向和飞弧距离。

（4）剩余电流动作保护器应远离其他铁磁体和大的载流导体，防止误动作。

（5）施工现场开关箱内的剩余电流动作保护器，需采用防溅型。

（6）剩余电流动作保护器后的工作零线不得重复接地。

（7）分级剩余电流动作保护系统，每一级剩余电流动作保护器必须有自己的工作零线，上下级剩余电流动作保护器的额定漏电动作电流和动作时间均应相互配合，额定漏电动作电流级差通常为 1.2～2.5 倍，动作时间级差 0.1～0.2s。

（8）剩余电流动作保护器的工作零线不能就近接线，其两端不能跨接单相负荷。

（9）照明及其他单相用电负荷要均匀分布到三相电源线上，力求使各相剩余动作电流大致相等。

（10）剩余电流动作保护器在安装后投运前应进行 3 次试验（按动试验按钮、带负荷分合开关或交流接触器或 3kΩ 试验电阻接地试跳）。

19 剩余电流动作保护器误动作的原因

（1）三相电源未同方向全部穿过。

（2）有未被保护的线路接入。

（3）线路泄漏电路较大，超过动作电流整定值。

（4）保护器整定电流值过低。

（5）零线有重复接地现象。

（6）线路中有一线一地负荷。

（7）线路中有人接触电源。

（8）安装环境处存在干扰源，如振动、电磁感应等。

（9）保护器本身存在质量缺陷。

20 剩余电流动作保护器的维护保养

（1）对保护系统每年进行一次测试和检查（动作电流值、绝缘电阻、剩余动作电流、接地装置等）。

（2）对剩余电流动作保护器至少每月进行一次试验，特殊情况（雷雨季节、跳闸动作等）应增加试验次数。

（3）剩余电流动作保护器动作后在经检查未发现故障点时允许试送电一次。若再动作，必须查明故障原因，不得继续送电。

（4）严禁私自拆除剩余电流动作保护器或强行送电。

（5）剩余电流动作保护器出现故障要由专业人员检查、修理或更换。

（6）发生人身触电伤亡事故时，要检查剩余电流动作保护器的动作情况，分析其保护作用缺失的原因。在未弄清原因和调查结束前，不得改动剩余电流动作保护器的接线。

21　故障防护技术措施及其主要方面

故障防护技术措施是指在电气装置和设备发生单一故障时所采取的防护技术措施，由附加于基本防护技术措施中独立的一项或多项防护技术措施组成。故障防护技术措施主要包括自动切断电源、Ⅱ类设备或等效的绝缘、非导电场所、不接地的局部等电位联结保护、电气分隔等五个方面。

22　可以不采取故障防护技术措施的情况

可以不采取故障防护技术措施的情况包括：处于伸臂范围以外墙上的架空绝缘子的支持物和与其连接的金属部件（架空线金具）、触及不到钢筋的钢筋混凝土电杆、尺寸小于50mm×50mm或其所处位置不会被人体接触或抓住并且与保护导体连接困难的外露可导电部分、用于保护Ⅱ类设备的金属管或其他金属外护物等。

23　中性点、中性线和零点、零线

当三相电源或三相负载为星形连接时，将其三相绕组首端或尾端的共同连接点称为中性点。由中性点引出的导线被称作中性线。如果中性点与接地装置直接相连，则该中性点可称为零点。从零点引出的导线则称为零线。电源端的零线按用途可分为工作零线（PN）、保护零线（PE）和工作兼保护零线（PEN）三种类型。

24　保护性接地

保护性接地是防止间接接触电击最基本的一种措施，是将供配电系统、电气装置或设备的外露可导电部分与保护导体相连接，其目的在于自动切断电源或者降低外露可导电部分上的危险电压。保护性接地的具体做法与低压供配电系统的类型

（IT 系统、TT 系统和 TN 系统）有关。

25 低压供配电系统的中性点工作制度（接地方式）

中性点工作制度是指中性点是否接地。中性点制度可以分为中性点接地系统和中性点绝缘系统两大类。中性点接地系统是指将中性点采用接地装置直接接地，而中性点绝缘系统是指中性点不接地或通过高阻抗接地。根据 IEC 标准规定，按照中性点工作制度（接地方式）划分，低压供配电系统可分为 IT 系统、TT 系统和 TN 系统三种。其中 TN 系统又分为 TN-C 系统、TN-C-S 系统、TN-S 系统三种类型。

26 IT 系统及其保护

IT 系统是电源系统的带电部分不接地或中性点通过高阻抗接地，电气装置和设备的外露可导电部分通过保护导体连接到接地装置上（如图 5-5 和图 5-6 所示）。当 IT 系统发生对电气装置和设备外露可导电部分或者对地的单一故障时，其故障电流较小。但当同时存在两个故障时或者在线路较长、绝缘水平较低的情况下，电击的危险性很大。采用 IT 系统时，电气装置和设备的任何带电导体不应直接接地，任何外露可导电部分应单独地、成组地或集中地接地，并满足对地电压不高于 50V 交流或 120V 直流的规定要求。同时应当装设绝缘监视器、过电流保护器和剩余电流动作保护器等保护装置。

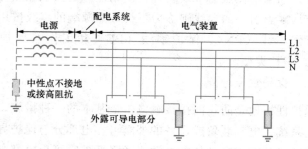

图 5-5 IT 系统（单独接地）保护原理图

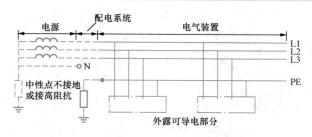

图 5 - 6 IT 系统（集中接地）保护原理图

▶ 27 IT 系统应当装设绝缘监视器等保护装置

IT 系统中所有带电部分对地绝缘或者中性点通过足够大的阻抗接地，电气装置的外露可导电部分单独地、成组地或集中地接地。当发生单一接地故障时，故障电流较小，不要求切断电源动作，但必须发出声光报警信号。IT 系统如果第二次发生异相接地故障，则会引起两相短路故障，短路电流应当作用于保护装置并切断电源，如图 5 - 7 所示。对于外露可导电部分单独或分组接地的 IT 系统，当第二次发生中性线接地故障时，IT 系统就变成了 TT 系统，如图 5 - 8 所示。对于外露可导电部分集中接地的 IT 系统，当第二次发生中性线接地故障时，IT 系统就变成了 TN 系统，如图 5 - 9 所示。因此，当人体同时接触到同时发生接地故障的电气装置和设备外露可导电部分时，就会遭到电击危害，此时要求保护装置立即自动切断电源。

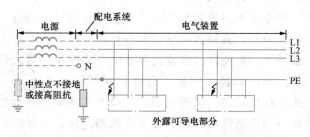

图 5 - 7 IT 系统第二次发生异相接地故障会引起两相短路故障

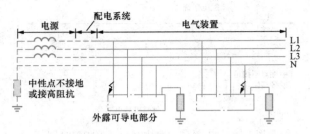

图 5-8　单独或分组接地的 IT 系统第二次发生中性线
接地故障变成 TT 系统

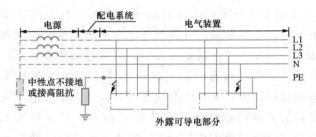

图 5-9　集中接地的 IT 系统第二次发生中性线
接地故障变成 TN 系统

28　TT 系统及其保护

　　TT 系统是电源系统有一点（一般为中性点）直接接地，电气装置和设备中的所有外露可导电部分通过保护导体一起连接至这些部分共同的接地装置上（如图 5-10 所示）。当某一电气装置和设备内相导体与保护导体或外露可导电部分之间发生零阻抗故障时，其外露可导电部分存在着低于相电压的危险电压。采用 TT 系统，应当装设剩余电流动作保护器或过电流保护器等限制故障持续时间，允许切断时间不大于 1s。为实现保护的选择性目的，保护电器宜选择 S 型剩余电流动作保护器和普通型剩余电流动作保护器串联使用。保护电器的自动动作电流与保护导体总的电阻（包括接地装置和外露可导电部分的电阻）的乘积不得超过 50V。

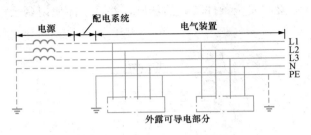

图 5-10　TT 系统保护原理图

29　TN 系统及其保护

TN 系统是电源系统有一点（一般为中性点）直接接地，电气装置和设备中的所有外露可导电部分通过保护导体与电源系统的接地点连接。该保护导体不应被隔离或通断，应在各相关变压器或发电机的安装处或其附近接地。当某一电气装置和设备内相导体与保护导体或外露可导电部分之间发生零阻抗故障时，保护电器（过电流保护器或剩余电流保护器）迅速动作，在规定时间（配电回路、时间≤5s；终端回路电流≤32A时、时间≤0.4s；终端回路电流＞32A 时、时间≤5s）内自动切断电源，以消除电击危险。

30　TN-C、TN-C-S、TN-S 三种系统及其适用场所

TN 系统有三种类型，即 TN-C 系统、TN-C-S 系统和 TN-S 系统。对于 TN-C 系统，由中性导体（N）兼作保护导体（PE），形成三相四线制（如图 5-11 所示）；对于 TN-C-S 系统，中性导体与保护导体前部分共用，后部分分开，形成部分三相四线制、部分三相五线制（如图 5-12 所示）；对于 TN-S 系统，中性导体和保护导体严格分开，形成三相五线制（如图 5-13 所示）。

对于有独立变电站的车间、爆炸危险性较大或安全要求较高的场所，应采用 TN-S 系统配电。对于低压进线的车间和民

用住宅楼房，可以采用 TN-C-S 系统配电。TN-C 系统适用于无爆炸危险和安全条件较好的场所，并且不能使用剩余电流保护器。

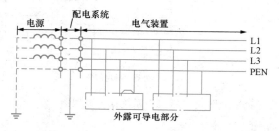

图 5-11　TN-C 系统保护原理图

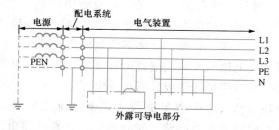

图 5-12　TN-C-S 系统保护原理图

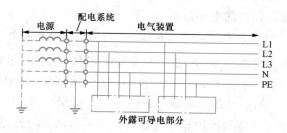

图 5-13　TN-S 系统保护原理图

31　IT、TT、TN 三种低压供配电系统的安全性比较

在同等条件下，如果低压供配电系统处于正常的运行状态（非故障状态），并且线路的对地电容又很小，则采用 IT 系统

比采用 TT、TN 系统较为安全。在故障状态下，IT 系统的危险性高于 TT、TN 系统。TT 系统在故障状态下的危险性也高于 TN 系统。由于常见的电力线路都比较冗长，并且分支线路也很多，无法保证较高的绝缘水平，因此，IT 系统实际很少被采用。

▶▶ 32　低压供配电系统中性点工作制度的选择

低压供配电系统的中性点工作制度的选择，应从经济性和安全性两方面考虑。从经济方面考虑，TN 系统可以将 380V 和 220V 两种电压同时分别用于动力设备和照明设备，节约工程投资。从安全方面考虑，如果线路具有较高的绝缘性能，供电范围不大，对地电容电流很小，可以采用 IT 系统。工厂中的大型车间和不易进行绝缘监视的生产厂房，供配电系统均应采用 TN 系统。TT 系统主要用于低压共用用户，也即未安装电力变压器直接从外面引进低压电源的小容量用户。

▶▶ 33　低压供配电系统中性点直接接地的作用

在低压供配电系统（TN-C、TN-C-S、TN-S）中，将电力变压器的中性点直接接地。中性点直接接地具有以下作用：

（1）保持线电压和相电压基本稳定，380V 电压供动力设备，220V 电压供照明设备。

（2）与 IT 系统相比，所受限制少，安全性更高，应用范围广。

（3）可以有效防止高压端向低压端窜电的危险。

▶▶ 34　低压供配电系统发生零线带电现象的原因

在低压供配电系统中，零线带电的现象较为普遍。发生零线带电现象的可能原因如下：

（1）系统三相电源中有一相接地，而总电源保护装置未动作。

（2）线路中有设备因绝缘损坏漏电，而设备保护装置未动作。

（3）系统工作接地不良，接地电阻增大，三相负荷严重不平衡。

（4）零线某处断裂，在断裂处后面有设备漏电或者在断裂处后面接有单相负荷。

（5）TN-C 系统中存在采用单独保护接地的个别三相设备漏电、碰壳，或者个别单相设备采用一相一地制。

（6）受周围环境影响，引起系统零线感应带电。

▶ **35　三相四线制低压供配电系统运行中应注意的事项**

采用三相四线制低压供配电系统（TN-C）时，应当注意以下事项：

（1）三相负荷要尽量分布平衡，不平衡度不宜超过 20%。

（2）电源侧中性点的接地（工作接地）必须良好，接地电阻不得大于 4Ω。

（3）严格区分相线与 PEN 线，两者不能错接。

（4）按规定将 PEN 线重复接地，接地电阻不得大于 10Ω。

（5）PEN 线上不得安装任何开关或熔断器。

（6）PEN 线的横截面积不得小于 10mm² （铜材）或 16mm² （铝材）。

（7）所有电气设备必须共用 PEN 干线，不得另行单独接地。

（8）所有电气设备的 PEN 线，以并联方式接到 PEN 干线上。

▶▶ **36　TN 系统接线常见的错误**

TN 系统接线常见的错误如图 5-14 所示。

37　采用多电源 TN 系统时应注意的问题

（1）变压器或发电机的中性点处不允许直接接地，N 母线应通过 PE 母线或 PEN 母线间接接地。

（2）变压器或发电机的中性点至主配电盘内的 N 母线或 PEN 母线应全部绝缘。

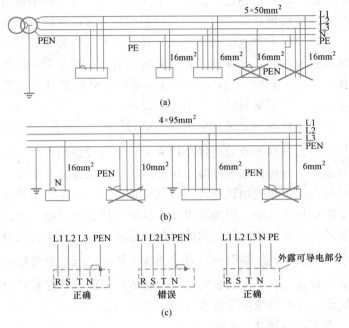

图 5 - 14　TN 系统接线常见的错误

（a）没有将 TN-C-S 系统中的 PE 线与 N 线严格分开使用；

（b）TN-C 系统中设备的 PE 线与 N 线应分别与保护干线相连接；

（c）TN-C 系统 PEN 线应先与设备外壳连接，TN-S 系统 PE 线与 N 线须分开使用

（3）从 N 母线或 PEN 母线至 PE 母线只允许在主配电盘内一点接地。

（4）PE 母线除了在总接地端子或进线处接地以外，可在多处重复接地。

（5）多电源之间的连接线不允许直接接出用电设备。

（6）馈电回路全部采用 TN-S 制配线，电源通断应使用单相两极、两相三极、三相四极断路器或隔离开关。

▶▶ 38　对于自动切断电源的要求

当电气装置和设备发生故障，使人体可触及的可导电部分

上的预期接触电压超过交流 50V 或直流 120V 时，应采取自动切断电源的防护技术措施。采用自动切断电源的防护技术措施时，应设置保护等电位联结系统，并且当电气装置和设备的基本绝缘被破坏时，其保护装置应能断开电气装置和设备的供电导体（一根或多根）。自动切断电源必须依靠保护性接地来实现，允许回路切断时间一般不能超过 5s。

39 正确理解 Ⅱ 类设备和等效的绝缘

Ⅱ 类设备和等效的绝缘是用来防止电气设备的可触及部分因基本绝缘故障而出现危险电压的防护技术措施。Ⅱ 类设备是指具有双重绝缘或加强绝缘的电气设备，即采用基本绝缘作为基本防护技术措施，附加绝缘作为故障防护技术措施，或提供基本防护功能和故障防护功能的加强绝缘的电气设备，用符号"□"标识。工厂制造的具有全绝缘的成套电气设备可以等同于 Ⅱ 类设备。在电气安装时，只有基本绝缘的设备必须增设附加绝缘，没有绝缘的带电部分必须增设加强绝缘。

电气设备的分类见表 5-2。

表 5-2　　　　　　　　　电气设备的分类

设备类别	防 护 措 施	设备与装置的连接条件
0	采用基本绝缘作为基本防护，没有故障防护措施	非导电环境
		每项设备单独提供电气分隔
Ⅰ	采用基本绝缘作为基本防护措施，采用保护连接作为故障防护措施	设备端子连至装置的保护等电位联结处
Ⅱ	采用基本绝缘作为基本防护措施，附加绝缘作为故障防护措施，或提供基本防护和故障防护功能的加强绝缘	不依赖装置的防护措施，符号为双正方形
Ⅲ	采用特低电压作为基本防护措施，无故障防护措施	仅接到 SELV 或 PELV 系统，符号为菱形内标出数字 Ⅲ

40 基本绝缘、附加绝缘、双重绝缘和加强绝缘

基本绝缘是指用于带电部分，提高电击基本防护的绝缘。附加绝缘是指在防止基本绝缘失效后而另加的单独绝缘。双重绝缘是指由基本绝缘和附加绝缘组合而成的绝缘。加强绝缘是指用于带电部分的防护等级相当于双重绝缘一种单一绝缘系统。

41 对于双重绝缘设备的结构要求

电气设备采用双重绝缘结构时，应满足以下要求：

（1）设备的带电部分与不可触及的导电部分之间，应采用基本绝缘。

（2）设备不可触及的导电部分与可触及的导电部分之间，应采用附加绝缘。

（3）设备的带电部分与可触及的导电部分之间，应采用加强绝缘或双重绝缘。

（4）设备的上述各导电部分之间，应设置必要的电气间隙距离。

42 对于绝缘外护物的要求

只采用基本绝缘与带电部分隔开的所有可导电部分的电气设备，在投运时都需有防护等级不低于 IP2X 或 IPXXB 的绝缘外护物。绝缘外护物应能经受住力、电、热等外界环境因素的影响，必要时进行电气绝缘强度试验。绝缘外护物内的可导电部分不能与保护导体相连接。当绝缘外护物不能有效防护时，需要加设防护等级不低于 IP2X 或 IPXXB 的绝缘遮栏（借助工具方可移开）。绝缘外护物的设置不能影响到设备的正常运行，也不能引入带电体或可导电部分的电位。

43 正确理解非导电场所

非导电场所是用来防止带电部分基本绝缘失效后，人体同时触及可能处在不同电位的部分的防护技术措施。非导电场所

内不应有保护导体，场所内所有地面、墙面和屋面都应是绝缘的，并具有足够的机械强度，能够经受 2000V 的试验电压，正常泄漏电流不应超过 1mA。任何两个外露可导电部分之间或者一个外露可导电部分与任何外界可导电部分之间的相对距离不得小于 2m，至少不能在伸臂范围以内。也可在外露可导电部分和外界可导电部分之间设置有效的阻挡物，阻挡物与可导电部分的距离也须在伸臂范围以外。阻挡物应采用绝缘材料制作，并且不能与外界有任何连接。

▶▶ 44　对于不接地的局部等电位联结保护的要求

不接地的局部等电位联结保护是用来防止出现危险接触电压的防护措施。等电位联结导体应将所有可同时触及的外露可导电部分和外界可导电部分连接起来。局部（辅助）等电位联结系统不能通过任何的外露的可导电部分或外界可导电部分与大地相连，并且要防止进入等电位场所可能会遭受到危险的电位差。局部（辅助）等电位联结导体的最小截面不得小于相应保护导体的 1/2，两个外露可导电部分的辅助连接导体的最小截面不得小于较小的保护导体。

▶▶ 45　电气分隔及其必须满足的安全条件

电气分隔也称电气隔离，就是将电源与用电回路在电气上进行隔离，用来防止人体触及到因回路的基本绝缘故障而带电的外露可导电部分时出现电击电流的防护技术措施。电气分隔的安全实质就是将接地电网转换成一个范围很小的不接地电网。采用电气分隔保护时，回路应由分隔电源（一台隔离变压器或者安全程度与隔离变压器相当的电源）供电。

电气分隔保护原理如图 5 - 15 所示。

采用电气分隔必须满足以下安全条件：

（1）分隔电源须具有加强绝缘的结构，其温升和绝缘电阻符合安全隔离变压器的相关要求。采用隔离变压器时，隔离变压器具有耐热、防潮、防水及抗振结构，不得使用易燃材料，

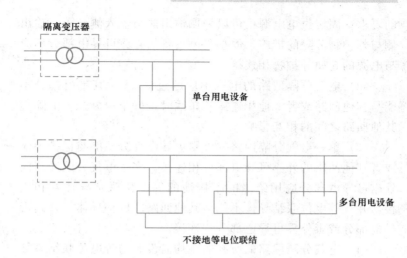

图 5-15　电气分隔保护原理

外壳应有足够的机械强度。单相隔离变压器容量不得超过 25kVA，三相隔离变压器容量不得超过 40kVA。隔离变压器空载交流输出电压不应超过 1kV，脉动直流电压不应超过 $\sqrt{2}$kV，负载电压压降不得超过额定电压的 5%～15%。

（2）分隔电源的二次侧保持独立，既不能与一次侧相连，也不得与大地或任何导体相连接。

（3）分隔电源的二次侧电压不能太高，线路不能太长。电压过高或者线路太长，都会影响到对地绝缘水平。按照规定，二次侧的电压不能超过 500V，线路长度不应超过 200m，并且电压与长度的乘积不应大于 100kV·m。

（4）分隔电源的电源开关应采用全极开关。输出插座须与其他插座严格区分，防止其他电压等级的插头插入。

（5）分隔电源二次侧的多个电气设备应采用等电位联结线连接。所用插座也应具有等电位联结功能。

46　采取电气分隔保护应注意的安全事项

（1）供电电源的选择和安装应满足Ⅱ类设备和等效的绝缘

的要求。固定供电电源也可以采取输出侧与输入侧分隔、输出侧与外护物分隔的措施，但是受电设备的外露可导电部分不应与电源的金属外护物相连接。

（2）电气分隔回路的电压不应超过 500V，其带电部分不能与其他回路或者大地相连接，布线时最好单独分开，消除与其他回路之间的相互影响。

（3）单一电气分隔回路的外露可导电部分不能与保护导体或者其他回路的外露可导电部分相连接。多个电气分隔回路的外露可导电部分应用绝缘的不接地的等电位联结导体互相连接，并且等电位联结导体不能与其他回路的保护导体、外露可导电部分或者外界可导电部分相连接。

（4）电气分隔回路的所有插座均需设有与等电位联结系统相连接的专用保护触头，所有软电缆皆应含有可用作等电位联结导体的保护导体。

（5）对于由同一分隔电源不同极性分别供电的两个外露可导电部分发生故障的情况，保护器应在规定时间内（220V、0.4s，380V、0.2s）切断电源。

47　安全电压限值和额定值

安全电压也叫安全特低电压，它可以将通过人体的电流限制在允许范围内。安全电压限值是指在任何运行情况下，在两导体之间不允许出现的最高电压值。国家标准规定安全电压限值为工频有效值 50V，直流 120V。该安全电压限值是根据人体允许电流为 30mA 和人体电阻为 1700Ω 的条件确定的。我国规定工频安全电压额定值有 42、36、24、12、6V 五个等级。必须注意的是，安全电压并非绝对安全，同样大小的安全电压使用在不同的场合，其危险程度是不相同的。

48　根据不同的作业场所选择相应的安全电压

（1）在特别危险环境中使用手持电动工具时，应采用 42V 安全电压。

（2）在有电击危险环境中使用手持照明灯和局部照明灯时，应采用 36V 或 24V 安全电压。

（3）在金属容器内或特别潮湿环境中使用手持照明灯时，应采用 12V 安全电压。

（4）在水下环境中作业时，应采用 6V 安全电压。

（5）当采用 24V 以上的安全电压时，必须采取防止直接接触电击的防护技术措施。

49　安全电压电源和回路的配置规定

（1）安全电压电源。通常由安全隔离变压器提供。安全隔离变压器的绝缘电阻、最高温升和容量不得超过表 5 - 3 和表 5 - 4 规定数值。除安全隔离变压器外，具有同等隔离能力的发电机、蓄电池、电子装置，均可做成安全电压电源。

表 5 - 3　　　安全隔离变压器的绝缘电阻与允许温升

部　位	最小绝缘电阻 （MΩ）	部　位	最高温升 （环境温度 35℃，℃）
带电部分与壳体之间工作绝缘	2	金属握持部分	20
带电部分与壳体之间加强绝缘	7	非金属握持部分	40
输入回路与输出回路之间	5	金属非握持部分的外壳	25
输入回路与输入回路之间	2	非金属非握持部分的外壳	50
输出回路与输出回路之间	2	接线端子	35

部　　位	最小绝缘电阻（MΩ）	部　　位	最高温升（环境温度35℃，℃）
Ⅱ类变压器带电部分与金属物体之间	2	橡皮绝缘	30
Ⅱ类变压器金属物体与壳体之间	5	聚氯乙烯绝缘	40
绝缘壳体上内、外金属物件之间	2		

表 5 - 4　　安全隔离变压器的允许额定容量与额定电压

类　　型	额定容量（kVA）	额定电压（V）
单相安全隔离变压器	10	50（交流），50$\sqrt{2}$（脉动直流）
三相安全隔离变压器	16	50（交流），50$\sqrt{2}$（脉动直流）
电铃用安全隔离变压器	0.1	24（交流），24$\sqrt{2}$（脉动直流）
玩具用安全隔离变压器	0.2	33（交流），33$\sqrt{2}$（脉动直流）

（2）回路配置。按电压高低分开配线，不同电压等级线路之间无相关电气连接，并不能与大地相连。变压器一、二次之间屏蔽隔离层按规定要求接地或接零。

（3）插座。安全电压插座应与普通插座严格区分，防止其他电压等级的插头插入，并且插座不得带有接地或接零插孔。

（4）短路保护。安全电压电源的一、二次均应装设熔断器，过流保护装置容量要足够大，并且不能采用自动复位装置。

▶ **50　电气量限值防护技术措施的主要方面**

电气量限值防护技术措施包括安全特低电压（SEVL）、

保护特低电压（PEVL）和功能特低电压（FEVL）三个方面的防护技术措施。特低电压（EVL）是指系统标称电压值不超过交流 50V 或不超过直流 120V。安全特低电压是指在正常情况下、单一故障情况下或者其他回路发生接地故障的情况下，系统电压均不会超过交流 50V。保护特低电压是指在正常情况下或单一故障情况下，系统电压不会超过交流 50V。功能特低电压是指不能满足安全特低电压和保护特低电压两方面要求的情况下，系统电压不会超过交流 50V。

▶ 51　采用 SEVL 系统和 PEVL 系统应注意的安全事项

（1）SEVL 系统和 PEVL 系统的电源必须是符合要求的安全隔离变压器或者与之安全程度等同的电源。

（2）在正常情况和故障情况下的交流电压均不能超过 50V，SEVL 系统二次侧不能接地，PEVL 系统二次侧必须接地。

（3）SEVL 和 PEVL 回路的带电部分之间以及与其他回路之间应进行电气分隔，并且不能低于安全隔离变压器输入回路与输出回路之间的分隔水平。

（4）SEVL 和 PEVL 回路的导体应与其他回路的导体分开布置，必要时加装非金属封闭护套。

（5）SEVL 和 PEVL 回路的插头和插座应当专用，不能与其他电压系统的插座和插头互用，其插座内应设有保护导体触头。

（6）SEVL 回路的带电部分不应与大地、其他回路的带电部分或保护导体相连接；外露可导电部分不应接地，也不应与外界可导电部分、其他回路的外露可导电部分或者保护导体相连接。

（7）PEVL 回路的外露可导电部分可以通过保护导体接地或者连接到总等电位联结的总接地端子上。

（8）标称电压超过交流 25V 或直流超过 60V 的 SEVL 回

路以及 PEVL 回路，应采用直接接触防护技术措施。

►► **52 采用 FEVL 系统应注意的安全事项**

FEVL 系统应用于不需要采用 SEVL 系统和 PEVL 系统的场合或者即使采用 SEVL 和 PEVL 仍不能满足使用要求的场合（如含有变压器、继电器、控制电器等的回路）。FEVL 回路的直接接触防护应采用绝缘、遮栏或外护物等技术措施，间接接触防护应采用自动切断电源（设备外露可导电部分与一次侧回路保护导体相连接）、电气分隔（设备外露可导电部分与一次侧回路不接地等电位联结导体相连接）等技术措施。FEVL 回路的插座和插头应当专用，不能与其他回路的插头和插座互用，其插座内应设有保护导体触头。

接地与等电位联结

1 带电部分、危险电压和危险带电部分

带电部分是指呈现有电压（危险电压或非危险电压）的物体。带电部分既可以是导体，也可以是绝缘体。带电部分可以是物体的全部，也可以是物体的一部分。危险电压是指对人体能造成电击伤害的电压，一般指超过 50V 的交流电压或 120V 的直流电压。带有危险电压的物体则称为危险带电部分。

2 外露可导电部分和外界可导电部分

外露可导电部分是指组成电气装置和设备的外部金属材料部分，它是电气装置和设备不可分割的组成部分。外露可导电部分在正常情况下不带电，但是在基本绝缘损坏后会带电。外露可导电部分应根据供配电系统接地型式的具体条件与保护导体相连。外界可导电部分是指电气装置和设备以外、与其无关联的金属物体，通常呈现局部地电位。外界可导电部分并非电气装置的组成部分，但易于引入电位。

3 地及电气上的"地"的概念

地是指地球及其所有自然物质，有参考地和局部地之分。参考地视为导电的大地部分，不受接地极影响，将其电位约定为零。局部地视为与接地极有电接触的部分，受接地极影响，其电位不一定为零。电气上的"地"是指电位等于零的参考地，通常在距离接地极 20m 以外的地点和区域。

4 接地及其类型

所谓接地是指将系统、装置或设备的外露可导电部分或者将外界可导电部分通过接地导体、接地极与大地相连接。接地一般分为保护性接地和功能性接地两种类型。保护性接地是为了满足电气安全目的，将系统、装置或设备的一点或多点接地。功能性接地是为了满足除电气安全目的外的其他目的，将系统、装置或设备的一点或多点接地。

5　中性导体、保护导体和保护中性导体

中性导体是指从电源端的中性点引出的、有正常工作电流通过的导体，它的电位可以是任意的，是为达到功能性目的而设置的，用 N 表示。保护导体是指通过接地极与大地相连接的、无正常工作电流通过的导体，它的电位是相对安全的，是为达到安全目的而设置的，用 PE 表示。保护中性导体是指从电源端的接地中性点引出的、有正常工作电流通过的导体，它具有保护导体和中性导体的双重功能，用 PEN 表示。

6　工作接地及其作用

工作接地是指在 TN 系统中将变压器中性点进行接地，如图 6-1 所示。工作接地具有防止高压窜入低压、保持系统中性点电位稳定性（对地电压≤50V）、抑制电压升高（对地电

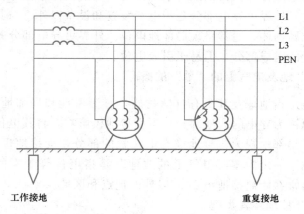

图 6-1　工作接地与重复接地

压≤250V）等作用。如果没有工作接地，当10kV的高压窜入低压时，低压系统的对地电压可上升为5800V左右；如果没有工作接地，当发生一相接地故障时，中性点对地电压可上升到接近相电压的程度，另两相对地电压可上升到接近线电压的程度。一般情况下，要求10kV/0.4kV配电网工作接地的接地电阻应不大于4Ω。

▶ 7 重复接地及其作用

重复接地是指在TN系统中，将保护中性导体上一处或多处通过接地装置与大地再次连接的接地，如图6-1所示。重复接地一般与工作接地配合使用。当工作接地的接地电阻不大于4Ω时，重复接地的接地电阻应不大于10Ω。

重复接地具有以下作用：

（1）减轻PE线或PEN线意外断线或接触不良时设备外壳电压的危险性。

（2）减轻PEN线断线时负载中性点电位的漂移。

（3）降低故障持续时间内意外带电设备的对地电压。

（4）缩短故障持续时间，促使保护装置自动切断电源。

（5）改善架空线路的防雷性能。

▶ 8 应当设置重复接地的场所

（1）在TN系统电源线路引入生产厂房和大型建筑物内的进户处（第一面配电装置）。

（2）在架空线路干线和分支线的终端处、在沿线路每1km处、在分支线长度超过200m处。

（3）在配线金属管与保护导体的连接处。

（4）在保护导体的分支处。

（5）当工作接地电阻超过4Ω或重复接地少于3次的场所。

▶ 9 接地装置、接地体和接地线

接地装置是接地体（极）和接地线的总称。接地体（极）是指直接埋入土壤内并与大地直接接触的金属导体（钢管、扁钢、圆钢等）以及各种自然接地体（金属管道、金属构件、钢筋混凝土基础等）。接地线是指连接在接地体和系统、装置或设备的外露可导电部分或者外界可导电部分之间的金属导线。接地体（极）和接地线都可以分为自然的和人工的两大类。

10 可以用作自然接地体和自然接地线的金属物体

（1）以下金属物体可以用作自然接地体：

1）埋设在地下的金属管道（有可燃性或爆炸性介质的管道除外）。

2）金属井管。

3）与大地有可靠连接的建筑物及构筑物的金属结构。

4）水工构筑物及类似构筑物的金属桩、分流管等。

（2）以下金属物可以用作自然接地线：

1）建筑物的金属结构（梁、桩等）及设计规定的混凝土结构内部的钢筋。

2）生产用金属结构（起重机轨道或构架、电梯竖井、运输皮带钢梁、除尘器构架、配电装置外壳等）。

3）电缆的金属构架及铅、铝包皮（通信电缆除外）。

4）配线钢管。

11 自来水管不宜用作自然接地体

自来水管有金属的，也有非金属的。埋入地下的非金属水管，显然不能用作自然接地体。埋入地下的金属水管，存在着许多接头，并且在接头部位填充着非导电性材料，接触电阻较大，影响电气通路的导电性。另外，在地下金属水管地下的接头部位很难装设跨接线。因此自来水管不宜用作自然接地体。

12 利用自然接地体和接地线应注意的事项

用作自然接地体的金属物体，必须有着良好的导电通路。利用自然接地体和接地线时，应注意以下事项：

（1）自然接地体与接地线以及接地网（或接地干线）之间均须焊接，电气设备的接地线应至少有两根引出线在不同接地点与接地网（或接地干线）相连接。

（2）建筑物、构筑物的金属构件中，凡是用螺栓或铆钉连接处，必须用跨接线连接。用作接地干线的金属构件，跨接线应采用 $100mm^2$ 的扁钢连接；用作接地支线的金属构件，跨接线应采用 $48mm^2$ 的扁钢连接。建筑物、构筑物的伸缩缝处，应采用直径不小于 12mm 的钢绞线连接。

（3）地下金属管道的管接头和接线盒处，应采用直径 6mm 的圆钢（管径不大于 40mm）或截面积 $100mm^2$ 的扁钢（管径不小于 50mm）进行跨接。

（4）电力电缆的铅包皮与接地体或电气设备外壳可采用卡箍连接，但连接前必须除掉铅包皮表面的锈层，在卡箍和铅包皮之间垫上 2mm 厚的铅带，然后再紧固。卡箍、螺栓、垫圈等应采用镀锌件。

（5）配线钢管的管壁厚度不得小于 1.5mm。

（6）自然接地体、接地线不能满足要求时，应再补装人工接地体、人工接地线。

▶ 13　人工接地装置材料的要求规定

人工接地装置可以采用钢管、圆钢、角钢或扁钢等材料制成。按照机械强度要求，接地体和接地线的最小尺寸见表 6-1和表 6-2。

表 6-1　　　　　　　钢质接地体和接地线的最小尺寸

材料类别		地上		地下	
		室内	室外	交流	直流
钢管壁厚（mm）		2.5	2.5	3.5	4.5
圆钢直径（mm）		6	8	10	12
角钢厚度（mm）		2	2.5	4	6
扁钢	截面积（mm^2）	60	100	100	100
	厚度（mm）	3	4	4	6

表 6-2   用于地面以上的铜、铝接地线的最小尺寸

材料类别	明设裸导线	绝缘导线	电缆接地线芯
铜线截面积（mm²）	4	1.5	1
铝线截面积（mm²）	6	2.5	1.5

▶▷ **14   接地装置的埋设地点要求**

（1）埋设地点应距离建筑物或人行道 3m 以外，否则应在埋设地点铺垫厚度不小于 50mm 的沥青地面。

（2）埋设地点应方便于接地装置的维护检修，并且不会妨碍到其他设备的拆装和检修。

（3）接地装置应远离辐射热源，并且土壤中不含有任何腐蚀性介质。

▶▷ **15   正确埋设接地装置**

埋设接地装置时，应参照以下方面进行：

（1）接地装置的焊接必须牢靠，无虚焊、脱焊等现象。

（2）将接地体的头部加工成锥形或尖状。

（3）在埋设处开挖 500～600mm 宽、1m 深的地沟。

（4）在地沟底部将接地体打入地下，留出 100～200mm 的端头，将接地线焊接在端头上。

（5）向接地体周围回填新黏土，并夯实。

▶▷ **16   接地体的安装要求**

接地体安装通常采用垂直接地体方式，多岩石地区可采用水平接地体方式。接地体由两根以上的垂直元件（钢管、圆钢、角钢）组成。钢管的壁厚不应小于 2.5mm，圆钢直径不应小于 8mm，角钢厚度不应小于 4mm。接地体的埋设深度应大于 0.6m（农田 1m 以上）、并在冰冻层以下。垂直元件的长度取 2～2.5m，相邻间距为 4～5m。接地体的引出导体应超出地面 0.3m 以上。接地体距独立式避雷针接地体 3m 以上，距建筑物地下墙基 1.5m 以上。

接地体的常见布置如图 6-2 所示。圆钢接地体的安装如图 6-3 所示。角钢接地体的安装如图 6-4 所示。

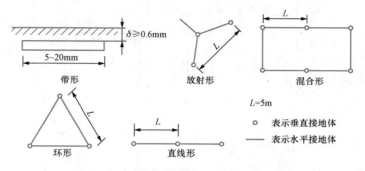

图 6-2　接地体常见布置示意图

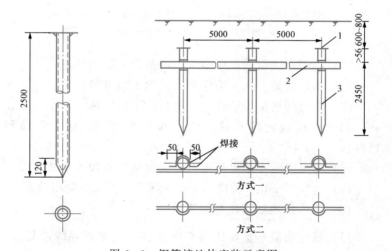

图 6-3　钢管接地体安装示意图

1—镀锌钢板 100mm×100mm×6mm；2—镀锌扁钢 40mm×4mm；

3—镀锌钢管 φ50mm

17　垂直接地体宜采用钢管

垂直接地体较多地采用钢管，原因如下：

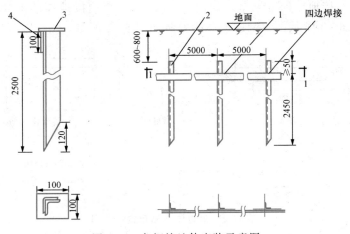

图 6-4　角钢接地体安装示意图

1—镀锌扁钢 40mm×4mm；2、4—镀锌角钢 50mm×50mm×5mm；

3—镀锌钢板 100mm×100mm×8mm

（1）钢管在满足同样接地电阻的条件下最为经济。

（2）钢管容易打入地下深处，接地电阻也较稳定。

（3）钢管的机械强度较高，抗打，不易损坏。

（4）管形接地体和接地线连接简单容易，便于观察和检查。

（5）需要降低土壤电阻率时，只要从管口加入盐液即可。

（6）直径 50mm、长度 2.5m 的钢管在实际中使用最多。

18　敷设接地线应注意的事项

（1）接地线应尽量使用没有中间接头的整根导线或导体，接地干线与接地体之间至少有两处直接相连。

（2）接地线与电气设备的连接应通过螺栓连接。各电气设备的接地线应单独与接地干线或接地体相连，不允许串联连接。

（3）接地线之间的连接必须采取搭接焊接。角钢、扁钢的搭接长度不应小于其宽度的 2 倍，并且至少要有 3 条焊缝；圆钢的搭接长度不应小于其直径的 6 倍；圆钢与角钢、扁钢的搭接长度也不应小于圆钢直径的 6 倍；扁钢与角钢或钢管必须通过卡子焊接，并且与卡子的接触部位均应焊接。

（4）利用串联的金属构件作为接地线时，金属构件之间应采用截面积不小于 $100mm^2$ 的钢材进行焊接。

（5）车间内部的接地干线可采用 25mm×4mm 或 40mm×4mm 的扁钢沿墙敷设，离墙面 10～15mm，离地面 200～250mm。

（6）接地线在以下情况下要有必要的保护措施。

1）穿过道路、墙壁、楼板等处应加金属保护套管，保护管的长度不能太短，管口需至少露出 30mm。

2）跨越建筑物伸缩缝、沉降处及有震动的地方，应加设补偿器或作弧状连接。

3）在容易接触到的地方，应有明显标志并采取隔离、封闭等措施。

19　接地电阻及其影响因素

接地电阻是指电流通过接地装置流入大地时，接地体的对地电阻（散流电阻）和接地线电阻的总和。接地电阻的大小决定于接地线的电阻、接地体的电阻、接地体表面与土壤之间的接触电阻以及接地体周围土壤的电阻率等因素。接地线的电阻一般可以忽略不计，接地体的散流电阻为接地电阻的主要部分。影响接地体散流电阻的因素有接地体的结构组成、接地体的腐蚀程度和土壤的性质、含水量、温度、化学杂质、物理成分、物理状态等。

20　接地装置的连接要求

接地装置的地下部分必须采取焊接连接，地上部分可采用螺纹连接。焊接连接必须可靠（搭焊、多边焊），无漏焊、虚焊现象；螺纹连接应有防松、防锈措施。利用自然接地体或接地线时，其伸缩缝或接头处应予以跨接。各分支接地线必须采取并联连接方式，不得利用设备本身的金属部件作为接地线的一部分。

接地线有九种连接方式，如图 6-5 所示。

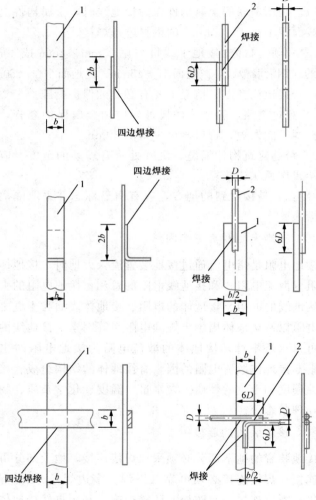

图 6-5　接地线的九种连接方式（一）

1、2—接地线；3—镀锌螺栓 M10×30mm；4—镀锌螺母 M10

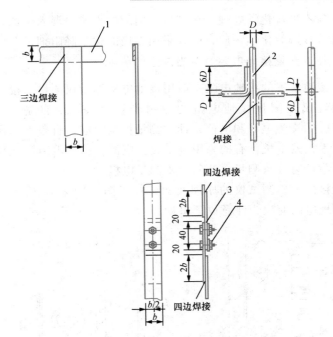

图 6 - 5　接地线的九种连接方式（二）

1、2—接地线；3—镀锌螺栓 M10×30mm；4—镀锌螺母 M10

21　降低土壤电阻率的方法

如果接地装置的电阻是因为埋设地点土壤的电阻率较大（如岩石、砂土或者长期冰冻的土壤等）而受到影响，可以通过以下措施降低土壤电阻率的方法，使接地电阻满足要求。

（1）更换土壤。用电阻率较低的黑土、黏土等替换电阻率较高的土壤，要求至少要更换掉接地体上部 1/3 长度及周围 500mm 以内的土壤。

（2）增加水分。在接地体周围的土壤中浇水，增加湿度，保持土壤长期湿润。

（3）对冻土进行处理。在冬天可以对接地体周围的土壤加入泥炭，增强土壤的抗冻性。

（4）进行化学处理。在接地体周围的土壤中混入炉渣、木炭粉、食盐等化学物质，或者采用专用的化学降阻剂。

▶ 22　测量接地电阻时应当注意的事项

接地装置的接地电阻一般用接地电阻测量仪测量。接地电阻测量仪是测量接地电阻的专用测量仪表，由自备 $100\sim115\,\mathrm{Hz}$ 的交流电源和电位差计式测量机构组成。自备电源通常采用手摇发电机，有的采用电子交流电源。接地电阻测试仪的主要附件有 3 条测量电线和 2 支测量电极。

接地电阻测试仪的原理及测试接线图如图 6-6 所示。测量接地电阻时应当注意以下事项：

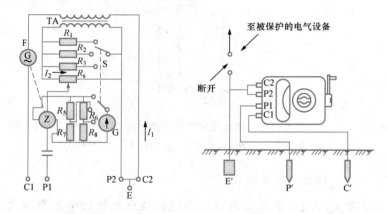

图 6-6　接地电阻测试仪原理及测试接线图

（1）断开被测接地装置与配电系统或电气设备的连接点，防止测量时发生危险，并确保测量的准确性。

（2）测量前检查测量仪表及其附件是否完好，并进行短路校零试验。

（3）测量仪表的接线要正确。将仪表的 E 端或者 C2、P2端并接后与被测接地体相连接，C 端或者 C1 端与电流极相连，P 端或者 P1 端与电压极相连。如果被测接地电阻值很小、测量线路较长时，应将 C2、P2 端分别与被测接地体相连接。

（4）测量距离应适当。一般测量时，3 支测量电极成直线排列。对于单一垂直接地体或分布区域很小的复合接地体，以电流极距接地体 40m、电压极距接地体 20m 为宜。对于分布区域较大的网络接地体，电流极与被测接地体之间的距离应取接地网对角线长度的 2～3 倍，电压极与被测接地体之间的距离应取电流极与被测接地体之间距离的 50%～60%。

（5）测量连线不宜与邻近架空线平行敷设，测量电极也不宜与地下管道平行，以防止干扰和误差。

（6）测量时，测量仪表应水平放置，选择适当倍率，以约 120r/min 的速度转动手柄，同时调整电位器旋钮至仪表指针稳定在中心时读取数据，再乘以相应倍率即为测得的接地电阻值。

（7）不得在雷雨天测量接地装置的接地电阻。

23　电气设备和线路的接地电阻要求

（1）低压电气设备和线路的工作接地和保护接地装置，其接地电阻不应大于 4Ω。零线上的重复接地装置，其接地电阻不应大于 10Ω（100kVA 以上变压器）或 30Ω（100kVA 及以下变压器），重复接地不应少于 3 处。

（2）6～10kV 电气设备和线路的接地装置，其接地电阻不应大于 4Ω（100kVA 以上容量）或 10Ω（100kVA 及以下容量）。

（3）高压大接地短路电流系统的接地装置，其接地电阻不应大于 0.5Ω；高压小接地短路电流系统的接地装置，其接地电阻不应大于 10Ω。

（4）高压线路保护网或保护线、电压互感器和电流互感器的二次绕组以及工业电子设备等的接地装置，其接地电阻不应大于 10Ω。

24　接地装置的保护

接地体应埋在距建筑物或人行道 3m 以外的地方，埋设处土壤须无污染、无腐蚀、无热源。接地体应采用镀锌钢件。焊接处要涂沥青油防腐。明设接地线应涂油漆防腐。避免机械损伤。接地线应避免遭受机械损伤，穿越铁路或公路时应加装保护管，与建筑物伸缩缝交叉时应弯成弧状或加装补偿连接件。

25 接地装置的检查和维修

对接地装置应当定期每年检查一次，主要检查项目如下：

（1）检查各连接处是否牢固，应无松动、脱焊、严重锈蚀现象。

（2）检查接地线有无机械损伤或化学腐蚀、油漆脱落现象。

（3）检查接地体周围有无强烈腐蚀性物质堆放。

（4）检查地面以下 50cm 以内接地线有无锈蚀现象。

（5）测量接地电阻是否合格。

焊接连接开焊处，紧固松动螺栓，更换有严重机械损伤、锈蚀和腐蚀的接地线，埋设露出地面的接地体（极），降低接地电阻使其满足规定值。

26 对保护导体的要求

与接地装置相连接的导体统称为保护导体（包含 PE 导体和 PEN 导体）。保护导体应当满足以下要求：

（1）PE 保护干线用 25mm×4mm 扁钢、沿车间四周、离地 200mm、距墙 15mm 安装，PE 保护支线可利用电缆（线）的芯线或裸线。

（2）保护线固定连接牢靠、接触良好、保持畅通（禁止装设开关或熔断器等）。

（3）保护干线的截面积不小于 10mm^2（铜线）或 16mm^2（铝线），采用电缆时用作保护芯线的截面积不小于 4mm^2。

（4）保护支线的截面积，绝缘铜线不小于 2.5mm^2（有机械保护）或 4mm^2（无机械保护）。

（5）PEN 导体只能用于固定安装的电气设备，外界可导电部分不能用作 PEN 导体。

（6）变压器中性点引出的 PE 导体应直接与保护干线相连，由 PEN 导体分接出的 PE 导体不能再次与 PEN 导体直接或间接相连。

（7）所有电气设备的保护支线必须单独与保护干线相连。

（8）保护线应有必要的防止机械损伤和化学腐蚀的措施。

（9）不能仅用电缆的金属包皮作为保护线。

（10）保护线的连接应便于检查和测试。

27　可以用作保护导体的导体

保护导体可以由下列一种或多种导体组成：

（1）多芯电缆中的导体。

（2）与带电导体共用外护物的绝缘导体或裸导体。

（3）固定安装的绝缘导体或裸导体。

（4）符合标准的电缆金属护套、屏蔽层、铠装带、同心导体及金属导管等。

28　不允许用作保护导体的导体

（1）金属水管。必须采用时，水表、阀门等管件应按规定设置跨接线。

（2）可燃性气体或液体金属管道。

（3）正常使用中承受机械应力的结构部分。

（4）柔性或可弯曲的金属导管。

（5）柔性金属部件。

（6）支撑线索。

29　对保护导体截面积的要求

保护导体截面积的选择要合适，要兼顾安全和经济的原则。在保证安全的前提下，尽量选择截面积较小的保护导体。保护导体的截面积要按下列公式进行热稳定性校验

$$S \geqslant I\sqrt{t}/k$$

式中　S——保护导体的截面积，mm^2；

　　　I——自动切断电源保护电器动作的短路电流，A；

　　　t——自动切断电源保护电器的动作时间（$\leqslant5s$）；

　　　k——保护导体材质的热稳定系数，见表 6-3。

表 6-3　　　　　　　保护导体材质的热稳定系数

类别	油浸纸	聚氯乙烯	普通橡胶	乙丙橡胶
铜芯	107	114	131	142
铝芯	70	75	86	93
钢质保护导体	50～70			
铅质保护体	100～120			

包含在电缆本身的或与线导体共处于同一外护物的保护导体所允许的最小截面积见表 6-4。

表 6-4　　　　　　　保护导体的最小截面积

线导体截面积 S（mm^2）	相应保护导体的最小截面积（mm^2）
$S\leqslant16$	S
$16<S\leqslant35$	16
$S>35$	$S/2$

不包含在电缆本身的或不与线导体共处于同一外护物内的每根保护导体：有机械损伤防护时，其截面不应小于 $2.5mm^2$（铜）或 $16mm^2$（铝）；无机械损伤防护时，其截面积不应小于 $4mm^2$（铜）或 $16mm^2$（铝）。用作 PEN 干线的保护导体的最小截面积为 $10mm^2$（铜）或 $16mm^2$（铝），当采用电缆时，其最小截面积为 $6mm^2$（铜）或 $10mm^2$（铝）。

30　允许通过保护导体交流电流的限值

对于 PE 导体，正常情况下不允许有交流电流通过。在故障情况下，其允许通过的电流也有限制要求。

（1）接自额定电流值不超过 32A 的单相或多相插座系统的用电设备：当设备额定电流不超过 4A 时，保护导体的最大电流限值为 2mA；当设备额定电流超过 10A 时，保护导体的最大电流限值为 5mA；当设备额定电流超过 4A、不超过 10A 时，保护导体的最大电流限值为 0.5mA/A。

（2）没有为 PE 导体设置专门保护措施的固定式用电设备或接自额定电流值超过 32A 的单相或多相插座系统的用电设备：当设备额定电流不超过 7A 时，保护导体的最大电流限值为 3.5mA；当设备额定电流超过 20A 时，保护导体的最大电流限值为 10mA；当设备额定电流超过 7A、不超过 20A 时，保护导体的最大电流限值为 0.5mA/A。

（3）固定式接线用电设备的 PE 导体电流超过 10mA 时，应按照规定设置加强型保护导体。PE 导体全长的截面积至少为 10mm² （铜）或 16mm² （铝）；增设第二根专用的 PE 导体，直至 PE 导体的截面积不小于 10mm² （铜）或 16mm² （铝），必要时用电设备增设专用于第 2 根 PE 导体的接线端子。

▶▶ 31　等电位联结及其种类

等电位联结是指保护导体与用于其他目的的不带电导体之间的连接。等电位联结可分为总（主）等电位联结（总接地端子 MET 与外界可导电部分之间的连接）和局部（辅助）等电位联结（电气设备外露可导电部分之间及其与外界可导电部分之间的连接）两种。

总（主）等电位联结示意如图 6 - 7 所示。局部（辅助）等电位联结示意如图 6 - 8 所示。

▶▶ 32　总接地端子及其作用

由接地装置直接引出的接线端子称为总接地端子，用 MET 表示。总接地端子通常采用铜板制作而成，每个接线接头可采用工具单独拆装，用于不同保护导体的集中连接。

总接地端子具有以下作用：

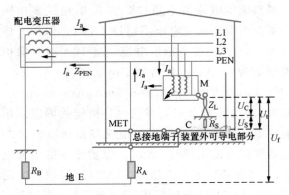

图 6 - 7　总（主）等电位联结示意图

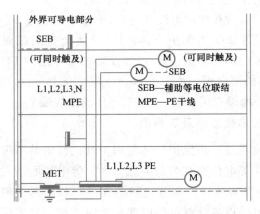

图 6 - 8　局部（辅助）等电位联结示意图

（1）可用作高低压电气装置的功能接地和保护接地。

（2）可用作信息技术设备的功能接地和保护接地。

（3）可用作防雷装置的接地等。

▶ 33　应当接成等电位联结保护的可导电部分

采取等电位联结保护，建筑物的每个接地导体、总接地端子和下列可导电部分应当接成等电位联结保护：

（1）建筑物的供水、燃气等金属管道。

（2）正常使用时可触及的可导电的构筑物。

（3）可利用的钢筋结构等。

（4）金属中央供热系统和空调系统。

（5）征得主管部门许可的通信电缆金属护套。

34 等电位联结的作用及注意问题

通过等电位联结可以实现等电位环境，消除人体与设备、设备与设备之间的电位差，降低电击的可能性。等电位环境内可能的接触电压和跨步电压应限制在安全范围内，一要注意防止边缘处危险跨步电压，二要防止环境内高电位引出和环境外低电位引入的危险。

35 等电位联结导体截面积的要求

总等电位联结（总接地端子 MET 与外界可导电部分之间）导体的截面积不得小于最大保护导体的 1/2，并且不得小于 $6mm^2$（铜）、$16mm^2$（铝）或 $50mm^2$（钢）。局部等电位联结（电气设备外露可导电部分之间及其与外界可导电部分之间）导体的截面积也不得小于相应保护导体的 1/2。两台设备外露可导电部分之间的等电位联结导体的截面积不得小于两台设备保护导体中较小者的截面积。

36 等电位接地及其作用

等电位接地也指等电位联结接地，就是将用于等电位联结的各种保护导体相互连接在一起，并将它们进行共同接地。采用等电位接地，不仅可以消除装置或设备外露可导电部分之间、外界可导电部分之间以及装置或设备外露可导电部分与外界可导电部分之间存在的电位差，同时还可以将这些导电部分的电压降至接近零电位的程度，从根本上消除了产生危险电压的可能性。等电位接地通常采用总接地端子形式，与系统接地、工作接地、保护接地等共用接地装置。

37 利用系统接地进行等电位联结

利用系统接地进行等电位联结示意图如图 6-9 所示。

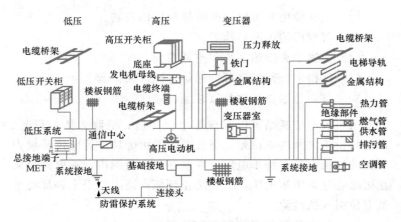

图 6 - 9　利用系统接地进行等电位联结示意图

38　利用多种接地进行等电位联结

利用多种接地进行等电位联结示意图如图 6 - 10 所示。

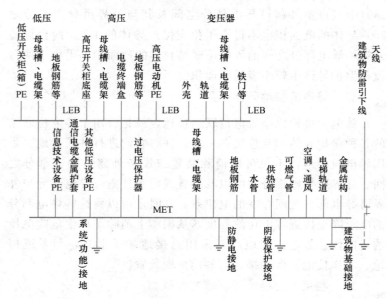

图 6 - 10　利用多种接地进行等电位联结示意图

39 单层建筑利用基础接地进行等电位联结

单层建筑利用基础接地进行等电位联结示意图如图 6-11 所示。

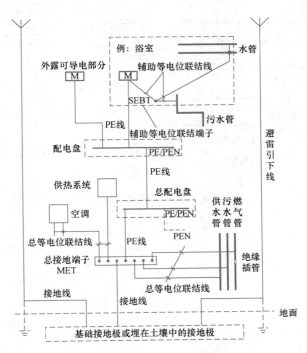

图 6-11 单层建筑利用基础接地进行等
电位联结示意图

40 多层建筑利用基础进行等电位联结

多层建筑利用基础接地进行等电位联结的示意图如图 6-12所示。

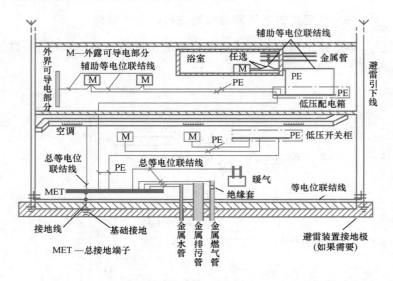

图 6-12　多层建筑利用基础接地进行等电位联结示意图

第七章

电气防火与防爆

1 燃烧及其必须具备的基本条件

燃烧是一种放热发光的剧烈化学反应。燃烧必须同时具备下列三个基本条件：

（1）存在易燃或可燃物，如氢气、一氧化碳、甲烷、汽油、酒精、煤油、活性炭、纸张、木材等。

（2）存在助燃物，如空气、氧气、强氧化剂（氯气、高锰酸钾）等。

（3）有着火源，如明火、电火花、高温、灼热物体等。

2 爆炸及其类型

爆炸是指物质由一种状态迅速地转变为另一种状态，并在瞬间释放出巨大能量，同时伴有巨大响声的现象。爆炸一般分为核爆炸、化学性爆炸和物理性爆炸三种。核爆炸是指核反应设备和核原料的爆炸。物理性爆炸是指物质形态发生变化的爆炸。化学性爆炸是指物质结构发生变化的爆炸。常见的大多数爆炸都是物理性爆炸和化学性爆炸同时发生而引起的。

3 化学性爆炸必须具备的基本条件

发生化学性爆炸，必须同时具备以下三个条件：

（1）存在易燃气体、易燃液体的蒸气或薄雾、爆炸性粉尘或可燃性粉尘（呈悬浮或堆积状）。

（2）上述物质与空气互相混合后，达到爆炸浓度范围。

（3）有引燃爆炸性混合物的火源、电火花、电弧或高温。

▶▶ 4　燃烧和爆炸之间的关系

燃烧与爆炸有着密切的关系，既有区别，又有联系，并且在一定条件下可以互相转化。爆炸与燃烧的反应速度有差异，爆炸多在瞬间完成，燃烧则需要过程，具有可控性。燃烧可以引起爆炸，爆炸也会引起燃烧。物理性爆炸可以间接引起火灾，而化学性爆炸可以直接导致火灾。

▶▶ 5　电气火灾和爆炸的主要原因

电气火灾和爆炸的原因很多。除了电气设备和线路制造和安装方面的原因外，主要原因有设备和线路过热、产生电火花或电弧等。

设备和线路过热，主要是由以下非正常运行情况引起：

（1）发生短路现象。当设备和线路的绝缘老化，或受高温、潮湿和腐蚀等因素影响，其绝缘性能变差，会发生短路现象。

（2）发生过载现象。一方面是因设备和线路本身选择不当，另一方面是因负载持续增大。这两方面情况都会造成通过设备和线路的实际电流超过了所允许的额定电流，而引起过热现象。

（3）电气连接点接触不良。主要存在于带有动静触头的电气设备（如开关、接触器、熔断器等）和存在有接头（尤其铜铝接头）的电气线路中。

（4）铁芯发热。变压器、电动机等设备的铁芯绝缘损坏，或长期过电压，引起涡流损耗和磁滞损耗增大。

（5）散热不良。因冷却、通风装置的停用或损坏，现场环境温度较高，使得设备和线路本身的温度不能及时散失。

电火花是电极间的击穿放电，有工作电火花和事故电火花两种。电弧是由大量的电火花汇集而成的。

▶▶ 6　危险物质及其性能参数

危险物质是指在大气条件下，能与空气混合形成爆炸性混合物（一经点燃就能迅速传播燃烧的混合物）的气体、蒸气、薄雾、粉尘、纤维或飞絮。危险物质的主要性能参数包括闪点、燃点、引燃温度、爆炸极限、最小点燃电流比、最大试验安全间隙等。

（1）闪点。是指在标准条件下，使液体变成蒸气的数量能够形成可燃性气体或空气混合物的最低液体温度。闪点越低，危险性越高。

（2）燃点。是指物质在空气中经点火燃烧，移去火源后仍能继续燃烧的最低温度。燃点越低，危险性越高。

（3）引燃温度。又称自燃温度或自燃点，是指可燃性气体或蒸气与空气形成的混合物，在规定条件下被热表面引燃的最低温度。引燃温度越低，危险性越高。

（4）爆炸极限。也称爆炸浓度极限，是指可燃气体、蒸气或薄雾在空气中形成爆炸性气体混合物的浓度（体积百分比）范围。最低浓度称作爆炸下限，最高浓度称作爆炸上限。爆炸极限越宽，危险性越高。

（5）最小点燃电流比。是指在规定条件下，可燃性气体、蒸气或薄雾与空气形成爆炸性气体混合物的最小点燃电流与甲烷爆炸性混合物的最小点燃电流之比。最小点燃电流比越小，危险性越高。

（6）最大试验安全间隙。是指在规定条件下，两个径长25mm的间隙连通的容器，一个容器内燃爆时不会引起另一个容器内燃爆的最大连通间隙。最大试验安全间隙越小，危险性越高。

▶▶ 7　危险物质的分类

危险物质可分为三类：Ⅰ类指煤矿瓦斯气体混合物；Ⅱ类指爆炸性气体混合物（可燃性气体、蒸气或薄雾与空气的混合物）；Ⅲ类指爆炸性粉尘混合物（可燃性粉尘、纤维或飞絮与空气的混合物）。

（1）部分爆炸性气体混合物分级和分组情况见表 7-1。

表 7-1　部分爆炸性气体混合物分级和分组

级别	最大试验安全间隙 MESG (mm)	最小点燃电流比 MICR	引燃温度 t (℃) 及组别					
			T1	T2	T3	T4	T5	T6
			$t>450$	$300<t\leqslant450$	$200<t\leqslant300$	$135<t\leqslant200$	$100<t\leqslant135$	$85<t\leqslant100$
II A	$\geqslant0.9$	>0.8	甲烷、乙烷、苯乙烯、丙炔、苯、酚、萘、丙酮、醋酸、醋酸甲酯、氯乙烷、溴乙烷、氯丁烷、氯丙烷、溴丁烷、二氯乙烷、氯苯、二氯苯、二氯乙烯、氨、乙腈、苯胺、甲苯胺、硝基苯、一氧化碳、吡啶、二乙醇胺、三乙醇胺	丙烷、丁烷、环戊烷、丙烯、乙苯、甲醇、乙醇、丙醇、丁醇、环己酮、甲酸甲酯、甲酸乙酯、醋酸乙酯、醋酸乙烯酯、醋酸丁酯、二氯乙烷、氯乙烯、氯乙烷、氯苯、硝基甲烷、硝基乙烷、甲胺、二乙胺、醋酸酐、25号变压器油、溶剂油	戊烷、己烷、辛烷、庚烷、癸烷、壬烷、环己烷、松节油、石油、燃料油、煤油、洗涤汽油、柴油、戊醇、乙硫醇、醇、丁醛、重柴油	三甲胺、二丙醚、乙醛	—	亚硝酸乙酯

续表

级别	最大试验安全间隙 MESG (mm)	最小点燃电流比 MICR	引燃温度 t（℃）及组别					
			T1	T2	T3	T4	T5	T6
			t＞450	300＜t≤450	200＜t≤300	135＜t≤200	100＜t≤135	85＜t≤100
ⅡB	0.5 ～ 0.9	0.45 ～ 0.8	丙炔、环丙烷、丙烯腈、氰化氢、烯丙酸甲酯、焦炉煤气	乙烯、环氧乙烷、呋喃、甲醛、乙二醇醛	二甲醚、丙烯酸乙酯、丙烯醛、丁烯醛、四氢呋喃、硫化氢、石蜡	二乙醚、二丁醚、四氟乙烯	—	—
ⅡC	≤0.5	＜0.45	氢、水煤气、焦炉煤气	乙炔	—	—	二硫化碳	硝酸乙酯

注　表中未包括煤矿瓦斯气体混合物。

（2）部分爆炸性粉尘混合物分级分类和分组情况见表 7 - 2。

表 7 - 2　　　部分爆炸性粉尘混合物分级、分类和分组

组别		T1-1	T1-2	T1-3
引燃温度 t（℃）		$t>270$	$270 \geqslant t>200$	$200 \geqslant t>140$
级别	类别			
ⅢA	可燃性飞絮	木棉纤维、烟草纤维、纸纤维、亚硫酸盐纤维、人造毛短纤维	木质纤维	—
ⅢB	非导电性粉尘	红磷、电石、树脂、沥青、小麦、玉米、砂糖、啤酒麦芽粉、椰子粉、软木粉、生褐煤粉	谷物粉（乌麦、大麦）、筛米糠、可可、米糠	—
ⅢC	导电性粉尘	铝（表面处理）、镁、石墨、炭黑、钛、锌、硅铁合金、黄铁矿、焦炭煤、贫煤、无烟煤	铝（含脂）、铁、煤粉	—

注　表中未包括煤矿及火药、炸药生产行业的粉尘混合物。

8　可燃性粉尘与可燃性飞絮

可燃性粉尘是指在空气中能够燃烧或者无焰燃烧并在大气压正常温度下能与空气形成爆炸性混合物的粉尘、纤维或飞絮。可燃性飞絮是指标称尺寸大于 $500\mu m$，可悬浮在空气中，也可依靠自身重量沉淀下来的包括纤维在内的固体颗粒。

9　导电性粉尘与非导电性粉尘

导电性粉尘是指电阻率不大于 $1\times10^3\Omega\cdot m$ 的粉尘。非导电性粉尘是指电阻率大于 $1\times10^3\Omega\cdot m$ 的粉尘。

10　危险环境的分类及危险区域等级划分

含有危险物质的环境称为危险环境。除了煤矿瓦斯爆炸性

环境外，通常将危险环境划分为两类：第一类为爆炸性气体环境；第二类为爆炸性粉尘环境。同时又将两类危险环境划分为不同的危险区域等级。具体划分情况如下：

（1）爆炸性气体危险环境划分为 0 区、1 区和 2 区。

1）0 区：是指正常运行时连续出现或长期出现爆炸性气体混合物的区域。实际中很少存在 0 区，多存在于煤矿行业。

2）1 区：是指正常运行时可能会出现爆炸性气体混合物的区域。

3）2 区：是指正常运行时不太可能出现爆炸性气体混合物，或即使出现也是短时间存在的爆炸性气体混合物的区域。

（2）爆炸性粉尘危险环境划分为 20 区、21 区和 22 区。

1）20 区：是指正常运行时，空气中的可燃性粉尘云持续地或长期地或频繁地出现的区域。

2）21 区：是指正常运行时，空气中的可燃性粉尘云很可能偶尔出现的区域。

3）22 区：是指正常运行时，空气中的可燃性粉尘云一般不会出现，或者即使出现持续时间也是短暂的区域。

11 电气设备防护等级的规定

电气设备的防护等级以"IP××"字样表示，如 IP65、IP54 等。其中第一个"×"表示防尘等级，第二个"×"表示防水等级，两位数字越大，说明防护等级越高。

（1）防尘等级见表 7-3。

表 7-3　　　　　　　　　　电气设备的防尘等级

数字	意　义	说　明
0	无防护	—
1	防护 50mm 直径和更大的固体外来体	探测器，球体直径为 50mm，不应完全进入

数字	意　义	说　明
2	防护 12.5mm 直径和更大的固体外来体	探测器，球体直径为 12.5mm，不应完全进入
3	防护 2.5mm 直径和更大的固体外来体	探测器，球体直径为 2.5mm，不应完全进入
4	防护 1.0mm 直径和更大的固体外来体	探测器，球体直径为 1.0mm，不应完全进入
5	防护灰尘	不可能完全阻止灰尘进入，但灰尘进入的数量不会对设备造成伤害
6	灰尘封闭	柜体内在 20mbar 的低压时不应进入灰尘

（2）防水等级见表 7 - 4。

表 7 - 4　　　　　　　　电气设备的防水等级

数字	意　义	说　明
0	无防护	垂直落下的水滴不应引起损害
1	水滴防护	柜体向任何一侧倾斜 15°角时，垂直落下的水滴不应引起损害
2	柜体倾斜 15°时，防护水滴	以 60°角从垂直线两侧溅出的水不应引起损害
3	防护溅出的水	以 60°角从垂直线两侧溅出的水不应引起损害

续表

数字	意　义	说　明
4	防护喷水	从每个方向对准柜体的喷水都不应引起损害
5	防护射水	从每个方向对准柜体的射水都不应引起损害
6	防护强射水	从每个方向对准柜体的强射水都不应引起损害
7	防护短时浸水	柜体在标准压力下短时浸入水中时，不应有能引起损害的水量浸入
8	防护长期浸水	可以在特定的条件下浸入水中，不应有能引起损害的水量浸入

12　电气设备的分类

按照使用环境的不同，电气设备分为以下三类：

（1）Ⅰ类：用于煤矿瓦斯气体环境。

（2）Ⅱ类：用于除煤甲烷气体之外的其他爆炸性气体环境。Ⅱ类电气设备又可细分为ⅡA类（丙烷类气体环境）、ⅡB类（乙烯类气体环境）、ⅡC类（氢气类气体环境）三类。

（3）Ⅲ类：用于除煤矿以外的爆炸性粉尘环境。Ⅲ类电气设备又可细分为ⅢA类（可燃性飞絮环境）、ⅢB类（非导电性粉尘环境）、ⅢC类（导电性粉尘环境）三类。

13　电气设备的防爆类型及标志

电气设备的防爆种类很多，按照其结构特征主要分为以下九种：

（1）隔爆型（标志为 d）：是具有能承受内部的爆炸性混合物而不致受到损坏，而且内部爆炸物不致通过外壳上任何结合面或结构孔洞引起外部混合物爆炸的电气设备。

（2）增安型（标志为 e）：是在正常时不产生火花、电弧或高温的设备上采取措施以提高安全程度的电气设备。

（3）本质安全型（标志为 ia、ib、ic、iD）：是正常状态下和故障状态下产生的火花或热效应均不能点燃爆炸性混合物的电气设备。

（4）正压型（标志为 px、py、pz、pD）：是向外壳内充入带正压的清洁空气、惰性气体或连续通入清洁空气以阻止爆炸性混合物进入外壳内的电气设备。

（5）油浸型（标志为 o）：是将可能产生电火花、电弧或危险温度的带电零、部件浸在绝缘油里，使之不能点燃油面上方爆炸性混合物的电气设备。

（6）充砂型（标志为 q）：是将细粒状物料充入设备外壳内，使壳内出现的电弧、火焰传播、壳壁温度或粒料表面温度不能点燃外壳外爆炸性混合物的电气设备。

（7）无火花型（标志为 nA、nC、nR、nL）：是在防止危险温度、外壳防护、防冲击、防机械火花、防电缆故障等方面采取措施，以提高安全程度的电气设备。

（8）浇封型（标志为 ma、mb、mc、mD）：是指整台设备或部分浇封在浇封剂中，在正常运行或认可故障下不能点燃周围爆炸性混合物的电气设备。

（9）特殊型（标志为 s）：是指上述各种类型以外的或由上述两种以上类型组成的电气设备。

▶▶ 14　电气设备的保护级别

电气设备的保护级别（EPL）是根据电气设备成为点燃源的可能性和爆炸性气体环境、爆炸性粉尘环境和煤矿瓦斯爆炸性环境所具有的不同特征对电气设备所规定的保护级别。

电气设备保护级别共分为 8 个级别，具体见表 7 - 5。

表 7 - 5　　　　　　　电气设备保护级别

保护等级 （EPL）	危险环境及区域	保护级别	保护级别说明
Ma	煤矿瓦斯气体环境	很高	（1）在正常运行过程中，在预期的故障条件下或者在罕见的故障条件下不会成为点燃源，为"最高"保护级别。 （2）在正常运行过程中，在预期的故障条件下不会成为点燃源，为"高"保护级别。 （3）在正常运行过程中不会成为点燃源，或者在采取附加保护后在点燃源有规律出现的情况下不会点燃，为"加强"保护级别
Mb	煤矿瓦斯气体环境	高	
Ga	爆炸性气体环境 0 区	很高	
Gb	爆炸性气体环境 1 区	高	
Gc	爆炸性气体环境 2 区	加强	
Da	爆炸性粉尘环境 20 区	很高	
Db	爆炸性粉尘环境 21 区	高	
Dc	爆炸性粉尘环境 22 区	加强	

▶ 15　电气设备保护级别与防爆结构和标志的对应关系

电气设备保护级别与防爆结构和标志的对应关系见表 7 - 6。

表 7 - 6　　　　　电气设备保护级别与防爆结构和
标志的对应关系

保护等级 （EPL）	防　爆　结　构	防爆标志
Ga	本质安全型	ia
	浇封型	ma
	由两种独立防爆型组成，每种保护等级为 Gb	—
	光辐射式设备和传输系统保护	op is

续表

保护等级 （EPL）	防　爆　结　构	防爆标志
Gb	隔爆型	d
	增安型	e
	本质安全型	ib
	浇封型	mb
	油浸型	o
	正压型	px、py
	充砂型	q
	本质安全现场总线概念型	—
	光辐射式设备和传输系统保护	op pr
Gc	本质安全型	ic
	浇封型	mc
	无火花型	n、nA
	限制呼吸型	nR
	限能型	nL
	火化保护型	nC
	正压型	pz
	飞可燃现场总线概念型	—
	光辐射式设备和传输系统保护	op sh
Da	本质安全型	iD
	浇封型	mD
	外壳保护性	tD

保护等级 （EPL）	防　爆　结　构	防爆标志
Db	本质安全型	iD
	浇封型	mD
	外壳保护性	tD
	正压型	pD
Dc	本质安全型	iD
	浇封型	mD
	外壳保护性	tD
	正压型	pD

16　爆炸性危险环境电气设备的设计

（1）应将电气设备和线路，特别是正常运行中产生火花的设备布置在爆炸性环境以外。必须在爆炸性危险环境内布置时，也应布置在爆炸危险性较小的区域。

（2）能满足生产工艺和安全条件时，尽量不使用防爆电气设备设备，或者减少防爆电气设备的数量。

（3）爆炸性危险环境内的电气设备和线路必须满足不同环境条件（如化学、机械、热力、风沙等）的使用要求。

（4）粉尘爆炸性环境内，尽量减少插座和局部照明灯具的数量，尽量不用或少用移动式电气设备。必须使用时，要远离粉尘集聚点，插座开口方向要朝下并与垂直面的角度要小于 60°。

（5）事故性排风机的启动按钮等控制设备，应设置在便于启停操作和控制运行的地方。

17　爆炸性危险环境电气设备的选择

（1）爆炸性危险环境内的电气设备，应根据爆炸性危险区域的分区、可燃性物质和可燃性粉尘的分级、可燃性物质的引燃温度、可燃性粉尘云和粉尘层的最低引燃温度来选择。

（2）爆炸性危险环境内的电气设备，其保护等级必须符合爆炸性危险区域的划分等级。爆炸性危险区域内电气设备保护等级的选择见表7-7。

表7-7　　　　　爆炸性危险区域内的电气设备保护
等级的选择

危险区域等级	电气设备保护等级	危险区域等级	电气设备保护等级
0 区	Ga	20 区	Da
1 区	Ga 或 Gb	21 区	Da 或 Db
2 区	Ga、Gb 或 Gc	22 区	Da、Db 或 Dc

（3）防爆电气设备的组别和级别不应低于爆炸性危险区域内爆炸性气体混合物或爆炸性粉尘混合物的组别和级别。当存在两种以上可燃性物质形成的爆炸性混合物时，应按照混合后的危险性较高的爆炸性混合物的级别和组别来选择防爆电气设备。

1）气体、蒸气或粉尘分级与电气设备类别的关系应符合表7-8中的规定。

表7-8　　　　　气体、蒸气或粉尘分级与电气设备
类别的关系

气体、蒸气或粉尘分级	电气设备类别	气体、蒸气或粉尘分级	电气设备类别
ⅡA	ⅡA、ⅡB 或 ⅡC	ⅢA	ⅢA、ⅢB 或 ⅢC
ⅡB	ⅡB 或 ⅡC	ⅢB	ⅢB 或 ⅢC
ⅡC	ⅡC	ⅢC	ⅢC

2）Ⅱ类电气设备的温度组别、最高表面温度和气体、蒸气引燃温度之间的关系应符合表7-9中的规定。

表 7 - 9 　　　Ⅱ类电气设备的温度组别、最高表面温度和
　　　　　　气体、蒸气引燃温度之间的关系

电气设备 温度组别	电气设备允许最高表面 温度（℃）	气体、蒸气的引燃 温度（℃）	适用的设备 温度级别
T1	450	＞450	T1～T6
T2	300	＞300	T2～T6
T3	200	＞200	T3～T6
T4	135	＞135	T4～T6
T5	100	＞100	T5～T6
T6	85	＞85	T6

　　3）爆炸性粉尘危险区域内的电气设备，应当采取措施以防止其表面温度过高可能点燃可燃性粉尘层的危险。Ⅲ类电气设备的最高表面温度应符合国家现行标准的规定。

　　（4）采用正压型电气设备及通风系统时，电气设备应与通风系统联锁运行，电气设备外壳和通风系统的门盖应加装联锁装置或警示装置。电气设备运行前应先通风，风压不得低于25Pa（pz型）或50Pa（px、py或pD型）。吸入的气体中不得含有可燃物质或有害物质，排出的气体也不能排入爆炸性危险环境。通风系统应采用非可燃性材料制成，结构紧固、连接严密、无气体滞留死角。

▶▶ 18　爆炸性危险环境电气设备的安装

　　（1）变电站、配电室或控制室应布置在爆炸性危险环境以外。如果布置在1区或2区内，其室内必须为正压室。如果周围存在比空气密度大的爆炸性气体，室内电气仪表的设备层地面应高出室外地面0.6m及以上。

　　（2）油浸型电气设备的安装应无倾斜、固定牢靠，安装处无振动、无高温等。

　　（3）电气设备和线路应装设过载、短路和接地保护，不可

能过载的电气设备可以不装设过载保护。电动机电路除按相关要求装设必要的保护外，还必须装设断相或缺相保护。本质安全型电路可以不装设以上保护。

（4）电气设备和线路宜安装自动断电装置切断电源。如果自动断电可能会引起更大的引燃危险时，可以只安装报警装置。

（5）在爆炸性危险环境以外合适的地方，应采取一种或多种措施对危险环境断电，以便在紧急情况下使用。连续运行设备的断电不宜包含在内，须另外单独设置。

（6）安装电气设备的房间，应采用非燃烧体的实体墙与爆炸性危险区域隔开，房间出口应通向非爆炸性区域内。否则，房间内部必须保持正压。

（7）采用非防爆型电气设备穿墙机械传动方式时，应采用填料函密封材料或其他等同措施对传动轴穿墙处进行严密封堵。

▶▶ 19　爆炸性危险环境电气线路的选择

（1）低压动力、照明线路可采用绝缘导线或电缆，额定电压不得低于工作电压。中性线的额定电压应与相线电压相等，并敷设在同一保护套或保护管内。

（2）除配电盘、接线箱内线路外，其他供配电线路应采用有护套的绝缘导线或采用金属保护管敷设，禁止使用无护套绝缘导线。

（3）在 1 区内的所有线路和 2 区内的非本质安全线路必须采用铜芯绝缘导线或铜芯电缆；在 2 区内的本质安全线路可以采用铝芯电缆，但截面积不能小于 $16mm^2$，并且与电气设备的连接接头应采用铜—铝过渡接头。

（4）在 20、21、22 区内的线路可以采用铝芯电缆，但在剧烈振动区域内的回路，必须使用铜芯电缆。

▶ **20　爆炸性危险环境电气线路的安装**

（1）电气线路应当安装在远离爆炸性危险环境内释放源的地方，或者危险性相对较小的区域，最好安装在有爆炸性危险的建筑物、构筑物的外墙上。

（2）电气线路应避开可能受到机械损伤、振动、腐蚀、紫外线照射以及热源辐射的地方，邻近安装或间距很小时应采取保护措施。

（3）在爆炸性气体危险环境内，如果可燃气体比空气重，电气线路应安装在高处或直接埋地，也可采用电缆桥架架空。电缆沟内安装时，沟内应充砂，并设排水措施。

（4）在爆炸性粉尘危险环境内，电气线路应远离粉尘集聚区，并安装在容易清理的地方。

（5）架空线路不得跨越爆炸性气体危险环境，并且与爆炸性气体危险环境之间的距离要大于杆塔高度的 1.5 倍以上。否则，应采取有效措施。

（6）安装电气线路的沟道、电缆桥架或保护管，在穿过不同区域之间的隔墙或楼板时，要使用非可燃性材料对孔洞进行严密封堵。

▶▶ **21　爆炸性危险环境电气线路的敷设方式**

爆炸危险环境内主要采用钢管配线和电缆配线。在架空、桥架敷设时宜采用阻燃电缆。钢管配线应采用铜芯绝缘导线，电缆配线应优先采用铜芯铠装电缆。采用非铠装电缆时，应考虑机械防护和鼠虫防护措施。当采用桥架、槽板、托盘或槽盒等能够防止机械损伤的方式敷设时，塑料护套电缆可以采用非铠装电缆；在 2 区、22 区内封闭电缆沟内敷设的电缆，也可以采用非铠装电缆。非固定敷设的电缆应采用非可燃性橡胶护套电缆。

▶▶ **22　爆炸性危险环境电气线路的技术要求**

（1）在爆炸性危险环境内，电缆配线的技术要求见表 7-10。

表 7 - 10　　　　爆炸性危险环境电缆配线的技术要求

危险区域	电缆明设或在沟内敷设时的最小截面（mm²）			移动电缆
	电力	照明	控制	
1 区、20 区、21 区	≥2.5（铜芯）	≥2.5（铜芯）	≥1.0（铜芯）	重型
2 区、22 区	≥1.5（铜芯）≥16（铝芯）	≥1.5（铜芯）	≥1.0（铜芯）	中型

（2）在爆炸性危险环境内，电压在 1kV 以下的钢管配线的技术要求见表 7 - 11。

表 7 - 11　　　　爆炸性危险环境电压在 1kV 以下的

钢管配线的技术要求

危险区域	钢管配线用绝缘导线的最小截面（mm²）			管子连接要求
	电力	照明	控制	
1 区、20 区、21 区	≥2.5（铜芯）	≥2.5（铜芯）	≥2.5（铜芯）	管螺纹旋合不应少于 5 扣
2 区、22 区	≥2.5（铜芯）	≥1.5（铜芯）	≥1.5（铜芯）	

23　爆炸性危险环境电气线路的连接要求

（1）电缆线路应采用整根电缆。在 1 区内的电缆线路，禁止有中间接头。在 2 区、20 区和 21 区内的电缆线路，也不应有中间接头。

（2）当线缆内部导线为绞线结构时，其终端应采用定型端子或接线鼻子进行连接。定型端子或接线鼻子的材质应与线缆内部导线材质相同。

（3）在连接铝芯电缆内部芯线时，应采用压接、熔焊或锡焊的方法。在连接铜芯线缆内部芯线时，可采用压盘式或压紧螺母式引入装置。

（4）铝芯电缆与铜芯电缆或设备连接时，不能直接连接，应采用铜—铝过渡接头。

（5）采用钢管配线时，中间接头或分线盒必须采用防爆接线盒。1区、20区、21区应采用隔爆型接线盒，2区、22区可采用增安型接线盒。

（6）线缆的连接应紧密牢固，并对线缆连接处用密封圈密封或者进行浇封处理。

24 爆炸性危险环境电气线路的钢管配线

（1）电气线路采用无护套的单芯或多芯绝缘导线时，应选择钢管配线方式。配线钢管应采用低压流体输送用镀锌焊接钢管。

（2）三根或多根导线穿入同一根钢管时，导线及其绝缘层的总截面不应超过钢管截面的40%。否则，应加大管径。

（3）钢管与钢管、接线盒或设备之间，必须通过管件采用螺纹连接。螺纹连接处不得少于5扣，并涂以铅油或磷化膏。

（4）采用纤维材料对配管内部线路和外部环境进行隔离密封，纤维填充有效厚度应不小于16mm，并且也不能小于钢管内径。密封部位应包含所有线路在管路内部的出入口、与外部环境相通的连接口以及穿越不同爆炸性危险环境区域的孔洞。在所有点燃源外壳的450mm范围内以及由直径50mm以上钢管引入的接线箱450mm范围内，应当做隔离密封。不能将隔离密封用的连接部件用作导线。

25 爆炸性危险环境电气线路的载流量

爆炸性危险环境内的电气线路，导线允许载流量不应小于线路熔断器熔体额定电流的1.25倍和断路器长延时过电流脱扣器整定电流的 1.25 倍；用于电压 1kV 以下笼型电动机导线的长期允许电流量不应小于电动机额定电流的 1.25 倍。

26　降低危险区域等级和风险的要求

为了降低危险区域的等级和风险，除了合理选择电气设备和电气线路，使电气设备和线路的防爆等级与危险区域的划分等级相适宜外，还须同时采用消除或减少爆炸性混合物的泄漏和积聚、加强环境通风和空气流通、保持电气隔离和安全间距、消除各种引燃源、禁止冒险作业、电气设备接地以及将其他金属构件等电位联结等安全技术措施。

27　消除或减少爆炸性混合物的措施

（1）采取封闭式作业，防止爆炸性混合物泄漏。

（2）及时清理现场积尘，防止爆炸性混合物积聚。

（3）将有引燃源的区域设计成正压室，防止爆炸性混合物进入。

（4）在危险空间充填氮气等惰性保护气体，防止爆炸性混合物的形成。

（5）采取开放式作业或加强通风，稀释爆炸性混合物。

（6）安装检测报警装置，在达到爆炸性混合物爆炸下限的10%时发出报警信号，以便及时采取对应措施。

28　对电气设备进行隔离并保持安全间距

可以采取以下措施对电气设备进行隔离，并保持安全间距：

（1）对危险性大的电气设备可设隔离间单独安装，并对隔离墙进行封堵。

（2）电动机可采用隔墙传动，照明灯可采用隔玻璃照明。

（3）充油设备应根据充油量的多少安装在隔离间或防爆间内。

（4）电气设备与危险区域之间的距离、电气设备之间的间距以及消防安全通道等必须符合有关规定。

（5）变、配电室应远离危险环境，不得设在正上方或正下方，也不能有可燃物积聚。与危险场所相毗连时应采用非燃性材料隔离，孔洞、沟道也要密封严实，门窗开向应面向非危险场所。

29 引燃源的消除措施

引燃源是造成火灾和爆炸事故的关键因素，可以通过以下措施消除引燃源：

（1）电气设备和线路的设计、选型应符合危险环境的特征、危险物的级别和组别要求。

（2）保持电气设备和线路安全运行。电压、电流、温度（升）等参数不能超出允许范围，外观、绝缘、联结、标志等状态良好。

（3）尽量不用或少用移动式或携带式设备，插座或接线盒的使用要满足防火、防爆要求。

（4）在未完全停产时不宜进行电气测量和检修工作。

30 爆炸性危险环境接地应注意的问题

爆炸性危险环境接地时，应注意以下问题：

（1）低压 TN 供配电系统应采用 TN-S 型。

（2）低压 TT 供配电系统应采用剩余电流动作保护装置。

（3）低压 IT 供配电系统应设置绝缘监测装置。

（4）所有设备、设施外露的可导电部分均应可靠接地，并做等电位联结（有特殊要求的除外）。接地干线与接地体的连接不能少于两处，并且不能位于同一方向上。

（5）接地线必须专用，宜使用铜芯线，总干线截面应不小于 $10mm^2$，分支线截面应不小于 $4mm^2$，单个设备的接地线截面应不小于 $2.5mm^2$。使用铝芯线时，截面积应加大一级。接地线与相线同管敷设时，应与相线具有同样的绝缘水平。

（6）设备的接地装置可与建筑物的接地装置合并设置，但应与独立式避雷针的接地装置分开设置。接地装置合并设置时，接地电阻应满足最小值的要求。

▶ **31 爆炸性危险环境应采用的电气安全保护装置**

在爆炸性危险环境，应采用以下电气安全保护装置：

（1）短路、缺相及过载等保护装置。保护装置动作的整定电流不宜太大，在不影响正常工作的前提下越小越好，以便立即动作切断电源。切断电源时，相线与中性线必须同时断开。

（2）双电源自动切换联锁保护装置。为防止单电源造成突然停电事故，应采用双电源供电。双电源之间应能够自动切换和互相联锁。

（3）通风设备联锁保护装置。一旦电气设备发生燃爆，通风设备必须停止运行。电气设备启动运行前，通风设备必须首先启动运行。

（4）剩余电流动作保护器或零序电流保护器。当泄漏电流超过动作电流时，可迅速报警或切断电源。

（5）爆炸性混合物浓度检测报警仪。当现场爆炸性混合物的浓度达到危险范围内，由检测装置发出报警信号，以便及时采取有效措施。

▶ **32 防止电气线路引起电气火灾的措施**

在电气火灾中，电气线路所发生的火灾占相当大的比重。而电气线路火灾通常是由短路、过载及接触不良等原因引起。因此要防止电气线路火灾应当采取以下措施：

（1）检查线路的安装是否符合规范要求，尤其是检查线路的敷设方式、线路间距、固定支撑等是否符合安全技术要求。

（2）经常检查线路的运行情况是否良好，有无严重过负荷、明显发热等现象。

（3）经常检查线路的各个连接点是否紧密牢固，有无松动、变色或熔化现象。

（4）定期测试线路的绝缘电阻，相间、对地绝缘电阻不能低于规定值。

（5）正确选择线路的保护设备（如熔断器、断路器等），不得任意增大保护设备的容量或保护参数。

（6）加强对临时线路和移动式设备线路的检查、监督管理工作，发现问题及时纠正。

33　电气火灾的预防措施

电气火灾的预防，必须从电气设备和线路的全过程做起。主要预防措施包含以下几方面：

（1）选用合适的电气设备和线路。根据工程设计、生产工艺、使用条件或环境、使用目的及要求等客观存在因素选择合适类型的电气设备和线路。

（2）规范安装电气设备和线路。在工程施工过程中，必须依据安装工程规范和特殊要求安装每一台电气设备和每一条线路。工程竣工后要进行安装确认（IQ），对存在问题要及时整改。

（3）正确使用电气设备和线路。电气设备和线路安装确认合格后，还必须经过运行确认（OQ），记录各种运行数据，形成书面报告。运行确认合格后，方可移交生产正式投运。

（4）定时巡查电气设备和线路。对于连续运行的电气设备和线路，电工人员必须进行定时巡查，查看和记录其运行参数。

（5）定期维护电气设备和线路。要保持电气设备和线路的正常运行，有效消除和减少电气设备和线路发生各种故障的频次，必须对电气设备和线路进行定期维护。

（6）更换陈旧落后的电气设备和线路。要不断地投入资金，逐步淘汰和更换陈旧落后的电气设备和线路。

（7）安装火灾监测和报警装置。在变电站、配电室等电气设备密集安装的地方和一些重大电气设备的上方安装温感器、烟感器和报警器等装置，以便及时发现灾情。

▶ **34　发生电气火灾切断电源的方法**

与普通火灾相比，电气火灾有着自身的特点：①着火的电气设备可能带电，扑救时有可能引发触电事故；②有些电气设备内部充油，有可能引发喷油甚至爆炸事故。因此，发生电气火灾时，首先应当设法切断着火设备的电源，然后再根据火灾特点进行扑救。切断电源时需注意以下几点：

（1）应使用绝缘工具操作。开关设备有可能受火灾影响，其绝缘强度而大大降低。

（2）要注意拉闸顺序。不能带负荷拉闸，以免人为引发弧光短路故障。

（3）停电范围要适当。不能扩大停电范围，以免影响扑救或造成其他不必要的损失。

（4）采用切断电源线的方法时，不同相要在不同部位剪断，防止发生短路。架空线路的剪断位置应选择在电源方向的支持物附近，以免导线落地引发接地故障或触电事故。

▶ **35　带电灭火应注意的安全事项**

为了争取灭火时间、来不及切断电源或者不能停电，必须带电灭火时，要注意以下安全事项：

（1）选择适当的灭火剂。喷粉灭火器使用的二氧化碳、四氯甲烷、二氟一氯一溴甲烷（1211）或干粉等灭火剂都是不导电的，可直接用于带电灭火。

（2）用水枪灭火时，应采用喷雾水枪，水枪的喷嘴必须接地。灭火人员也应穿戴绝缘手套、绝缘靴或均压服。

（3）灭火器喷嘴应与带电体之间保持必要的安全距离。灭火器喷嘴距带电体不应小于 0.4m（10kV）或 0.6m（35kV）。

（4）对架空线路或高处设备进行灭火时，人体位置与带电体之间的仰角不得超过 45°。

（5）要防止跨步电压引起的触电事故。若有带电线路断落于地面，要设立禁区，并悬挂警示标志，防止人员误入。

36 扑救电气火灾应注意的安全事项

由于电气火灾有别于普通火灾，有其自身的特殊性，扑救电气火灾时应当注意以下几方面安全事项：

（1）迅速设法就近切断电源，尽量做到断电灭火。若带电灭火，必须做好相应的安全技术措施，防止发生触电事故。

（2）确保扑救人员人身安全。扑救人员必须穿戴好防护用品，防止和减少有害物的危害。扑救时，应尽可能地站在上风侧，减少有毒有害气体的吸入。

（3）防止发生大面积停电事故。大面积停电有可能给灭火工作带来困难，夜间灭火要有足够的照明。

（4）室内着火时，不要急于打开门窗，以防空气对流加大火势。

（5）高处着火时，要注意从高处落下的可燃物对人体造成的伤害。站在高处灭火，要防止人员坠落。

（6）扑救人员身上着火时，可就地打滚或脱掉衣服，也可用湿麻袋、湿棉被等覆盖在身上，不得用灭火器直接喷射灭火。

（7）防止充油设备发生爆炸。有些电气设备（如油浸式变压器、油断路器等）内部充油，扑救措施必须及时、准确，以防止充油设备发生爆炸。充油设备外部着火时，可用干粉灭火器及时扑救；若火势较大，应切断电源用水扑救。充油设备内部着火时，应先切断电源，再将油放出至储油坑，然后用喷雾水或泡沫等灭火。

第八章

防雷与防静电

▶ 1 雷电的形成

雷电是大气中的一种自然放电现象。在雷雨季节，由于大气压对云朵的作用，带正电的冰晶与带负电的水滴分离，形成了一部分带正电荷、一部分带负电荷的雷云。随着正、负电荷的不断积累，不同极性雷云之间的电场强度不断增强。当不同极性的雷云接近到一定距离时，强大的电场使雷云之间的空气击穿，引起云块之间放电。在放电过程中，会产生强烈的光和热。由光的作用引起"电闪"现象，而热的作用使空气迅速膨胀发出"雷鸣"现象。电闪和雷鸣合称为雷电。

▶ 2 雷电的种类及危害

雷电按照危害方式可分为直击雷、感应雷和雷电侵入波三种。雷电按照形状可分为线状、片状和球状三种，如图 8-1 所示，其中以线状直击雷最为常见。

|(a)|(b)|(c)|

图 8-1　雷电常见的形状
（a）线状雷；（b）片状雷；（c）球状雷

雷电的危害主要表现在以下三个方面：

（1）电力作用。雷电极高的冲击电压可击穿电气设备的绝缘。

（2）热力作用。巨大的雷电流会产生大量的热能，使电气设备熔化、燃烧或爆炸。

（3）机械作用。雷电击中物体瞬间会爆发出强大的冲击力（波）、电动力和静电作用力等，使设备遭到机械性损坏或破坏。

3　直击雷及其特点

直击雷是雷云与大地之间的放电现象。当大气中带有电荷的雷云同地面凸出物之间的电场达到击穿空气的强度时，会发生激烈的放电现象，并伴随闪电和雷鸣的现象称为直击雷。直击雷的放电过程可分为先导放电、主放电和余光三个阶段。每次放电过程可持续 5～100ms，中途有几到几十次放电冲击。大约 50％的直击雷具有重复放电性质。直击雷的危害性较大。

4　感应雷及其特点

感应雷也叫雷电感应或感应过电压，可分为静电感应和电磁感应两种。静电感应是由于雷云接近地面时，在架空线路或地面凸出物的顶部感应出大量电荷而引起的。该电荷在雷云放电后失去束缚，沿线路或地面凸出物以雷电波形式高速传播，形成静电感应。电磁感应是由于雷击后，巨大的雷电流在周围空间产生迅速变化的强磁场引起的。该磁场会在周围导体中产生电压很高的感应电压。感应雷原理如图 8-2 所示。

5　雷电侵入波及其特点

雷电侵入波是指因雷击而在架空线路或空中金属管道上产生的冲击电压，沿线路或管道向两个方向迅速传播的雷电波。雷电波的传播速度很快，在架空线路上的传播速度为 $3 \times 10^8 \text{m/s}$，在电缆中的传播速度为 $1.5 \times 10^8 \text{m/s}$。

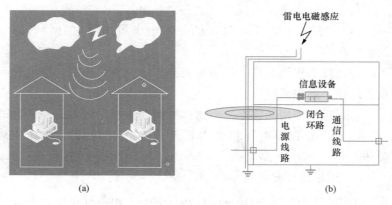

图 8-2　感应雷原理示意图

（a）静电感应；（b）电磁感应

6　直击雷危害的防止

防止直击雷危害，通常可以采取以下办法：

（1）安装避雷针。避雷针由接闪器、支持物、引下线和接地装置组成，可用于地面建筑物、构筑物、设备和线路的防雷保护。

（2）安装避雷线。避雷线也叫架空地线，是指悬挂在高空处的接地导线，可用于架空线路或设备的防雷保护。

（3）安装避雷带（网）。避雷带（网）敷设在建筑物屋顶边沿上的闭路金属导体，主要用于建筑物的防雷保护。

7　感应雷危害的防止

防止感应雷危害，可以采取以下办法：

（1）防止静电感应。应将建筑物内的所有金属构件和突出屋面的金属物进行接地，相邻接地引下线的间隔应为 18～22m。

（2）防止电磁感应。应将建筑物内平行敷设的金属管道、电缆金属保护层等进行跨接，相邻跨接点的间隔应为 20～30m。

（3）接地装置符合要求。接地装置的接地电阻不应大于10Ω，可与电气设备共用接地装置，连接用的接地干线不应少于两根。

8　雷电侵入波危害的防止

防止雷电侵入波危害，可以采取以下办法：

（1）安装避雷器。避雷器具有很好的非线性电阻特性：当线路出现过电压时，能迅速将雷电电流泄入大地；当线路电压正常时，可保证线路恢复运行。

（2）安装保护间隙。保护间隙主要由存在空气间隙的两个金属电极构成。当线路出现过电压时，空气间隙被击穿，两电极瞬时接通，将雷电流引入大地。当线路电压正常时，可保证线路恢复运行。

9　容易引发雷击现象的对象

雷击具有一定的偶然性，也有一定的规律性。容易引发雷击现象的对象有：

（1）地面上的铁塔或高尖顶建筑物、构筑物。

（2）空旷地区的大树、建筑物。

（3）工厂的烟囱。

（4）山区、丘陵地区。

（5）一般建筑物的屋角、檐角、屋脊。

（6）湖泊、河岸、低洼地区、山坡与稻田水地交界处等。

10　防雷装置的种类及适用场合

一套完整的防雷装置由接闪器、引下线和接地装置组成。按照接闪器种类划分，通常采用的防雷装置有避雷针、避雷线、避雷网、避雷带和避雷器等。避雷针主要用来保护露天的变配电设备、建筑物和构筑物；避雷线主要用来保护电力线路；避雷网和避雷带主要用来保护建筑物；避雷器主要用来保护电气设备。

▶▶ 11　接闪器的作用及最小规格要求

接闪器的作用是利用自身高出被保护物的位置，把雷电引向自身，接受雷击放电。避雷针、避雷线、避雷网、避雷带及建筑物（有易燃易爆危险的工业厂房除外）金属构件等都可以用作接闪器。

接闪器的最小规格要求如下：

（1）避雷针一般用镀锌圆钢或镀锌钢管制成。圆钢直径不得小于12mm（针长1m以下）、16mm（针长1m及以上）或20mm（针在烟囱上方）；钢管直径不得小于20mm（针长1m以下）或25mm（针长1m及以上）。

（2）避雷带或避雷网应采用直径8mm以上的镀锌圆钢或厚度4mm以上、截面积48mm² 以上的镀锌扁钢制作而成，网格规格为6m×6m～10m×10m。安装在烟囱上方的避雷带或避雷网应采用直径12mm以上的圆钢或厚度4mm、截面积100mm² 以上的扁钢。

▶▶ 12　避雷针保护范围的确定

单支避雷针的保护范围如图8-3所示。

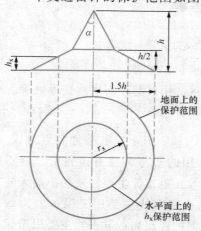

图 8-3　单支避雷针的保护范围

避雷针在地面上的保护半径为避雷针高度的1.5倍，即 $r=1.5h$。避雷针在任一保护高度 h_x 的平面上的保护半径由下式确定：

（1）当 $h_x \geqslant h/2$ 时，$r_x=(h-h_x)P$。

（2）当 $h_x < h/2$ 时，$r_x=(1.5h-2h_x)P$。

式中，P 为修正系数。当 $h \leqslant 30m$ 时，$P=1$；当 $h>30m$ 时，$P=5.5/\sqrt{h}$。

13 避雷器的作用及种类

避雷器也叫过电压限制器，是一种能释放过电压能量、限制过电压幅值的设备。避雷器可以防止雷电过电压沿线路侵入变配电站或其他建筑物内，保护电气设备的绝缘。避雷器与被保护设备并联，对地可以释放掉线路中出现的过电压，使被保护设备安然无恙。避雷器与被保护设备的连接如图8-4所示。

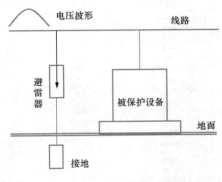

图 8-4 避雷器的连接

常用避雷器的种类有阀型避雷器、氧化锌避雷器和保护间隙等。

14 阀型避雷器的结构与原理

阀型避雷器是由火花间隙和一个非线性阀电阻片串联连接，并组装在密封的瓷套管内。火花间隙用铜片冲制而成，每对间隙用0.5～1mm厚的云母垫圈隔开，结构如图8-5所示。

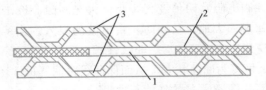

图 8-5 火花间隙的结构

1—空气间隙；2—云母垫片；3—黄铜电极

阀型避雷器有 FS 系列、FZ 系列和 FCD 系列。FS 系列的火花间隙无并联电阻，主要用来保护 10kV 及以下电气设备。FZ 系列的火花间隙接有并联电阻，主要用于保护大中容量的电气设备。FCD 系列是一种有磁吹型火花间隙，并接有并联电阻，主要用于保护旋转电机（发电机、电动机和调相机等）。

FS 系列阀型避雷器的结构如图 8 - 6 所示。

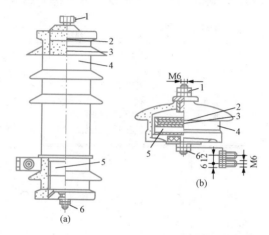

图 8 - 6　FS 系列阀型避雷器结构示意图

(a) FS4-10 型；(b) FS-0.38 型

1—上接线端；2—火花间隙；3—云母垫圈；4—瓷套管；

5—阀电阻片；6—下接线端

线路在正常工作电压情况下，非线性阀电阻片阻值很大，工频电流不能通过火花间隙。但在雷电引起的大气过电压作用下，非线性阀电阻片阻值变得很小，火花间隙会被击穿，雷电电流便迅速泄入大地，从而防止雷电波的浸入。当线路过电压消失、恢复到工作电压之后，非线性阀电阻片阻值又变得很大，火花间隙又恢复为断路状态，从而保证线路恢复正常运行。

15　氧化锌避雷器的结构与原理

氧化锌避雷器主要由氧化锌电阻片组装而成，其结构如

图8-7所示。

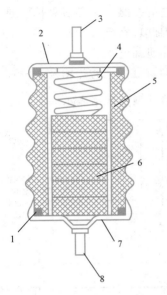

图8-7 氧化锌避雷器结构示意图

1—橡皮圈；2—端盖；3—上接线端；4—弹簧；
5—瓷套管；6—阀片；7—底盖；8—下接线端

氧化锌电阻片具有较好的非线性伏安特性。线路在正常工作电压下，避雷器具有极高的电阻而呈绝缘状态，线路电流处于隔断状态。在雷电过电压作用下，避雷器则呈现低电阻状态，将雷电流迅速泄放大地，消除线路及被保护设备的残压。当线路电压恢复正常工作电压之后，避雷器又呈高阻态，从而保护了线路和设备的绝缘性能，免受过电压的损坏，使线路和设备能够正常工作。

▶▶ 16 氧化锌避雷器的特点

氧化锌避雷器是一种新型的避雷器，现已得到广泛应用。它具有结构简单、可靠性高、维护简便、使用寿命长以及动作迅速、通流容量大、残余电压低、无续流等特点，能够对大气过电压和操作过电压起到很好的限制作用。但由于氧化锌避雷器长期并联在带电的线路上，必然会长期通过泄漏电流，引起发热甚至爆炸，因此现在已经出现了带间隙的氧化锌避雷器，它可以有效地消除泄漏电流。

▶▶ 17　氧化锌避雷器的型号规格及选用注意事项

氧化锌避雷器的型号规格表示如下：

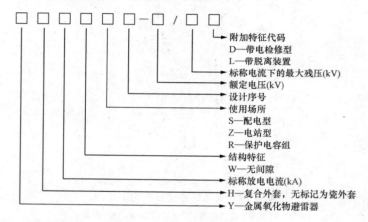

选用氧化锌避雷器时，应注意以下方面：

（1）根据适用场所选择不同类型的避雷器。避雷器有的用在变、配电站的母线上，有的用在线路塔杆上，有的则用来保护电容器组。

（2）应按照线路或设备的额定电压选择避雷器的额定电压。避雷器的额定电压一定要与线路或设备的额定电压相符合。

（3）待需要安装的避雷器在安装之前一定要仔细检查避雷器的外观是否清洁完好，配件是否齐全，并须进行耐压性能等性能测试，合格后方可安装。

（4）避雷器应与支持物保持垂直，固定要牢靠，引线连接要可靠。其安装位置与被保护设备的距离应越近越好，对 3～10kV 电气设备的距离不应大于 1500mm。

（5）避雷器安装接线要正确，接线端和接地端不能接错。接线长度要短而直，中间不能有接头。接地线的截面积要符合规定值（铜线，$\geqslant 16 \mathrm{mm}^2$；铝线，$\geqslant 25 \mathrm{mm}^2$），接地电阻不能大于 10Ω。

（6）避雷器安装时的线间距离应符合规定（3kV、$\geqslant 460 \mathrm{mm}$，6kV、$\geqslant 690 \mathrm{mm}$，10kV、$\geqslant 800 \mathrm{mm}$），水平距离均应不小于 400mm。

▶▶ **18　保护间隙的结构与原理**

保护间隙是最简单经济的防雷设备，多用于架空线路。常见的两种角形间隙（也称羊角避雷器）主要由两个电极（一个接线极、一个接地极）构成，其结构如图 8-8 所示。在正常情况下，保护间隙对地是绝缘的，并且绝缘强度低于所保护线路的绝缘水平。当线路遭到雷击时，保护间隙首先因过电压而被击穿，将大量雷电流泄入大地，使过电压大幅度下降，从而起到保护线路和电气设备的作用。在实际使用时，为防止外来物（如鼠、鸟等）造成主间隙短接而发生接地故障，通常在其接地引下线中再串联一个辅助间隙。其结构如图 8-9 所示。

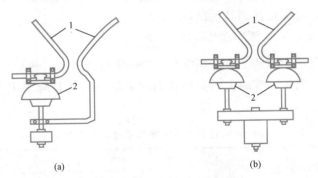

(a)　　　　　　　　　　　(b)

图 8-8　角形间隙结构示意图

（a）用于木横担上；（b）用于铁横担上

1—羊角形电极；2—支持绝缘子

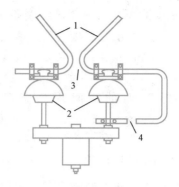

图 8-9　保护间隙结构示意图

1—羊角形电极；2—支持绝缘子；3—主间隙；4—辅助间隙

19　保护间隙的结构要求

（1）电极间隙距离应符合要求，并保持稳定。

（2）电极应采用镀锌件或其他防锈蚀金属材料。

（3）主、辅间隙之间的距离尽量要小，最好三相共用一个辅助间隙。

（4）动作时不致引起自身电极损坏和支持绝缘子损坏，也要防止电弧传递到其他设备上。

20　保护间隙的间隙距离规定

保护间隙的绝缘水平应与被保护线路或设备的绝缘水平相配合。保护间隙的主间隙和辅助间隙的距离要符合规定要求，见表 8-1。

表 8-1　　保护间隙的主间隙和辅助间隙的距离要求

额定电压 （kV）	3	6	10	35	60	110	
						中性点 直接接地	中性点 非直接接地
主间隙（mm）	8	15	25	210	400	700	750
辅助间隙（mm）	5	10	10	20	—		

▶▶ **21 使用保护间隙应注意的问题**

保护间隙的结构较为简单、成本低、维护方便，但保护性能较差，灭弧能力较小，容易引发接地或短路故障，造成供电中断。因此，对装有保护间隙的线路，应安装自动重合闸装置或自重合熔断器。保护电力变压器时，保护间隙应安装在高压熔断器与变压器之间，在间隙放电时熔断器迅速熔断，缩小停电范围。对保护间隙的运行情况要加强维护检查，检查间隙距离有无变化，电极是否完好，接地线连接是否牢固等。

▶▶ **22 引下线的作用及安装要求**

引下线是将接闪器与接地装置连接起来，为雷电流提供通路的导体。引下线一般采用镀锌圆钢或镀锌扁钢，其规格要求与防雷带相同。若采用钢绞线，其截面积不应小于 $25mm^2$。引下线的安装应符合以下要求：

（1）引下线应沿建筑物外墙明敷，并经最短路径接地。必须暗敷时，引下线的截面积规格要加大一级。

（2）利用建筑物的金属构件作引下线时，所有金属构件必须形成电气通路，中途不得有开断点。

（3）在引下线距地面1.8m处应设置断接卡，便于测量接地装置的接地电阻和检查引下线的连接情况。

（4）引下线不能受到机械损伤，否则应采用必要的封闭、穿管、隔离等保护措施。采用金属材料保护时，金属材料应与引下线连接。

（5）互相连接的避雷针、避雷网、避雷带或金属屋面的引下线不应少于两根，其间距不应大于18m（一类工业建筑）、24m（二类工业建筑和一类民用建筑）或30m（三类工业建筑和二类民用建筑）。

▶▶ **23 防雷接地装置的作用和要求**

防雷接地装置的作用是向大地泄放雷电流，限制防雷装置的对地电压。防雷接地装置与一般接地装置的要求基本相同，但所用材料规格应稍大于一般接地装置。圆钢直径应不小于10mm，扁钢厚度不小于4mm、截面积不小于100mm²，角钢厚度不小于4mm，钢管壁厚不小于3.5mm。防雷接地装置应距离建筑物出入口或人行道边沿3m以外，距电气设备接地装置5m以上。防雷接地装置的工频接地电阻一般不大于10Ω。防雷装置的接地装置可以与其他接地装置共用（独立避雷针除外），但接地电阻必须满足最小值要求。与保护接地合用接地装置时，其接地电阻不应大于1Ω。

▶▶ **24　防雷装置接地与电气设备接地的区别**

防雷装置的接地是将雷电流泄入大地，而电气设备的接地是将工频短路电路泄入大地。雷电流远远大于短路电流，在防雷装置上产生的电压很高，容易引起反击。因此避雷针、避雷网（带）应尽量安装单独的专用接地装置，避雷器和保护间隙可以与电气设备共用接地装置。

▶▶ **25　反击及其预防措施**

当防雷装置接受雷击时，雷电流由接闪器、引下线、接地装置泄入大地。如果接地装置的接地电阻过大，则会在接闪器、引下线和接地装置上产生很高的电压。如果防雷装置距离建筑物内外的电气设备和线路、金属管道或金属构件较近，防雷装置则会对这些物体放电，这种现象就称为反击。反击所产生的高电压也可以使电气设备和线路的绝缘击穿，甚至引起燃爆事故。预防反击，可采用以下措施：

（1）防雷装置的接地电阻不能大于10Ω，接闪器、引下线及接地装置连接必须可靠。

（2）避雷针最好采用单独的专用接地装置，该接地装置与配电接地网地中距离不能小于3m，距人行道的距离也应大于3m。

（3）避雷针的接地引入点与变压器的接地引入点沿地线的距离不得小于15m。

（4）35kV 及以上变配电站的避雷针应单独设置支架，并且距离被保护物不得小于 5m。

26　架空线路的防雷措施

（1）架设避雷线。60kV 及以上线路应全程架设，35kV 及以下线路可在两端部分架设。

（2）增强线路本身的绝缘强度。采用绝缘导线、非金属横担和电压等级较高的绝缘子等。

（3）用三角形顶线做保护线。3～10kV 线路中性点通常不接地，在顶线绝缘子上可装设保护间隙。

（4）装设自动重合闸装置或自复式熔断器。利用 0.5s 的自动重合闸间隙可使雷电流电弧熄灭。

（5）装设避雷器或保护间隙。可在地理位置较高和易遭雷击的杆塔上装设避雷器或保护间隙。

27　10kV 及以下架空线路不宜架设地线

10kV 及以下架空线路的绝缘水平一般不是很高。如果在其上面架设地线，当遭受到雷击时，容易从接地引下线上向架空线路发生反击现象，起不到有效的防雷保护作用。相反，还会使线路受到雷电过电压的危害，影响线路的安全运行。

28　电力电缆金属外皮应与其保护避雷器的接地线相连接

采用避雷器保护电力电缆时，电缆的金属外皮应与避雷器的接地线相连接。一方面，在避雷器放电时，可以利用电缆金属外皮的分流作用，降低雷电过电压的幅值；另一方面，在避雷器放电时，确保加在电缆主绝缘层上的过电压仅为避雷器本身的残余电压。

29　变配电站的防雷措施

（1）装设避雷针。避雷针的保护范围应能够覆盖整个变配电站的建筑物、构筑物及变配电设备。避雷针应距离变配电设备 5m 以上。

（2）高压侧装设避雷器或保护间隙。应靠近主变压器安装，以保护主变压器，并防止雷电波由高压侧侵入变配电站。接地线应与变压器低压侧中性点及金属外壳连接在一起，应在每路进线终端和母线上安装。

（3）低压侧装设避雷器或保护间隙：防止雷电波由低压侧侵入变配电站。变压器低压侧不接地的中性点也应加装。

▶▶ 30　建筑物按防雷要求的分类

按照对防雷的相关要求，建筑物可以划分为三类：

（1）第一类：是指制造、使用和储存大量爆炸物或者在正常情况下能形成爆炸性混合物、可发生爆炸并引起巨大破坏和人身伤亡事故的建（构）筑物。

（2）第二类：是指在正常情况下能形成爆炸性混合物、可引发爆炸但不能引起巨大破坏和人身伤亡事故或者在非正常情况下才能形成爆炸性混合物、可发生爆炸并引起巨大破坏和人身伤亡事故的建（构）筑物。储存易燃气体和液体的大型密闭储罐也属于第二类建筑物。

（3）第三类：不属于第一、第二类但需要做防雷保护的建筑物。机械加工车间、烟囱、水塔及民用建筑等均属于第三类建（构）筑物。

第一、二类建（构）物，应有防直击雷、防感应雷和防雷电侵入波的措施，第三类建（构）物，应有防直击雷和防雷电侵入波的措施。

▶▶ 31　第三类建筑物的防雷措施

第三类建筑物防雷主要体现在两个方面：①对直击雷的防护；②对雷电侵入波的防护。建筑物遭受直击雷的部位与屋顶坡度部位有关系，应根据建筑物屋顶实际情况进行分析，确定最易遭受雷击的部位，再在这些部位装设避雷针或避雷带（网），进行重点保护。应在高压线进户墙上安装保护间隙，或者将绝缘子的铁角接地，可以与防直击雷的接地装置连接在一起，但接地电阻不应超过 20Ω。

第三类建筑物屋顶避雷针、避雷带（网）的接地电阻不应超过 30Ω，可以利用钢筋混凝土屋面的钢筋（直径不小于 4mm）。引下线也应不少于两根，间距可取 30～40m，墙距取 15mm。引下线支持卡间距取 1.5～2m。断接卡距地面高度取 1.5m。

32 人体的防雷措施

为了避免人体遭到雷电电击而受到伤害，在雷雨天应从以下几方面引起注意：

（1）避免在野外或户外作业、逗留。必须作业时，应穿戴好防雨用具和采取防雷措施。

（2）避雨时不要太靠近建筑物或高大树木，应离开墙壁和树干 8m 以外。

（3）远离小山、丘陵或隆起的道路。

（4）远离海边、湖滨、池塘、河道。

（5）远离烟囱、塔杆、孤树、金属构筑物及无防雷保护的小型建筑物。

（6）远离各种动力、照明和通信线路，防止雷电侵入波的危害。

33 静电的产生与危害

静电是指相对静止的电荷。两种物体当紧密接触后再分离时，两种物体之间因发生电子转移而带有不同性质的静电电荷。一般认为，当两种物体之间的距离小于 25×10^{-8} cm 时，即会发生电子转移而产生静电。在实际生产活动中，静电主要是由于两种不同的物体互相摩擦，或者紧密接触后又分离而产生的。另外当物体受热、受压、撕裂、剥离、拉伸、撞击、电解以及受其他带电体的感应时，也可能产生静电。无论物体的种类和性质（固体、液体和气体）如何，均能够产生静电。静电的危害性较大，轻者会导致生产质量事故，重者会造成人体静电电击事故，甚至会引起爆炸和火灾事故。

34 静电的特点

（1）电量小而电压高。静电电量只有微库仑级到毫库仑级，而电压可达上千伏。

（2）高压静电容易放电。当静电积累到一定程度形成高电压时，则容易引起电晕放电、刷形放电和火花放电三种形式的放电。

（3）绝缘体上的静电不易消失。绝缘体对电荷的束缚力很强，如不经放电，其上的电荷消失很慢，将会长期存在。

（4）静电具有感应作用。带有静电的物体会对邻近的金属导体产生感应，使不带电的金属导体带电，如图8-10所示。

图8-10　静电感应作用

A—带电体；B、C—其他与地绝缘的导体

（5）静电可以屏蔽。对于带静电的物体可以采用空腔导体进行屏蔽，使空腔导体内部（外屏蔽）或外部（内屏蔽）的物体不会带电，如图8-11所示。

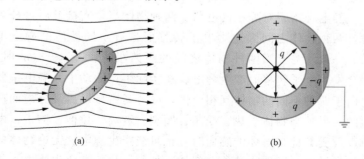

(a)　　　　　　　　　　　(b)

图8-11　静电屏蔽原理

(a) 外屏蔽；(b) 内屏蔽

35　影响静电产生的因素

影响物体产生静电的主要因素有物体的特性、物体的表面状态、物体的带电履历、物体的接触面积、物体的接触压力及物体的分离速度等。由不同的物质组成的物体，产生静电的难易程度是不相同的。相互摩擦或互相接触和分离的两物质，在静电起电极性序列表中排位距离越远，产生的静电越大。表面粗糙和被油、水污染的物体，有增加静电量的倾向。两物体在初次接触和分离时产生的静电量较大。两物体接触面积和接触压力越大，产生的静电越大。两物体接触后分离速度越快，产生的静电越大。

36　静电起电极性序列表

由于不同物质得失电子的能力大小不一样，因此将两种不同的物质相互接触和分离或者相互摩擦，所产生静电的难易程度是不相同的。按照物质起电性质的差异，将其排列成一个静电带电顺序，就形成了静电起电极性序列表，见表 8-2。

表 8-2　　　　　　　静电起电极性序列表

金属	纤维	天然物质	合成树脂
（＋）	（＋）	（＋）	（＋）
		石棉	—
		人毛、毛皮	—
		玻璃	—
		云母	—
	羊毛		
	尼龙		
	人造纤维		
铅			
	绢		
	木棉	棉	—

金属	纤维	天然物质	合成树脂
	麻		—
		木材	—
		人的皮肤	
	玻璃纤维		—
锌	乙酸酯		—
铝			
		纸	—
铬			
			硬橡胶
铁			
铜			
镍			—
金		橡胶	聚苯乙烯
	维尼纶		
铂			聚丙烯
	聚酯		—
	丙纶		
			聚乙烯
	聚偏二氯乙烯	硝化纤维、象牙	—
		玻璃纸	—
			聚氯乙烯
			聚四氯乙烯
（－）	（－）	（－）	（－）

注 表中列出的两种物质相互摩擦时，处在表中上面位置的物质带正电，下面位置的带负电（属于不同种类的物质相互摩擦时，也是如此），其带电量数值与该两种物质在表中所处上下位置的间隔距离有关，即在同样条件下，两种物质所处的上下位置间隔越远，其摩擦带电量越大。

▶▶ 37　容易产生和积累静电的工艺过程

产生静电电荷的多少与生产物料的性质和数量、摩擦力的大小和摩擦长度、液体和气体的分离或喷射强度、粉体粒度等因素有关。容易产生和积累静电的工艺过程主要有以下方面：

（1）固体物质在大面积的相互摩擦时、在压力下接触后而分离时、在挤出或过滤时、在粉碎或研磨时、在混合或搅拌时等工艺过程中容易产生和积累静电。

（2）高电阻液体在管道中高速（超过 1m/s）流动时、在管口喷出时以及在注入容器发生冲击、冲刷或飞溅时等工艺过程中容易产生和积累静电。

（3）液化气体、压缩气体或高压蒸气在管道中流动时、在从管口喷出时等工艺过程中容易产生和积累静电。

▶▶ 38　静电导体、静电亚导体和静电非导体

静电导体是指在任何条件下，体电阻率在 $1×10^6\,Ω·m$ 及以下的物料及表面电阻在 $1×10^7\,Ω$ 及以下的固体表面；静电亚导体是指在任何条件下，体电阻率大于 $1×10^6\,Ω·m$、小于 $1×10^{10}\,Ω·m$ 的物料及表面电阻大于 $1×10^7\,Ω$、小于 $1×10^{11}\,Ω$ 的固体表面；静电非导体是指在任何条件下，体电阻率在 $1×10^{10}\,Ω·m$ 及以上的物料及表面电阻在 $1×10^{11}\,Ω$ 及以上的固体表面。

▶▶ 39　静电的基本防护技术措施

静电防护应采用工艺控制法限制静电，采用接地泄漏法释放静电，采用中和法消除静电，采用屏蔽法隔离静电等技术措施进行全过程防护。静电的基本防护技术措施主要有：

（1）减少静电荷产生。对接触起电的物料，应尽量选用在带电序列中位置较邻近的，或对产生正负电荷的物料加以适当组合，最终达到起电最小程度。在生产工艺的设计上，对有关物料应尽量做到接触面积和压力较小、接触次数较少、运动和分离速度较慢。生产工艺设备应尽量采用静电导体或静电亚导

体材料，避免采用静电非导体材料。

（2）使静电荷尽快地消失。在静电危险场所，所有属于静电导体的物体必须接地。对金属物体应采用金属导体与大地做导通性连接，对金属以外的静电导体及亚导体则应做间接接地。在生产场所内，局部环境的相对湿度应增加至 50％以上（0 区禁止使用）。对于高带电的物料，宜在接近排放口前的适当位置装设静电缓和器。在某些物料中可添加适量的防静电添加剂。在生产现场使用静电导体制作的操作工具应接地。

（3）对带电体应进行局部或全部静电屏蔽或利用各种形式的金属网，减少静电的积蓄。同时屏蔽体或金属网应可靠接地。

（4）在设计和制作工艺装置或装备时，应避免存在静电放电的条件（如容器内细长突出物或高速剥离）。

（5）控制气体中可燃物的浓度在爆炸下限以下（如减少泄漏或加强通风），控制高阻有机液体的流速在 1m/s 以下。

（6）限制静电非导体材料制品的暴露面积及宽度。

（7）在遇到分层或套叠的结构时避免使用静电非导体材料。

（8）在静电危险场所使用的软管及绳索的单位长度电阻值应为 $1 \times 10^3\,\Omega/m \sim 1 \times 10^6\,\Omega/m$。

（9）在气体爆炸危险场所内禁止使用金属链。

（10）使用静电消除器迅速消除静电，但应注意正负电荷极性、安装位置及防爆类型等要求。

40　防静电的接地要求

对于存在于静电场所内的金属导体、静电导体和静电亚导体，无论静电电荷有多大，都必须进行防静电接地。易受静电感应的金属导体也必须接地。如果以上导体存在着非导体连接或者与大地绝缘，则必须采用金属导体跨接后并进行接地。静电导体与大地间的总泄漏电阻值均不应大于 $1 \times 10^6\,\Omega$。每组专设的静电接地体的接地电阻一般不大于100Ω。金属导体的防静电接地可以与防雷保护接地、电气设备保护接地共用接地装置，也可以与建筑物地下的金属结构相连接。

41 防止静电非导体静电的产生

静电非导体所产生的静电是不均匀的，也不能采用接地的方法释放掉。通常采用以下办法增加静电非导体的导电率，来防止所产生的静电。

（1）尽量不使用或者少使用静电非导体材料。尤其在比较危险或关键的工艺环节，应使用抗静电材料。

（2）使用防静电添加剂。在不影响物料质量的前提下，可以在物料中加入适量的防静电添加剂。

（3）采用静电消除器。可以在较多或容易产生静电的部位安装静电消除器。

（4）增加湿度。可以采用增湿器、喷水蒸气、高湿度空气或者在静电非导体表面或周围洒水的方法，提高现场环境的湿度。

（5）在静电非导体表面涂敷或包扎导电性材料，并将导电性材料接地。

42 静电消除器的原理、种类及使用注意事项

静电消除器是一种能将气体分子电离成消除静电所需的正负离子对的设备。当带电体附近装有静电消除器时，静电消除器所产生的离子对会向带电体方向移动，与带电体的电荷进行中和，从而消除带电体上的静电。按照离子产生的方法，静电消除器可以分为自感应式、外接电源式和放射线式三种。使用静电消除器时，应注意以下事项：

（1）必须正确选择。在爆炸危险场所应选择外接电源式防爆型静电消除器，放射线式静电消除器对人体会产生危害。

（2）必须正确安装。安装地点要靠近产生静电高电压部位，无污染、腐蚀、高温、高湿等影响。静电消除器与带电体

之间的距离要小于它与静电产生源之间的距离，但当与静电产生源之间的距离不足 500mm 时，则应靠近静电源一侧。静电消除器应垂直于带电体安装。多台静电消除器之间，不能相互干扰。

（3）必须正确使用。应按照静电消除器的技术资料要求，制定操作规程（SOP），并对使用人员进行培训。

（4）必须及时维护。静电消除器表面应保持清洁，不能有任何机械损伤，及时检查，更换易损件。

43　固体物料静电的防护技术措施

（1）非金属静电导体或静电亚导体与金属导体相互联结时，紧密接触面积应大于 $20cm^2$。

（2）架空配管系统各组成部分应保持可靠的电气连接（室外要满足防雷规程要求）。

（3）防静电接地线不得利用电源零线，不得与防直击雷地线共用。

（4）在进行间接接地时，可在金属导体与非金属导体或静电亚导体之间加设金属箔，或者涂导电性涂料或导电膏以减少接触电阻。

（5）油罐汽车在装卸过程中应采用专用的接地导线（可卷式），夹子和接地端子将罐车和装卸设备相互连接起来。接地线的连接，应在油罐开盖以前进行；接地线的拆除应在装卸完毕，封闭罐盖以后进行。有条件时可尽量采用接地设备与启动装卸用泵相互间能联锁的装置。

（6）在振动和移动频繁的器件上用的接地导体禁止用单股线及金属链，应采用 $6mm^2$ 的裸绞线或编织线。

44　液态物料静电的防护技术措施

（1）控制烃类液体灌装时的流速

$$vD \leqslant 0.8$$

式中　v ——烃类液体的流速，m/s；

D——鹤管内径，m。

大鹤管装车出口流速可以超过以上计算值，但不得大于 5m/s。灌装汽车罐车时，液体在鹤管内的容许流速 $vD \leqslant 0.5$。

（2）在输送和灌装过程中，应防止液体的飞散喷溅，从底部或上部入罐的注油管末端应设计成不易使液体飞散的倒 T 形等形状或另加导流板；或在上部灌装时，使液体沿侧壁缓慢下流。

（3）对罐车等大型容器灌装烃类液体时，宜从底部进油。若必须从顶部进油时，则其注油管宜伸入罐内离罐底不大于 200mm。在注油管未浸入液面前，其流速应限制在 1m/s 以内。

（4）烃类液体中应避免混入其他不相容的第二物相杂质（如水等），并应尽量减少和排除槽底和管道中的积水。当混有第二物相杂质时，其流速应限制在 1m/s 以内。

（5）在贮存罐、罐车等大型容器内，可燃性液体的表面不允许存在不接地的导电性漂浮物。

（6）当液体带电很高时（如在精细过滤器的出口处），可先通过缓和器后再输出进行灌装。带电液体在缓和器内的停留时间为缓和时间的 3 倍。

（7）烃类液体的检尺、测温和采样等工作必须在液体静置一段时间（10～50m^3 容器，10～15min）后进行。取样器、测温器和检尺等工具在操作中应接地或采用具有防静电功能的工具，应优先采用红外、超声等原理的装备。禁止在恶劣天气（高温、雷雨等）时进行以上操作。

（8）在烃类液体中加入防静电添加剂，使电导率提高至 250pS/m 以上。其容器应是静电导体并可靠接地，且需定期检测其电导率是否符合规定值。

（9）当不能以控制流速等方法来减少静电积聚时，可以在管道的末端装设液体静电消除器。

（10）当用软管输送易燃液体时，应使用导电软管或内附金属丝、网的橡胶管，且在相接时注意静电的导通性。

（11）在使用小型便携式容器灌装易燃绝缘性液体时，宜用金属或导静电容器，避免采用静电非导体容器。对金属容器及金属漏斗应跨接并接地。

45 气态粉态物料静电的防护技术措施

（1）在工艺设备的结构设计上应避免粉料的滞留、堆积和飞扬，同时还应配置必要的密闭、清扫和排放装置。

（2）粉料的粒径越细，越易起电和点燃。无特殊要求，应尽量避免使用粒径在 $75\mu m$ 以下的粉料。

（3）气流粉态物料输送系统内，应防止偶然性外来金属导体混入，成为对地绝缘的导体。

（4）设备、部件和管道尽量采用金属导体材料制作。采用静电非导体时，须评价其起电程度并采取相应措施。

（5）必要时可在气流输送系统的管道中央，顺其走向加设两端接地的金属线，以降低管内静电电位。也可采取专用的管道静电消除器。

（6）对于强烈带电的粉料，宜先输入小体积的金属接地容器内，待静电消除后再装入大料仓。

（7）大型料仓内部不应有突出的接地导体。在顶部进料时，进料口不得伸出，应与仓顶取平。

（8）对于粒径在 $30\mu m$ 以下及筒仓直径在 $1.5m$ 以上的情况，要用惰性气体进行置换、密封筒仓。

（9）将静电非导体粉料投入可燃性液体或混合搅拌时，应采取相应的综合防护功能。

（10）收集和过滤粉料的设备，应采用导静电的容器及滤料并予以接地。

（11）输送可燃性气体的管道和容器，应有防泄漏措施，并装设气体泄漏自动检测报警器。

（12）高压可燃性气体对空排放时，应选择适宜的流向和处所。压力高、容量大的气体（如液氢等），宜在排放口装设专用的感应式消电器，并避免在雷雨、高温等恶劣天气时排放。

▶▶ 46　人体静电的防护技术措施

（1）当气体爆炸危险场所属 0 区和 1 区，且可燃物最小点燃能量在 0.25mJ 及以下时，工作人员需穿防静电服（鞋），当相对湿度保持在 50％以上时，可穿棉工作服。

（2）静电危险场所工作人员的外露穿着物（包括鞋、衣物）应具有防静电或导电功能。各部分穿着物应存在电气连续性，地面应配有导电地面。

（3）禁止在静电危险场所穿脱衣物、帽子和类似物，并避免剧烈的身体运动。

（4）在气体危险场所的等级属 0 区和 1 区工作时，应佩戴防静电手套。

（5）防静电衣物所用材料的表面电阻小于 $5 \times 10^{10}\,\Omega$，防静电工作服技术要求见 GB 12014。

（6）可以采用安全有效的局部静电防护措施（如腕带），以防止静电危害的发生。

电 气 测 量 工 作

▶▶ **1 电气测量工作的目的与要求**

电气测量工作指的是采用各种电气测量仪表，通过正确测试方法，对供配电系统、电气装置和设备的各种电气技术参数进行动态的或定期的检测。依据检测结果，可以进一步分析、判断其各种电气性能是否良好，必要时采取正确的纠正措施，以确保供配电系统、电气装置和设备正常运行工作，提高供电可靠性。电气测量工作，要求做到三个必须：必须由测量专业人员或具备相关测量技能的人员测量；必须使用合适的电气测量仪表测量；必须采用正确的测量方法测量。

▶▶ **2 电气测量仪表的作用**

电气测量仪表是用以测量各种电气技术参数的仪表的总称，是完成电气测量工作不可缺少的技术手段，也是供配电系统、电气装置和设备安全运行的重要保障。电气测量仪表具有以下作用：

（1）可以帮助运行值班人员随时监视供配电系统、电气装置和设备的运行状况，了解各种电气技术参数是否在正常允许范围以内，发现异常及时处理。

（2）可以帮助维修人员分析和判断供配电系统、电气装置和设备的故障范围和故障性质，制订和落实相应的维修方案。

（3）可以建立和积累供配电系统、电气装置和设备的运行资料，完善技术档案，指导日后管理工作。

3　电气测量仪表的分类

电气测量仪表的种类很多，其分类方法也不同。主要有以下分类方法：

（1）按工作原理分：有磁电系仪表、电动系仪表、感应系仪表、整流系仪表、电子系仪表及静电系仪表等。

（2）按被测量性质分：有电流表、电压表、功率表、功率因数表、频率表、电能表、绝缘电阻表、万用表、相位表等。

（3）按被测电流分：有直流仪表、交流仪表和交直流两用表。

（4）按准确度等级分：有 0.1、0.2、0.5、1.0、1.5、2.5 和 5.0 七个等级。

（5）按测量方法分：有直读式仪表和比较式仪表。

（6）按接入方式分：有直接接入式仪表和间接接入式仪表。

（7）按读数方式分：有指针式仪表、光柱式仪表和数字式。

（8）按使用方法分：有固定安装式仪表和可携带式仪表。

（9）按使用条件（温湿度、尘砂、霉菌及电磁场等）分：有 P、S、A、B 四组仪表。

4　对电气测量仪表的基本要求

为了保证电气测量结果的准确性和可靠性，电气测量仪表必须满足以下基本要求：

（1）仪表应具有足够的机械强度和绝缘强度。

（2）仪表应具有相应的抗干扰能力，避免测量环境的影响。

（3）仪表的刻度、量程及指示值、显示值等应当清晰明显，易于读取。

（4）仪表的结构和外观设计要合理，便于使用和维护。

（5）仪表标注的准确度应与测量结果的准确度相符合。

（6）仪表本身的功耗应尽量降低，减少测量误差。

▶ ### 5 电气测量仪表的误差和准确度

电气测量仪表的误差有绝对误差、相对误差和引用误差三种表达方式。

（1）绝对误差（ΔX）：指仪表的指示值 X 与被测量的实际值 X_0 之差，即 $\Delta X = X - X_0$。绝对误差可正可负，它的大小与正负表示了测得值偏离实际值的程度和方向。

（2）相对误差（γ）：为绝对误差 ΔX 与实际值 X_0 的比值，用百分数表示，即 $\gamma = \Delta X / X_0 \times 100\%$。相对误差的绝对值越小，表示测量的准确度越高。

（3）引用误差（γ_m）：也称满刻度误差，为仪表的绝对误差 ΔX 与该仪表的最大量程（满刻度）值 X_m 之比，用百分数表示，即 $\gamma_m = \Delta X / X_m \times 100\%$。引用误差可以用来比较大小不同的被测量之间的准确度。

电气测量仪表的准确度是指测量结果与实际值保持一致的程度，用仪表的最大引用误差表示。国家标准将电气测量仪表的准确度分为 0.1、0.2、0.5、1.0、1.5、2.5 和 5.0 七个等级。

▶ ### 6 磁电系测量仪表的结构原理及适用范围

磁电系测量仪表主要由固定永久磁铁、转动线圈、转轴、游丝、指针、调零机构等组成，线圈位于永久磁铁的极靴之间。当线圈中通入直流电流时，在永久磁铁作用下线圈带动指针发生偏转，当转动至与游丝反作用力相等的位置时，指针停留在某一确定位置，即从刻度盘上读出相应的数值。线圈偏转的角度与电流值大小成正比。偏转角度越大，指针指示的数值越大。磁电系测量仪表具有精确度、灵敏度高的特点，主要用来直接测量直流电（测量交流电时必须加装整流器），其测量机构一般用于携带式电压表和电流表等。

▶ ### 7 电磁系测量仪表的结构原理及适用范围

电磁系测量仪表主要由固定线圈、转动铁芯、转轴、游丝、指针、调零机构等组成。铁芯位于线圈的空腔内。当线圈中流过电流时，铁芯受到线圈磁场作用而磁化，并受到磁场力作用带动指针偏转，指针指示出被测量的数值。当电流方向改变时，磁场极性及铁芯磁化极性也随之改变，铁芯偏转方向不发生改变。线圈电流越大，铁芯偏转角度越大。电磁系测量仪表具有精确度低、抗扰能力差等特点，既可测量直流，也可测量交流。其测量机构主要用于固定安装的电压表、电流表等。

8　电动系测量仪表的结构原理及适用范围

电动系测量仪表主要由固定线圈、转动线圈、转轴、游丝、指针、调零机构等组成。当两个线圈中同时流入电流时，可转动线圈受到磁场作用力带动指针偏转。电流越大，线圈偏转角度越大。当电流方向改变，线圈偏转方向不会发生改变。电动系测量仪表的精确度较高，既可测量直流，也可测量交流。其测量机构主要用于功率表、功率因数表等。

9　感应系测量仪表的结构原理及适用范围

感应系测量仪表主要由有固定的开口电磁铁、永久磁铁、转动铝盘、转轴及计数器组成。当电磁铁线圈中流过交流电流时，铝盘里产生涡流并受到磁场作用力而转动，计数器计数。铝盘转动时受到永久磁铁的反作用力。感应系测量仪表主要用于交流电能的测量。

10　电气测量仪表的标识符号

电气测量仪表的标识符号见表 9 - 1。

表 9 - 1　　　　　　　　电气测量仪表的标识符号

类别	名称	符号	类别	名称	符号
工作原理	磁电系		工作原理	电动系	
	电磁系			感应系	
				静电系	

续表

类别	名称	符号	类别	名称	符号
工作原理	整流系		准确度（1.5 级）	用标度尺量限百分数表示	1.5
	热电系			用标度尺长度百分数	1.5
工作位置	垂直	⊥		用指示值百分数表示	(1.5)
	水平		端钮及调零器	接地端钮	
	倾斜 60°	∠60°		与外壳相连接的端钮	
绝缘强度	不进行耐压试验	☆0		与屏蔽相连接的端钮	
	2kV 试验电压	☆2		调零器端钮	
端钮及调零器	正端钮	+		Ⅰ 级防外磁场	
	负端钮	−		Ⅰ 级防外电场	
	公共端钮	✳	外界条件	Ⅱ 级防外磁场和外电场	Ⅱ Ⅱ
电流种类	直流	—			
	交流	∼		Ⅲ 级防外磁场和外电场	Ⅲ Ⅲ
	直流和交流	≈			
	具有单元件的三相平衡负载电流	≋			

11 电气测量仪表的测量单位及其符号

电气测量仪表的测量单位及其符号见表 9-2。

表 9 - 2　　　　　　电气测量仪表的测量单位及其符号

类别	名称	符号	类别	名称	符号
电流	千安	kA	无功功率	兆乏	Mvar
	安	A		千乏	kvar
	毫安	mA		乏	var
	微安	μA	功率因数	相位角	φ
电压	兆伏	MV		功率因数	$\cos\varphi$
	千伏	kV	电容	法拉	F
	伏	V		微法	μF
	毫伏	mV		皮法	pF
	微伏	μV	电感	亨利	H
电阻	太欧	$T\Omega$		毫亨	mH
	兆欧	$M\Omega$		微亨	μH
	千欧	$k\Omega$	频率	兆赫	MHz
	欧	Ω		千赫	kHz
	毫欧	$m\Omega$		赫	Hz
	微欧	$\mu\Omega$	电量	库仑	C
有功功率	兆瓦	MW	磁通量	毫韦伯	mWb
	千瓦	kW	磁通密度	毫特斯拉	mT
	瓦	W	温度	摄氏度	℃

▶▶ 12　测量电流应注意的事项

　　测量电流必须使用电流表测量。电流表按照量程的不同，分为安培表、毫安表和微安表。还有用来检测有无电流的检流计。测量电流时应注意以下事项：

　　（1）要清楚测量的电流是直流还是交流。测量直流电流时，应采用磁电系电流表；测量交流电流时，应采用电磁系电流表。

　　（2）根据被测电流大小选择电流表量程。不能判断电流大小时，可先选择较大量程试测，再选择合适量程进行测量。

（3）必须将被测电路断开，将电流表串入被测电路之中进行测量。

（4）测量直流电流时，电流表的"＋、－"极要连接正确。电流表直接接入法可将表头的两个端钮串入被测电路中，如图9-1所示。带有分流器的电流表，需将分流器的电流端钮（外侧两个端钮）接入电路中，由表头引出的外附定值导线应接在分流器的电位端钮上，如图9-2所示。

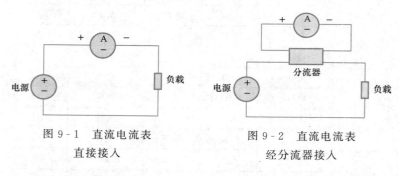

图9-1　直流电流表
直接接入

图9-2　直流电流表
经分流器接入

（5）测量交流电流时，电流表直接接入法可将表头的两个端钮串入被测电路中，如图9-3所示。测量较大的交流电流时，可经过电流互感器（TA）转换将电流表接入后进行测量，如图9-4所示。

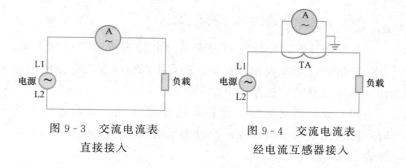

图9-3　交流电流表
直接接入

图9-4　交流电流表
经电流互感器接入

（6）电流表的内阻较小，禁止超量程测量或用来测量电压。

13 测量电压应注意的事项

测量电压必须使用电压表。电压表按照量程的不同，可分为伏特表和毫伏表。测量电压时，应当注意以下事项：

（1）要清楚测量的电压是直流还是交流。测量直流电压时，应采用磁电系电压表；测量交流电压时，应采用电磁系电压表。

（2）根据被测电压大小选择电压表量程。不能判断电压大小时，可先选择较大量程试测，再选择合适量程进行测量。

（3）测量电路的电压时，必须将电压表并联在与被测电压的两端。

（4）测量直流电压时，电压表的"＋"、"－"极要连接正确。电压表直接接入法可将表头的两个端钮并入被测电路中，如图 9-5 所示。带有分压器的电流表，需将分压器与表头串接后再并入被测电路中，如图 9-6 所示。

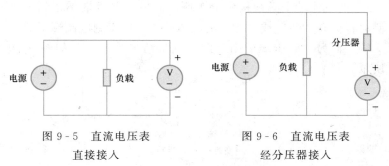

图 9-5 直流电压表
直接接入

图 9-6 直流电压表
经分压器接入

（5）测量交流电压时，电压表直接接入法可将表头的两个端钮并入被测电路中，如图 9-7 所示。测量较大的交流电压时，可经过电压互感器（TV）转换后，再将电压表接入进行测量，如图 9-8 所示。

（6）电压表的内阻较大，禁止超量程测量。

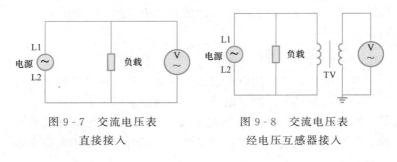

图 9 - 7 交流电压表
直接接入

图 9 - 8 交流电压表
经电压互感器接入

14 单相有功功率的测量

单相有功功率宜采用单相功率表测量。功率表也叫瓦特表（计）。直流电路的有功功率，也可以采用电压表和电流表分别测量电压和电流，然后将两个读数相乘即可。单相功率表一般采用电动系测量机构，既可测量直流有功功率，也可测量交流有功功率。测量单相有功功率时，在其固定线圈（电流线圈）中通入被测电流，可动线圈（电压线圈）中接入被测电压。接线时，必须注意仪表的同名端或同极性端，将标有"＊"或"±"的电流端子必须接到电源侧，而另一电流端子接到负荷侧；将标有"＊"或"±"的电压端子可以接到电流端子的任一端，而另一电压端子则应跨接到负荷的另一端，如图 9 - 9所示。

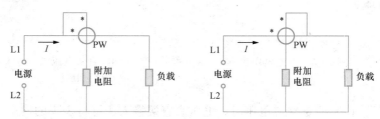

图 9 - 9 功率表的两种正确接线方式

15 测量功率时功率表指针反转的处理

测量功率时，若发现功率表指针反转，则表示功率的输送方向与预期相反。要使功率表的指针由反转变为正转，只需要将电流线圈的两个接线端钮对调即可，对调时要注意防止电流回路开路。电压线圈的两个接线端钮应保持不动，因为功率表的电压线圈中串联有附加电阻，如果将电压线圈的两个接线端钮互换，电压线圈和电流线圈两端的电位差约等于回路的电压，则有可能造成较大的测量误差，或者引起电压线圈或电流线圈的损坏。图 9-10 所示接线方式是错误的。

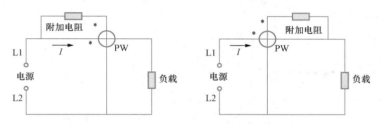

图 9-10　功率表的两种错误接线方式

▶ 16　用单相功率表测量三相有功功率

三相电路有功功率可以用单相功率表进行测量，其接线方法与测量单相有功功率相同。但应注意以下方面：

（1）对于三相负荷对称的三相四线制电路，用 1 只单相功率表就可以测得三相有功功率，大小为功率表测量值的 3 倍。接线如图 9-11（a）所示。

（2）对于三相负荷不对称的三相四线制电路，需要用 3 只单相功率表测得三相有功功率，大小为 3 只表测量值之和。接线如图 9-11（b）所示。

（3）对于三相三线制电路，无论其三相负荷对称与否，用两只单相功率表就可以测得三相有功功率，大小为两只表测量值之和。接线如图 9-11（c）所示。

▶ 17　用三相有功功率表测量三相有功功率

三相电路有功功率一般采用三相有功功率表进行测量。三

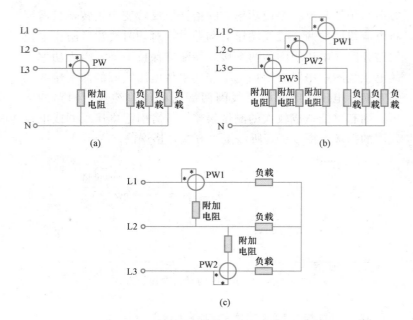

图 9-11　用单相功率表测量三相有功功率

（a）对称三相四线制电路；（b）不对称三相四线制电路；（c）三相三线制电路

相有功功率表的测量元件有二元件和三元件之分。在使用时一定要区分 3 个电压接线柱和 4 个电流接线柱，并注意其同名端和相序标志。

（1）三相三线制电路有功功率的测量采用三相二元件有功功率表（将两只单相有功功率表的测量机构装在一个外壳内，两个可动线圈共同作用于一个转轴），内部接线就是用两只单相功率表测量三相三线制有功功率的接线方式。

（2）三相四线制电路有功功率的测量采用三相三元件有功功率表（将 3 只单相有功功率表的测量机构装在 1 个外壳内，3 个可动线圈共同作用于 1 个转轴），内部接线就是用 3 只单相功率表测量三相四线制有功功率的接线方式。

18 三相无功功率的测量

三相电路无功功率的测量采用三相无功功率表。三相无功功率表的结构与三相有功功率表相似。其设计是依据仪表转轴合成转矩的大小正比于三相电路无功功率的原理。

19 功率因数的测量

功率因数可用功率因数表（相位表）测量。功率因数表采用电动系测量机构。单相电路的测量用单相功率因数表，其接线方法与单相功率表相同，要注意电压、电流量程和同名端。三相对称电路的测量用三相功率因数表，接线与三相功率表相同，要特别注意电压、电流量程和同名端，三相电压相序要正确。三相功率因数表测量接线如图9-12所示。

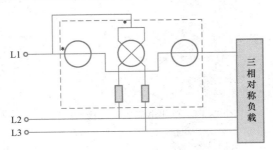

图9-12 三相功率因数表测量接线图

20 电能表的作用与种类

电能表可用来测量电能。电能表，是由驱动机构（电压电磁铁、电流电磁铁和可转动铝盘）、制动元件（永久磁铁）和积算机构（蜗轮、蜗杆、计数器）等组成。电动系直流电能表用于直流电能的测量，感应系交流电能表用于交流电能的测量。交流电能表分单相、三相两种。三相电能表又分为三相两元件（用于三相三线制线路和三相设备电能测量）和三相三元件（用于三相四线制线路电能测量）。

▶▶ 21　单相交流电路电能的测量

　　单相交流电路的电能应采用单相电能表测量。根据被测电流的大小以及电能表的量程范围，选择直接接入式或者经电流互感器接入式（间接接入式）两种测量接线方式。

　　（1）采用直接接入式测量时，要分清电能表的电压线圈和电流线圈，电压线圈并接在被测电路两端，电流线圈串接于被测电路之中，分清被测电路的相线和中性线以及电能表的进线和出线，以免造成表反转或者计量异常。直接接入式适用于低压小电流回路中的电能测量，接线如图 9-13 所示。

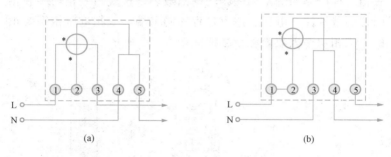

图 9-13　单相电能表直接接入式接线

(a) 单相跳入式；(b) 单相顺入式

　　（2）对于低压大电流回路电能的测量必须采用电流互感器将大电流变成小电流，再经电能表测量。电能表的电流线圈串接于电流互感器的二次回路，电流互感器的二次侧必须接地，并认准互感器的极性（L1 和 K1 为同名端）。负载实际消耗的电能为电能表的读数乘以电流互感器的变流比。经电流互感器接入式接线如图 9-14 所示。

▶▶ 22　三相交流电路电能的测量

　　三相交流电路电能应采用三相电能表测量。三相电能表的测量机构有二元件和三元件之分。

　　（1）三相三元件电能表适用于三相四线制交流电路电能的

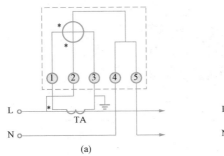 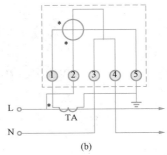

図 9-14　单相电能表经电流互感器接入式接线

（a）单相跳入式；（b）单相顺入式

测量。不论三相负荷是否平衡，均能准确地测量出三相电能。无论直接接入，还是经电流互感器接入，都须分清电能表的进出线接线端子以及电源正相序，相线、中性线不能接错，中性线也必须经过电能表引出。要注意电流互感器的极性，并且二次侧必须接地。测量接线如图 9-15 所示。

　　（2）三相二元件电能表适用于三相三线制交流电路电能的测量。不论三相负荷是否平衡，均能准确地测量出三相电能。无论直接接入，还是经电压互感器、电流互感器接入，都须分清电能表的进出线接线端子以及电源正相序。要注意电压互感器、电流互感器的极性，并且互感器的二次侧必须接地。测量接线如图 9-16 所示。

23　三相交流电路无功电能的测量

　　三相交流电路的无功电能可采用三相无功电能表进行测量。主要有两种类型：一种是具有附加线圈的三相无功电能表（两组元件，适用于三相四线制电路无功电能测量），另一种是具有 60° 相位差的三相无功电能表（两组元件，适用于三相三线制电路无功电能测量）。其测量接线方法与三相有功电能表相似。测量接线如图 9-17 所示。

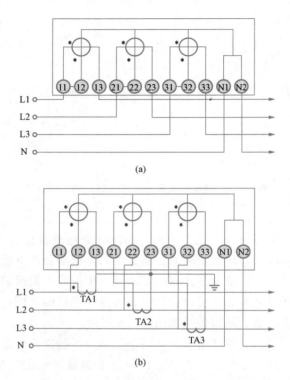

图 9-15 三相四线制交流电路电能的测量接线
(a) 直接接入式；(b) 经电流互感器接入式

►► 24 电能表倍率及电能的计算倍率

电能表倍率表示公式如下

电能表本身倍率 ＝ 电能表齿轮比／电能表常数

电能表齿轮比为电能表计能器末尾字齿轮旋转一周时其圆盘所需旋转的转数。电能表常数为计量每千瓦·时电能表圆盘的转数。

（1）电能表直接接入被测电路中时，电能的计算倍率即为电能表本身的倍率。电能表本身倍率为 1 时，则将两次抄见的计能器读数（表码）相减，就是两次抄表期间的实际用电量。

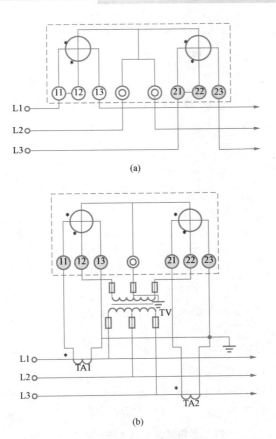

图 9-16 三相三线制交流电路电能的测量接线
（a）直接接入式；（b）经互感器接入式

（2）电能表经电流互感器和电压互感器接入被测电路时，电能的计算倍率如下

$$电能计算倍率 = \frac{实际\ TA\ 变比 \times 实际\ TV\ 变比 \times 齿轮比}{铭牌\ TA\ 变比 \times 铭牌\ TV\ 变比 \times 常数}$$

铭牌 TA 变比和铭牌 TV 变比均指电能表铭牌上标注的 TA 变比和 TV 变比，若未标注，则取 1。

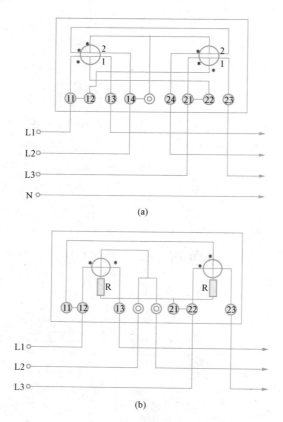

图 9-17　三相交流电路无功电能的测量接线

（a）具有附加电流线圈的无功电能表；（b）具有 60°相位差的无功电能表

▶ 25　电能表接线的检查方法

　　单相电能表的接线比较简单，也比较容易检查。而三相电能表的进出接线较多，检查较困难。如果电能表的接线存在问题，则会影响到电能计量的准确性，计量电能与实际消耗电能会相差较大。

　　对于三相三元件电能表，将其中任一相元件接入相电压和负荷电流，断开其他两相元件的电源电压，在三相负荷对称的情况下，如果电能表转盘的转速大约降为原来的 1/3，则说明原接线正确。否则，则说明接线错误。

对于三相两元件电能表，断开 V 相电压后，在三相负荷对称的情况下，如果电能表转盘的转速降为原来的 1/2，则说明原接线正确。或者可将 U 相和 W 相的电压线对调，电能表转盘不转动或向一侧微动，也可以判定原接线正确。否则，则说明三相电源电压、三相负荷电流严重不平衡或电能表接线有错误。

26　万用表的作用及主要结构

万用表，也称三用表，是电气测量中最为常用的多功能、多量程的可携带式仪表。它可以测量直流电压、直流电流、交流电压、电阻等电量，有的还可以测量交流电流、电功率、电感量、电容量等。万用表主要由表头（磁电系测量机构）、测量线路、转换开关、电池、面板及表壳等组成。

27　万用表的工作原理

万用表的电路原理如图 9 - 18 所示。

万用表的工作原理如下：

（1）测量直流电压时，旋转转换开关 S2 至 S2-1 位置，断开表内电池，旋转转换开关 S1 分别至 10、11、12 三个位置，可选择测量直流电压量程，这样被测电压经表笔加在"＋"、"－"两端，通过表头指针指示出来。电压量程的改变是通过转换开关 S1 的旋转，使线路接通不同阻值的串联附加电阻 R5、R6、R7 而实现的。

（2）测量直流电流时，旋转转换开关 S2 至 S2-1 位置，断开表内电池，旋转转换开关 S1 分别至 4、5、6 三个位置，可选择测量直流电流量程，被测电流经表笔从"＋"端流入，"－"端流出，通过表头指针指示出来。电流量程的改变是通过转换开关 S1 的旋转，使线路接通不同阻值的并联分流电阻 R1、R2、R3、R4 而实现的。

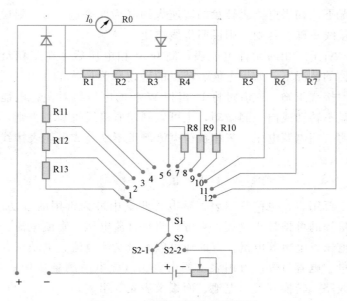

图 9-18　万用表的电路原理图

（3）测量电阻时，旋转转换开关 S1 分别至 7、8、9 三个位置，可选择测量电阻的倍率挡位，旋转转换开关 S2 至 S2-2位置，接通表内电池，这样被测电阻经表笔接在"＋"、"－"两端，表头内就有电流流过，并通过表头指针指示出来。如果被测电阻未接入，则表头内无电流通过，指针不发生偏转，指示值为无穷大；如果输入端短接，被测电阻为 0，此时指针偏转角度最大，指示值为零。通过旋转转换开关 S1，可以得到不同的电阻的倍率挡位（量程）。每次测量电阻前，短接表笔，调节调零电位器可使指针归零。

（4）测量交流电压时，旋转转换开关 S1 分别至 1、2、3三个位置，可选择测量交流电压量程，旋转转换开关 S2 至S2-1位置，断开表内电池，这样被测交流电压经表笔加在"＋"、"－"两端，经过表内半波整流后变为直流电压后进入表头，由指针指示出来。通过旋转转换开关 S1，选择不同的串联附加电阻 R11、R12、R13，可以测量不同大小的交流电压值。

28　使用万用表应注意的事项

（1）测量前检查表笔插口是否正确，红色表笔应插在标有"＋"的插口（为内部电池负极），黑色表笔应插在标有"－"的插口（为内部电池正极）。

（2）测量直（交）流电压时，应将表并联接于被测电路，红色表笔接被测电路的正极（相线），黑色表笔接被测电路的负极（中性线）。

（3）测量直流电流时，应将表串联接于被测电路，红色表笔接被测电路的正极，黑色表笔接被测电路的负极。

（4）测量电阻时，倍率挡选择要适当，指针尽量指示在中心位置附近。每次测量前，应将表笔短接并调零，调不到零位需更换表内电池；每次测量后，应将转换开关拨至交流电压最高挡或空位挡，以防表笔短接造成电池放电。不能带电测量电阻，以免损坏表头；测量半导体元件时，应用 $R \times 100$ 挡，禁用高阻挡；严禁用高阻挡直接测量微安表、检流计、标准电池等类仪器仪表的内阻。

（5）根据被测电量的对象和大小，将转换开关拨到相应挡位。选择量程时，应尽可能使被测量值达到表头量程的 2/3 以上。若不知道被测电量的大小，可先选择最大量程试测，再逐步换用适当的量程。

（6）读数时，要根据测量的对象在相应的标尺读取数字，如标尺标记有"DC"或"－"、"AC"或"～"和"Ω"等。

（7）测量电压或电流时，必须有人监护，不得碰及表笔的金属部分，测量中不得旋转转换开关，注意被测电量的极性。

29　绝缘电阻表的作用及主要结构

绝缘电阻表又称兆欧表，是一种专门用来测量绝缘电阻（MΩ）的可携式仪表。主要有 500、1000、2500、5000V 几种。绝缘电阻表主要由手摇发电机（或晶体管直流变换器）部分和磁电系流比计测量机构部分组成。手摇发电机部分采用离心式调速装置，使转子以恒定速度转动，保持输出稳定。磁电系流比计测量机构部分由永久磁铁、可动线圈、带缺口的圆柱形铁芯及指针等组成。绝缘电阻表的结构原理如图 9 - 19 所示。

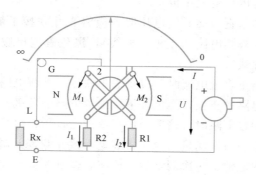

图 9 - 19　绝缘电阻表的结构原理图

30　绝缘电阻表的工作原理

绝缘电阻表的电路原理如图 9 - 20 所示。

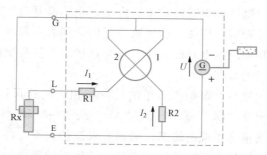

图 9 - 20　绝缘电阻表的电路原理图

当用绝缘电阻表测量绝缘电阻时，用手摇动发电机使其达到额定转速。此时，发电机发出的电压 U 加在仪表的可动线圈和被测电阻Rx上。被测电阻与仪表内的两个可动线圈、两个电阻之间形成两个并联支路，分别流过两个电流 I_1、I_2。其中电流 I_2 与被测电阻的大小无关。在永久磁场的作用下，两个可动线圈分别产生两个相反的力矩而转动。当两力矩大小相等时，达到平衡状态，指针停留在一定位置上，指示出被测电阻 Rx 的数值。

▶ 31 使用绝缘电阻表应注意的事项

（1）按照被测电气设备的额定电压等级选择不同电压等级的绝缘电阻表。额定电压 500V 及以下的电气设备，选用 500V 或 1000V 的绝缘电阻表；额定电压 500V 以上的电气设备，选用 1000V 或 2500V 的绝缘电阻表；有特殊要求的选用 5000V 的绝缘电阻表。

（2）绝缘电阻表的引线必须使用绝缘较好的单根多股软铜线，三根引线不能交缠在一起使用，也不能与电气设备或地面相接触。

（3）测量前，对绝缘电阻表应做一次通断检查（放平仪表，摇动手柄；两线分开、指示无穷；两线短接、指示为零）。

（4）严禁带电测量设备的绝缘电阻。测量前要断开被测设备的电源，对地充分放电，并且要清理被测设备表面油污。

（5）接线时，E 端引线接被测设备外壳或地线，L 端引线接被测设备的导体。测量电缆时，同时应将 G 端引线接电缆的绝缘层。

（6）测量时，将仪表放置平稳，以 120r/min 的速度匀速摇动手柄，使指针固定停留在某一指示位置为止（1min 读数）。若被测设备短路，应立即停止摇动。

（7）测量结束后，先取下仪表测量引用线，再停止摇动手柄。并且要对被测设备进行放电。放电前不得触及被测设备。

▶▶ 32 绝缘电阻表接错线测量会出现的后果

绝缘电阻表有两个接线端（E 端和 L 端），一个接线端

（L端）用于连接被测设备的导体端，另一个接线端（E端）用于连接被测设备的外壳或接地端。其中L端在仪表内部的接线及元件进行了较好的屏蔽，可防止由泄漏电流引起的测量误差。如果将E端错接在了被测设备的导体上，则会存在较大的泄漏电流，引起测量结果比实际绝缘电阻值要偏低，造成判断失误。

▶▶ **33 钳形电流表的作用、结构与原理**

钳形电流表是一种在不断开电路情况下测量交流电流的可携式仪表。其结构主要由钳形铁芯、线圈、电流表、量程旋钮及手柄等组成。钳形电流表利用电流互感器原理制成的。被测导线相当于电流互感器的一次线圈，一次侧的电流通过铁芯的磁耦合作用，会在二次侧线圈上产生感应电流，二次侧感应电流通过电磁系电流表反映出来。而二次侧感应电流的大小与一次侧电流成正比。通过改变量程选择旋钮的位置可以实现量程的变换。钳形电流表的结构原理如图9-21

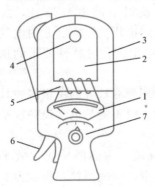

图9-21 钳形电流表的结构原理图

1—电流表；2—电流互感器；3—铁芯；4—被测导线；5—二次线圈；6—操作手柄；7—量程选择旋钮

所示。

▶▶ **34 使用钳形电流表应注意的事项**

（1）要清楚钳形电流表是测量交流用还是测量交直流两用。

（2）被测电路的电压不得超过钳形电流表的允许电压（400V以下）。

（3）被测电路的电流不得超出钳形电流表的量程范围，不得在测量中改变量程。无法估计被测电流大小，可先用大量程挡试测，后改用合适量程挡测量。

（4）每次只能测量一相导线的电流，并使被测导线位于钳形窗口的中央。

（5）钳形表精度较低（2.5 级或 5.0 级），被测电流太小时，可将被测导线多绕一圈嵌入后测量，这时被测电流实际大小应为电流表读数的 1/2。

（6）每次测量应使钳口保持清洁，并且要闭合紧密，若有杂音，可重新开合一次钳口。

（7）出现故障需要维修时，必须是在不测量时进行，以防高压触电事故。

▶▶ **35　接地电阻测量仪的作用、结构与原理**

接地电阻测量仪又主要用于直接测量各种接地装置的接地电阻和土壤电阻率。常用型号有 ZC-8 型（量程有 0 - 1 - 10 - 100Ω 和 0 - 10 - 100 - 1000Ω 两种）和 ZC-29 型（主要用于测量电气设备的接地电阻，测量范围 0～10Ω/0～100Ω）等。其结构主要由手摇发电机、电流互感器、滑线电阻和检流计等组成，有 3 个接线端钮，分别是 E、P、C。接地电阻测量仪是利用电桥平衡补偿的原理制成的。测量前将两根探棒（P、C）分别插入地中，使被测接地体（E）、电位探棒（P）和电流探棒（C）成一条直线，且彼此相距 20m。测量时，适当选择"倍率盘"和"读数盘"刻度，手摇发电机（G）以 120r/min 的转速匀速转动，调节指示盘使检流计指针指在中心线上，就可从表盘上读出被测接地体的接地电阻（倍率×示数）。接地电阻测量仪接线原理如图 9 - 22 所示。

36　使用接地电阻测量仪应注意的事项

测量接地电阻时，必须将被测接地装置从系统中断开。使用接地电阻测量仪应当注意以下事项：

（1）测量前将仪表放平，检查并调零，使检流计指针位于

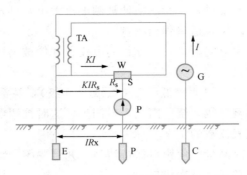

图 9-22　接地电阻测量仪接线原理图

表盘中心线上。

（2）测量前应根据被测接地电阻的读数适当选择倍率盘和读数盘的刻度，可从最大倍率挡试测，后选择合适倍率挡。

（3）对于接地电阻在 1Ω 以上的，可采用三端式仪表：E端接被测设备接地电阻，P端接电位探棒，C端接电流探棒。若接地电阻在 1Ω 及以下的，宜采用四端式仪表：C2、P2 两端接被测设备接地电阻，P1 端接电位探棒，C1 端接电流探棒。测量时，使辅助电位探棒与电流探棒之间成直线排列，并与被测接地体依次相距 20m 插入地中。

（4）测量时，摇动手柄，逐渐提高转速，最后达到额定转速。转速升高过程中仪表指针将向右或向左缓慢偏转（若偏转过快，则应重新选择倍率和读数），调节指示盘将检流计的指针调至中心线。被测电阻读数等于倍率盘刻度乘以指示盘刻度。

▶▶ 37　直流电桥的作用、结构与原理

直流电桥可以用来测量各种电机、变压器及各种其他电器的直流电阻。直流电桥有单臂电桥和双臂电桥之分。直流单臂电桥又叫惠斯登电桥，适用于测量 $1\sim10^8\,\Omega$ 范围内的直流电阻。直流双臂电桥又叫凯文电桥，适用于测量 $1\sim10^{-5}\,\Omega$ 范围内的直流电阻。直流电桥的结构主要由标准电阻、按钮、锁扣、检流计和电池等组成。直流电桥是利用电桥平衡补偿的原理制成的。测量时，接入被测电阻，选取一定的比率臂（倍率挡），不断调节比较臂（阻值挡）并打开检流计锁扣，使检流计指针指向"0"位为止，就可以读出被测电阻的阻值（比率臂倍率乘以比较臂读数）。直流电桥的工作原理如图 9 - 23 所示。

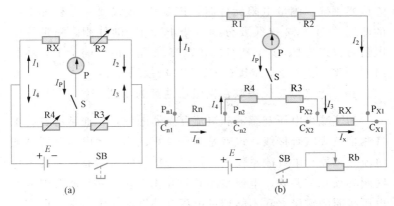

图 9 - 23　直流电桥的工作原理图

（a）单臂电桥；（b）双臂电桥

38　使用直流电桥应注意的事项

（1）使用前，将仪表水平放置，打开检流计锁扣，应用零位调节器把指针调至"0"位。

（2）使用较粗较短的导线将被测电阻接入，并拧紧接头。

（3）估计被测电阻，选择合适倍率，分别调整每个标准电阻旋钮，以使电桥易于平衡。

（4）进行测量时，先按下电源按钮，后按下检流计按钮，指针开始偏转。指针偏"＋"，增加标准电阻阻值；指针偏"－"，减少标准电阻阻值。反复调节，使检流计指针平稳准确地停留在"0"位即可读出被测电阻的直流电阻值（倍率乘以标准电阻阻值）。

（5）测量完毕后，先断检流计按钮，后断电源按钮，并将锁扣锁上，以免指针损坏。

（6）严禁带电测量，被测电阻两端的接线必须断开。

（7）所测量的电阻结果受环境温度影响，应进行适当修正。

（8）使用双臂电桥测量时要迅速，双臂电桥的4根引出线连接要正确。测量电阻元件时，P1、P2接线要靠近被测电阻的两端，C1、C2接线要分别位于P1、P2的外侧。测量绕组电阻时，P1、P2接线要连接在被测绕组的接线端子上，然后将C1、C2接线分别压接在P1、P2的接线柱上。

▶▶ 39　电气测量仪表联合接线应注意的事项

为了减少电压互感器和电流互感器的数量，通常将各种电气测量仪表联合接线，也就是多个仪表共用一台电压互感器或电流互感器。电气测量仪表采用联合接线时，所有仪表的电压线圈必须互相并联，电流线圈必须互相串联。并且所有仪表的电压线圈的容量之和不能超过电压互感器的额定容量，所有仪表的电流线圈的阻抗之和不能超过电流互感器的允许阻抗，以免造成较大的测量误差，甚至引起电压互感器或电流互感器的损坏。

▶▶ 40　电气测量仪表的维护保养

为了确保电气测量仪表良好的工作状态，应当对其进行以下方面的维护保养工作：

（1）保持仪表表面的清洁，定期用柔软的棉织品进行擦拭。

（2）妥善保管，避免仪表受潮、受高温、受振动、受腐蚀、受辐射或者受到油污等异物的污染。

（3）按规定周期定期进行校验，合格后并在有效期内方可使用。

（4）使用前要检查仪表的完好性，指针是否在零位或起始位置，有无卡死现象，必要时要进行调零或复位。

（5）要了解仪表的特性，测量时应遵照正确的操作和使用方法。

（6）使用完毕后，应采用仪表的防振自锁装置，防止仪表指针来回晃动。对于仪表的电流线圈，可采用软铜线从外部接线端子进行短接的方法。

第 十 章

触电危害与救护

▶▶ **1 触电事故的分类**

触电事故是由电流形式的能量造成的事故。按照电流对人体的伤害形式，触电事故可划分为电击和电伤两大类。电击是指电流对人体内部组织造成的伤害。电伤是指电流对人体外表造成的伤害。

▶▶ **2 电击的主要表现特征**

（1）伤害在人体内部。

（2）人体外表无明显痕迹。

（3）致命电流较小。

▶▶ **3 直接接触触电和间接接触触电**

直接接触触电是指人体触及到正常运行设备或线路的带电体所发生的触电，也称为正常状态下的触电。间接接触触电是指人体触及到设备或线路在正常运行时不带电而在故障时带电的导体所发生的触电，也称为故障状态下的触电，如图 10-1 所示。

▶▶ **4 电伤的主要表现特征**

电伤是由电流的热效应、化学效应、机械效应等对人体造成的伤害。电伤的主要表现特征有电烧伤、皮肤金属化、电烙印、机械损伤和电光眼等。

（1）电烧伤：是电流的热效应造成的伤害，分为电流灼伤和电弧烧伤。电流灼伤是电流通过人体由电能转变成热能造成

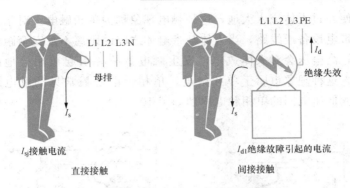

L1 L2 L3 N

母排

I_s

I_s接触电流

直接接触

L1 L2 L3 PE

I_d

绝缘失效

I_{d1}绝缘故障引起的电流

间接接触

图 10-1　直接接触触电和间接接触触电

的伤害。电弧烧伤是由弧光放电造成的伤害，分为直接电弧（带电体与人体之间发生的电弧）烧伤和间接电弧（带电体在人体附近发生的电弧）烧伤。直接电弧烧伤与电击同时发生。

（2）皮肤金属化：是指在电弧高温作用下，金属熔化、汽化后，其颗粒渗入皮肤，造成皮肤粗糙而张紧。皮肤金属化多与电弧烧伤同时发生。

（3）电烙印：是指在人体与带电体接触的部位所留下的永久性瘢痕。瘢痕处皮肤无弹性、无色泽、无知觉，表皮坏死。

（4）机械损伤：是指电流作用于人体而引起的机体组织断裂、骨折等伤害。

（5）电光眼：是指放电弧光对眼睛造成的伤害，表现为角膜炎或结膜炎。

5　触电方式的种类

按照人体触及带电体的方式和电流流过人体的途径，触电可以分为单相触电、两相触电和跨步电压触电三种方式。单相触电、两相触电属于直接接触电击类型，跨步电压触电属于间接接触电击类型。

6　单相触电

当人体触及到带电设备或线路电源中的任一相导体时，电流便经过人体流入大地，这种触电现象称为单相触电。对于高压带电设备或线路，当人体与带电体之间的距离不足安全距离时，高电压会对人体放电，发生触电事故并引起单相接地故障，这种现象也属于单相触电。单相触电是最常见的触电现象。低压电网的单相触电原理如图 10 - 2 所示。

图 10 - 2　单相触电原理图

（a）中性点直接接地电网；（b）中性点不接地电网

7　两相触电

当人体同时触及到带电设备或线路电源中的任两相导体时，或者接近高压带电设备或线路电源中的任两相导体发生电

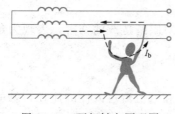

图 10 - 3　两相触电原理图

弧放电时，电流从一相导体经人体流入另一相导体，构成一个闭合回路，这种触电现象称为两相触电。两相触电作用于人体的电压等于线电压，是最危险的触电现象。两相触电原理如图 10 - 3 所示。

8　跨步电压触电

当电气设备或线路发生接地故障时，接地电流通过接地体向大地流散，会在地面上形成电位分布。如果人在接地短路点附近行走，则会在两脚之间产生电位差（也叫跨步电压）而引起触电，这种触电现象称为跨步电压触电。跨步电压触电多发生于高压架空线路。跨步电压触电原理如图 10 - 4 所示。

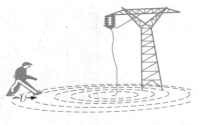

图 10 - 4　跨步电压触电原理图

▶ 9　电流对人体的作用原理

电流对人体的作用主要表现在生物学效应、热效应、化学效应和机械效应等方面。当电流通过人体时，由于电流的各种效应，会破坏人体内组织细胞的正常工作，甚至导致组织细胞损坏或死亡。生物学效应表现为使人体产生刺激和兴奋行为，使机体组织发生变异，发生状态变化。热效应表现在血管、神经、心脏、大脑等器官因受热而导致功能障碍。化学效应表现在使人体内液体物质发生电离、分解等而破坏。机械效应表现在使人体各种组织发生剥离、断裂等严重破坏。

▶ 10　电流对人体的作用症状

当电流通过人体时，会引起人体发麻、针刺、压迫、打击、痉挛、疼痛、呼吸困难、血压异常、昏迷、心律不齐、窒息、心室颤动等症状。当电流较大时，还会引起严重的烧伤。电流通过人体引起的生理效应如图 10 - 5 所示。

▶ 11　感知电流

在一定概率下，电流通过人体时，能够引起人有任何感觉的最小电流的有效值，称为该概率下的感知电流。感知电流一般不会对人体造成伤害。在概率为 50% 时，成年男子的平均感知电流为 1.1mA，成年女子的平均感知电流为 0.7mA。

▶ 12　摆脱电流

当通过人体的电流超过感知电流时，会引起触电人肌肉收

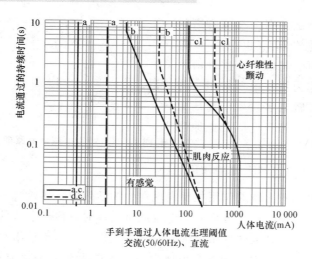

图 10-5　电流通过人体引起的生理效应

a、b、c—分界线

缩，刺痛感增强，部位感觉扩展。当电流增大到一定程度时，触电人因中枢神经反射和肌肉收缩、痉挛而不能自行摆脱带电体。在一定概率下，触电人能够自行摆脱带电体的最大电流称为该概率下的摆脱电流。可以认为摆脱电流是对人体有较大危险的电流界限。在概率为 50% 时，成年男子的平均摆脱电流为 16mA，成年女子的平均摆脱电流为 10.5mA。

13　室颤电流

通过人体能够引起心室发生纤维性颤动的最小电流称为室颤电流。一旦发生心室颤动，数分钟内人就会死亡。因此，可以认为室颤电流是短时间作用的最小致命电流。当电流持续时间超过心脏搏动周期时，人体的室颤电流约为 50mA；当电流持续时间短于心脏搏动周期时，人体的室颤电流约为 500mA。

14　人体阻抗

人体不是纯电阻性的，而是相当于由电阻和电容组成的电容性负荷。人体电容很小，在工频电流条件下可以忽略不计，因此人体阻抗可看作纯电阻。人体电阻由皮肤电阻和体内电阻构成。皮肤电阻在人体电阻中占较大比例。皮肤受到破坏后，人体电阻会急剧下降到体内电阻。人体电阻受很多因素影响，在干燥条件下，人体电阻为 $1\sim3k\Omega$。受到外界因素影响，如皮肤损伤或沾水、接触电压升高、接触压力增加、接触面积增大、电流持续时间增长等，人体电阻会明显降低。

▶▶ 15 电流对人体作用的影响因素

电流对人体的影响大小与很多因素有关系。不同的人、不同的地点、不同的时间接触到同一根带电导线，电流所引起的作用是不同的。影响电流对人体作用的主要因素有电流的大小、电流持续时间的长短、电流通过的途径、电流的种类、个体特征的差异等。一般来说，电流越大、持续时间越长、流过心脏的电流越多或电流路径越短，影响越严重，危险性也越大。同大小的交流电与直流电相比较，交流电的影响较大。

▶▶ 16 电流持续时间与电击危险性的关系

触电者遭受电击电流的持续时间越长，电击的危险性就越大。因为电流持续时间越长，触电者体内积累的电能越多、心脏越容易受到伤害、人体阻抗会明显下降、中枢神经反射越强烈，所以电击的危险性就越大。连续工频电流对人体作用的最小电流值见表 10 - 1。

表 10 - 1 连续工频电流对人体作用的最小电流值

作用症状	电流途径	最小电流（mA）
感 觉	手—手	0.5
	双手—足	0.5
肌肉反应	手—手	5
	双手—足	10
心室颤动	手—手	100
	双手—足	40

▶ **17 电流途径与电击危险性的关系**

电流通过人体的途径有多种，其作用效果也是不同的。电流通过心脏，会引起心室颤动或者心脏停止跳动；电流通过中枢神经，会引起神经紊乱或功能失调；电流通过头部，会引起大脑损伤或死亡；电流通过脊髓，会致人瘫痪；电流通过肢体，会引起神经强烈反应。当通过心脏电流越多或者电流途径越短，电击的危险性越大。左手至前胸、右手至前胸、单手至单脚或双脚、双手至双脚及头至脚等，都是很危险的电流途径。

▶ **18 触电事故的规律**

（1）发生的季节性明显。每年二、三季度触电事故较多，并且多集中在 6～9 月。

（2）低压设备多于高压设备。低压设备比高压设备分布广泛，并且接触机会也多，接触的人员也缺乏相应的电气安全知识。

（3）移动式（含携带式）设备多于固定式设备。移动式（含携带式）设备的运行在人的掌控之中，具有移动频繁、工作条件差、故障率高等特点。

（4）易发生在电气连接部位。电气连接部位（如接线端子、电缆接头、灯头灯座、插头插座、控制开关等）的机械牢固性较差、绝缘强度较低、接触电阻较大等。

（5）多因违章操作或违章作业而发生。由于安全教育不够、安全意识不强、安全制度不严、安全措施不完善、操作者和作业者素质不高等原因引起。

（6）不同行业有所差别。冶金、矿业、建筑、机械等行业触电事故相对较多。

（7）不同年龄人群不相同。中青年工人、非专业电工、合同工和临时工触电事故较多。

（8）不同地区有所区别。农村触电事故次数约为城市触电事故次数的 3 倍。

19　触电救护应采取的应对措施

如果有人触电倒地，第一发现人应立即大声呼叫"来人啊！救命啊！"，向周围人员发出救援信号，并采取以下应对措施：

（1）就近断开电源开关，使触电者迅速脱离电源。

（2）扳正、放平触电者，在现场对触电者进行紧急救护。

（3）拨打 120 急救电话，争取医务人员接替救护。

20　紧急救护应遵循的基本原则

救护人员在现场对触电者进行紧急救护时，应当遵循以下基本原则：

（1）动作迅速，争分夺秒，分秒必争。

（2）保护生命，减轻痛苦，禁止伤害。

（3）判断准确，对症施救，操作正确。

（4）轮换操作，连续不断，不言放弃。

21　使触电者脱离电源应注意的事项

一旦发现有人触电，应使触电者迅速脱离电源。在触电者未脱离电源前，救护人员不得接触触电者。使触电者脱离电源时，应注意以下事项：

（1）救护人员要注意保护自己，戴绝缘手套、穿绝缘鞋（靴）、使用绝缘工具，保持安全距离，在保证自己安全的前提下进行施救。

（2）救护人员应迅速就近设法切断电源，拉开电源开关或拔下电源插头，并确认断开电源相线。附近无电源开关或插座（头）时，救护人员可站在绝缘物上，采用带有绝缘柄的电工钳或带干燥木柄的斧子等将电线逐根剪断。

（3）无法迅速切断电源时，救护人员可以使用绝缘工具、干燥木棒、干净绳索等，也可抓住触电者干燥而不贴身的衣服，将触电者与带电导体分开，不可直接用手直接接触触电者的身体。

（4）如果触电者处于高空位置，救护人员登高救护应随身携带必要的绝缘工具和牢固的绳索等。现场要采取预防措施，既要防止救护人员施救时高空坠落，也要防止触电者脱离电源后高空坠落。

（5）若属架空线路触电，对于低压线路，救护人员可采用切断线路电源的方法进行救护。对于高压线路，无法切断线路电源时，救护人员应立即通知有关供户或用户停电，也可抛掷裸金属线使线路短路接地，迫使保护装置动作断开电源。抛掷裸金属线时，必须先将一端固定并接地，另一端系上重物再抛掷。触电者或其他人不能触及到裸金属线，应距离金属线 8m 以外或者双脚并拢站立不动，还要防止电弧或断线造成的伤害。

（6）若属高压架空线路断落发生的触电，救护人员需注意防止跨步电压触电。在不能确认线路无电和无安全措施的情况下，不能接近至断线点 8～10m 内。触电者脱离带电导线后，应迅速将触电者带至 8～10m 以外后立即进行急救。

（7）救护现场邻近的线路或设备带电，在救护前也应将其断电。如果无法断电，救护人员要注意自身和触电者与带电体之间的安全距离，防止再次触电。在救护时，救护人员最好采用一只手操作。

（8）夜间发生触电事故，救护现场应设置临时照明等，以方便救护和防止发生意外事故。设置临时照明时，不能延误切断电源和进行急救时间。

▶▶ 22　触电伤员脱离电源后的应急处置

触电伤员脱离电源后，救护人员应将其扳放至正确的抢救体位，并立即对其进行以下应急处置：

（1）如神志清醒、有意识，有心跳、有呼吸，可将其抬到空气新鲜、通风良好的地方躺下，安静休息 1～2h，慢慢恢复。救护人员不能离开，要随时观察其心跳、呼吸变化情况。

（2）如神志不清、无意识，有心跳、无呼吸或呼吸微弱，应使其就地躺平、开放气道，进行人工呼吸，并联系医务人员接替救护。

（3）如神志丧失、无意识，无心跳、无呼吸或呼吸微弱，应使其就地平躺，立即施行心肺复苏法进行抢救，不得延误或中断，并联系医护人员接替救护。

（4）如无心跳、无呼吸，还伴有其他外伤时，应先采用心肺复苏法急救，然后再处理外伤。

（5）如神志丧失、无意识，救护人员应在 10s 内用看胸部起伏、听呼气声音、试脉搏跳动等方法判断其呼吸及心跳是否正常。

23　触电伤员的抢救体位

救护人员在抢救触电伤员时，应使其处于仰卧位，伤员的头、颈、躯干平卧无扭曲，双手放于躯干两侧旁。如果触电伤员面部朝下，转动时要小心谨慎，应将身体各部分同步转动。可以用一只手托住颈部，另一手扶住肩部，以脊柱为轴心，使伤员的头、颈、躯干平稳地沿直线转至仰卧位，拉直四肢，平放在坚实的平面上。单人转动有困难时，必须找人协助。

24　触电伤员意识的判定

触电伤员脱离电源后，应首先对伤员的意识进行判定。判定方法如下：

（1）轻轻拍打伤员的肩部，高声呼叫，"喂！你怎么啦？"。如果认识伤员，可直接呼叫其姓名。

（2）若伤员有意识，则立即送往医院。

（3）若伤员无意识，出现眼球不动、瞳孔放大现象，则立即用手指掐压人中穴、合谷穴约 5s。

（4）以上动作应在 10s 内完成，时间不能太长。拍打肩部和揿压穴位不能用力太重。若伤员恢复反应，则应立即停手，并及时送往医院。

25　触电伤员呼吸与心跳的判定

触电伤员因触电情况不同，会表现出不同的症状。有的只是暂时昏迷、神志不清或丧失意识，有的呼吸停止、心跳停止或者两者兼有。对于丧失意识者，应立即判定其呼吸和心跳是否停止。既无呼吸又无心跳，则说明心肺功能已经停止。

判定呼吸，应在开放气道后10s内用"试、听、看"的方法进行并完成。"试"就是用手指触摸（或用脸面靠近）鼻孔处判断有无呼气气流，"听"就是用耳朵贴近口鼻处判断有无呼气声音，"看"就是用眼睛观察胸腹处有无起伏。

判定心跳，应在开放气道或首次人工呼吸后10s内进行并完成。一手置于伤员前额，使头部后仰，用另一手的食指及中指指尖先触及气管正中部位（男性可触及喉结），然后向两侧滑移2～3cm至气管旁软组织处触摸颈动脉有无脉搏。触摸不能用力太大，也不能同时触摸两侧颈动脉，更不能压迫气管。

26　心肺复苏法

心肺复苏法是指对呼吸和心跳均已停止的触电伤员进行施救，恢复其心肺功能，重建呼吸和心跳的方法。心肺复苏法主要包括开放气道、口对口（鼻）人工呼吸和胸外按压三项基本操作方法。

27　打开触电伤员的气道

应首先检查触电伤员的口腔内有无异物。如果有，可将其身体和头部同时侧转，迅速用手指从口角处插入取出异物，不可将异物推到咽喉深部。其次要保持触电伤员的气道畅通。打开气道主要采用仰头抬颏法。也就是，救护人员将一只手放在伤员的前额使其头部后仰，另一只手的中指与食指置于下颌骨近下颏角处，抬起下颏，可使气道通畅，如图10-6所示。

在打开气道操作时，伤员颈下不可垫用枕头等物，不能压迫伤员颈部和颏下软组织，防止堵塞气道。不能过度用力，后仰角度不宜过大，成人应为90°，儿童应为60°，幼婴儿应为30°。如果伤员的颈椎有损伤，则应采用双下颌上托法。

图10-6　仰头抬颏法
打开气道

> **28　正确进行人工呼吸**

触电伤员的呼吸停止或呼吸微弱时，救护人员必须对其进行人工呼吸，帮其重建呼吸。人工呼吸分为口对口呼吸和口对鼻呼吸两种方法。对触电者进行人工呼吸前，首先必须使触电者的气道保持通畅。

进行口对口人工呼吸时，救护人员一只手托住伤员的下颏部，用另一只手的食指和中指捏住伤员的鼻翼下端，以防鼻孔漏气。然后深吸一口气后屏住，嘴巴贴近伤员并包住伤员嘴巴向伤员吹气，不要按压伤员胸部。先连续大口吹气两次，每次1～1.5s。然后可以保持正常的吹气量（成人约600mL、儿童约500mL），每5s吹气1次，即12次/min。在吹气和放松时，要注意观察伤员胸部的起伏变化情况，动作应与之配合，吹气、放松反复进行。如伤员胸部起伏不明显，则有可能是气道不通畅，应将其头部再向后仰一点。

如果伤员的下颏部、嘴唇受伤或者牙关禁闭，无法进行口对口人工呼吸时，则采用口对鼻人工呼吸。采用口对鼻人工呼吸时，应注意要将伤员嘴唇紧闭，防止吹气时漏气。

口对口人工呼吸如图10-7所示。

> **29　正确施行胸外按压**

当触电伤员的心跳已经停止时，应立即进行胸外按压施救。如果伤员呼吸停止或呼吸微弱时，还必须与人工呼吸同时

图 10 - 7　口对口人工呼吸

（a）仰头抬颏体位；（b）托下颏体位；（c）仰头抬颈体位

交替进行。在未进行胸外按压前，救护人员可尝试用空心拳快速垂直击打（用力适中）伤员胸前区胸骨中下段 1～2 次，每次 1～2s，看有无效果。如果没有效果，则立即进行胸外按压。

　　进行胸外按压时，按压位置和按压姿势要正确，按压力量和按压频率要适中。按压区应确定在胸骨上中 1/3 与下 1/3 的交界处（胸骨下切迹上移两手指位置），如图 10 - 8 所示。按压区也可以采用伤员两乳中心连线与胸骨的交叉部位快速确定。救护人员应跪在伤员（平躺在平硬的地方上）一侧肩旁，双肩位于伤员胸骨的正上方，

图 10 - 8　胸外按压位置

两臂伸直，两手掌重叠，掌根部放在按压区，手指交叉抬起，肘关节固定不屈，以髋关节为支点，利用上身的重力，垂直向下用力，按压伤员胸骨下陷 4～5cm（儿童 2～3cm）后立即放松，手掌不宜离开胸壁。按压、放松应交替反复进行，按压速度要均匀，100 次/min 左右，按压与放松的时间应相等。胸外按压与人工呼吸配合时，比例关系通常为成人 30：2、儿童 15：2。

▶▶ 30　心肺复苏操作的过程步骤

（1）判断伤员有无意识。

（2）若伤员无意识，应立即喊"来人啊！救命啊"进行呼救。

（3）迅速将伤员放置于仰卧位，并放在地上或硬板上。

（4）采用仰头抬颏法打开伤员的气道，清除口、鼻腔内异物。

（5）通过看、听、试等方法判断伤员有无呼吸。

（6）若伤员无呼吸，应立即口对口吹两次气。

（7）保持伤员头部后仰，用手检查其颈动脉有无脉搏。

（8）若伤员有脉搏，可对其仅做人工呼吸，12～16次/min。若伤员无脉搏，可用空心拳在其胸外正确按压位置对心前区进行1～2次叩击。

（9）叩击后再判断有无脉搏。若有脉搏，说明心跳恢复，可对其仅做人工呼吸；若无脉搏，应立即在正确位置进行胸外按压。

（10）每做30次按压，需做2次人工呼吸，完成一个操作周期。如此反复进行，直至有人协助或专业医务人员赶来。继续按压时要重新定位，按压频率为100次/min。

（11）检查伤员瞳孔、呼吸和脉搏，检查时间不超过5s。首次检查应在操作2min后（相当于单人操作5个周期）进行，以后应每间隔4～5min检查一次。最好由协助人员进行配合检查。

（12）对伤员进行扳动或检查时，不应中断心肺复苏操作。因故中断操作，时间不能超过5s。

▶▶ 31　心肺复苏操作的时间要求

（1）判断意识，0～5s。

（2）呼救并放好伤员体位，5～10s。

（3）开放气道、判断有无呼吸，10～15s。

（4）口对口呼吸 2 次，15～20s。

（5）判断有无脉搏，20～30s。

（6）进行胸外按压 30 次、人工呼吸 2 次，30～50s。

（7）以上程序尽可能在 50s 内完成，最长不宜超过 1min。

32 心肺复苏双人操作要求

（1）两人要相互配合、协调一致，吹气应在胸外按压的松弛时间内进行。

（2）胸外按压频率为每分钟 100 次/min，按压与呼吸比例为 30∶2，即每按压 30 次，可进行 2 次人工呼吸。

（3）按压者应边按压，边数 01，02，03，…，29，吹。当吹气者听到"29"时，做好准备，听到"吹"，即向伤员吹气。如此周而复始，反复进行。

（4）吹气者除需要开放伤员的气道和吹气外，还应不断触摸伤员的颈动脉和检查伤员的瞳孔。

33 心肺复苏操作的注意事项

（1）吹气者不能在胸外按压的按压时间吹气。

（2）按压者的按压速度和报数速度要一致，并且要均匀，不能忽快忽慢。

（3）操作者要位于伤员的侧面，便于操作。单人救护时，应站在伤员的肩部位置；双人救护时，吹气者应站在伤员的头部侧面，按压者应站在伤员的胸部侧面，并与吹气者相对。

（4）吹气者和按压者可以互换位置，但中断时间不能超过 5s。

（5）第二个救护人员赶到现场，应先检查伤员的颈动脉搏动，然后再进行人工呼吸。若按压无效脉搏仍未恢复，则应检查按压者的操作方法、按压位置及按压深度是否正确。

（6）有多人在现场时，可以轮换操作，以保持精力充沛、姿势正确，抢救有效。

▶▶ 34　心肺复苏效果的判定

　　心肺复苏的效果取决于心肺复苏操作方法是否正确。判定心肺复苏是否有效，可以从以下方面对伤员进行观察：

　　（1）面色（口唇）。伤员的面色由紫绀色转为红润色，说明复苏有效。若面色变为灰白色，则说明复苏无效。

　　（2）瞳孔。伤员的瞳孔由大变小，说明复苏有效。若瞳孔由小变大、固定不变、角膜混浊，则说明复苏无效。

　　（3）颈动脉。每按压一次，颈动脉搏动一次，说明按压有效。若停止按压后，颈动脉停止搏动，应继续进行按压。若停止按压后，颈动脉仍然搏动，说明伤员心跳已经恢复。

　　（4）神志。伤员眼球有活动、睫毛反射与对光反射出现，甚至手脚开始抽动，肌张力增加，说明复苏有效。

　　（5）呼吸。伤员自主呼吸出现，说明复苏有效。如果自主呼吸微弱，仍应坚持口对口人工呼吸。

电气事故案例

▶ **案例 1** 某厂运输车间高压线下作业导致司机触电死亡事故

事故经过

某日下午，某厂运输车间运送水泥构件，汽车吊扒上升到距 10kV 高压线约 100mm 处，因承重摆动扒杆而碰触高压线，致使扶钢丝绳的汽车司机触电死亡。

原因分析

这次作业违反了"在 10kV 高压线下作业，安全间距不应小于 2m"的安全规定，且由非司机开车，导致悲剧的发生。

对策措施

（1）重视吊装作业人员的安全培训和教育，强化安全意识。

（2）禁止在高压设备和线路附近作业，必要时必须保证安全距离或采取封闭措施。

（3）严格遵守国家对特种作业人员的相关规定，杜绝无证上岗和违章作业。

▶ **案例 2** 某厂俱乐部未使用电源插座造成的触电死亡事故

事故经过

某日中午，某厂俱乐部放映员张某手持话筒触电死在舞台上。因为上级领导部门下午要借用该厂俱乐部，召开"市级先进人物汇报报告会"，张某接到厂有关部门通知，让他中午准备好俱乐部的音响设备。该俱乐部才建成刚投入使用，扩音设备布置在舞台侧面的二层阁楼上。阁楼采用金属构架而成，金属构架直接接地。扩音机使用单相220V电源供电，扩音机的电源线为三芯橡套线，其中一芯接地线芯直接接在扩音机的金属外壳上。由于无电源插头，张某就将电缆线另一端的三芯线头中的两个线头拧在一起，将三个接线头变为两个接线头，直接插进配电盘上的单相两孔插座里。接好扩音机的电源后，他从阁楼下到舞台，走到会桌前，想试验话筒的音响效果。他右手拿起话筒，边走边试验，准备到阁楼上调试扩音机。当他左手刚一接触到阁楼的铁梯子时，遭电击摔倒在梯子上，后经抢救无效而死亡。

原因分析

后经调查发现，张某在接线时没有严格区分相线、中性线和接地线，将相线与接地线拧在了一起，使扩音机的外壳直接带电。话筒的金属屏蔽线与扩音机外壳相连通，话筒的外壳也带电。由于张某脚穿绝缘鞋站在木质地板上，有一定的绝缘性能，因此他未感觉到身上有电。当他右手触摸到铁梯时，电流经话筒、左手、右手、铁梯流入大地，导致他触电死亡。经检测，话筒对铁梯的电压为220V。

对策措施

（1）加强电工作业人员的安全教育和培训，并经考核合格取证后方可上岗，禁止无证上岗。

（2）各种用电设备电源线的安装和使用必须符合规范要求，必须安装开关和插座，插头与插座必须配套使用。必要时安装剩余电流动作保护装置。

（3）严格区分电源线芯，分清相线、中性线和接地线，不能搞混和错接。

（4）应对金属构架的阁楼进行必要改造，采用非导电材料，或者使其与大地绝缘，或者做等电位联结。

▶ **案例 3** 某建筑工地相线与零线颠倒造成的触电死亡
事故

事故经过

　　某日，某建筑工地的搅拌机和好了水泥后停了下来。一名
工人推车过来接水泥，搅拌机向外倒水泥时，推车工感到手
麻。于是停止工作，找到电工来修理。电工赶到现场，用试电
笔测试搅拌机外壳带电，就拉开了搅拌机的闸刀开关。电工再
用试电笔测试搅拌机外壳，外壳仍然带电。于是电工又把前一
级开关箱上控制搅拌机的闸刀开关拉开，然后就去打开搅拌机
上动力箱的铁门准备检查检修。就在他伸手抓住铁门把手的一
瞬间，只听"啊"的一声，遭到电击倒在地上。后经在场人员
拉出，送往医院抢救无效死亡。

原因分析

　　搅拌机开关箱的电源是从总配电箱引出的，经过搅拌机电
源开关控制的三相导线中有一相是黑色的，而有一相灰色的导
线用作保护线，没有经过开关控制。在搅拌机和好水泥后，工
地"二包"施工单位的一名电工，要接一盏临时照明灯。他把
搅拌机电源开关拉开，拆掉负荷线。接好照明后，在恢复原负
荷线时，以为黑色线应当是保护线，就将黑色线与原来的保护
线互换，将原来的保护线接到电源的相线上。虽然当事电工拉
开搅拌机两级电源开关，但仍不能切断接在搅拌机外壳上的相
线，搅拌机外壳仍然带电，导致该电工触电死亡。因此：

　　（1）总配电箱中搅拌机电源开关的接线，没有按照习惯要
求，将黑色线用作保护线，为事故的发生埋下隐患。

　　（2）"二包"施工单位的电工没有按原来的实际情况恢复
接线，凭主观倒换接线，使搅拌机外壳带电，是造成事故的直
接原因。

　　（3）当事电工在检修中，虽然拉开两级电源开关，但并未
切断接在搅拌机外壳上的相线，又未验电，也是事故发生的

原因。

对策措施

（1）加强电工人员的安全技术教育，增强安全防范意识。

（2）接线要规范，黑色线或黄绿双色线要用作保护线，不能用作电源相线。

（3）检修前一定要进行验电，确认无电后方可开始检修。

（4）建筑施工现场使用的电气设备，在其电源回路应当安装剩余电流动作保护装置。

（5）电工按要求应当配置绝缘鞋，在检修时穿好。

▶ **案例 4** 某校办工厂水沟内焊接管道引起的触电死亡事故

事故经过

某日上午，某厂职工子弟中学校办工厂，在承包工程的室外地沟里进行对接管道作业的青年管工拉着焊机二次回路线，往焊管上搭接时触电，倒地后将回路线压在身下触电死亡。

原因分析

该管工在雨后有积水的管沟内摆对接管时，脚上穿的塑料底布鞋、手上戴的帆布手套均已湿透。当右手拉电焊机回路线往钢管上搭接时，裸露的线头触到戴手套的左手掌上，使电流在回线—人体—手把线（已放在地上）之间形成回路，电流通过心脏。电焊机空载二次电压在 70V 左右，则通过人体的电流超过了致命电流（50mA），导致死亡。

对策措施

（1）强化动火作业人员安全用电知识的教育培训和考核，增强安全防范意识。

（2）禁止在危险的、恶劣的环境中作业，必要时需采取有效的安全技术措施。

▶ **案例 5** 某粮库零线断线造成的触电死亡事故

某日晚上，某粮库招聘的劳务工人王某和其他工人一起，将粮食从火车上搬运至粮场。王某负责在火车上将粮包抬到皮带输送机上。由于天热，王某脱掉衣服光着膀子干活。当他一只手扶住火车门框，另一只手触到皮带输送机的架子时，遭遇触电，摔下火车死亡。

原因分析

王某系触电死亡。经检查，皮带输送机电气回路以及电动机的绝缘情况良好，其保护接零也无问题，但是皮带输送机的金属架子确实带电。后经反复检查，发现金属架子的带电与工作现场的一盏照明灯有关。当合上照明灯的开关时，照明灯不亮，但皮带输送机的金属架子就有电，电压值接近于相电压。由此判断，皮带输送机的零线有断线现象。经过查找电源线，在距离事故点不远地方，因铜铝线接头处严重氧化腐蚀而造成零线断裂。因此，当合上照明灯的开关时，由于零线不通，对地相电压则通过照明灯的零线和皮带输送机的保护零线传递到皮带输送机的金属架子上。当王某一只手接触到皮带机的金属架子，另一只手接触到火车门框时，电流经过两手、火车和道轨流入大地，形成通路，导致触电事故。

对策措施

（1）加强电工作业人员的安全技术知识的教育和培训，增强安全防范意识。

（2）按规范安装电源线路和保护线路，应避免出现铜铝接头。铜铝线相接时，按要求要采用铜铝过渡接头或采用防腐蚀措施，并定期对其进行检查。

（3）保护地线应与保护零线分开，电气设备的外露可导电部分应与保护地线相连接，不宜与保护零线连接。

（4）对于威胁到人身生命安全的电气设备，应在其电源回路中安装剩余电流动作保护装置。

▶ **案例 6** 某建筑工地非电工作业导致触电死亡事故

事故经过

某日，某建筑工地新装了一台搅拌机。上午电工接完线就走了。下午工地开始使用时，发现搅拌机转向反了，需要调整。工地上当时没有电工，负责人认为很简单，只要调换两根线就行了，就亲自去干。他拉开三相闸刀后，便伸手去抓开关电源侧的导线，结果手握导线触电死亡。

原因分析

该负责人不懂电气安全知识，错误地认为只要将刀闸开关拉下，开关的两侧都没有电了，贸然用手去抓开关电源侧的导线，引发触电死亡事故。

对策措施

（1）应加强对非电工作业人员的电气基本知识和用电安全知识的教育和培训工作。

（2）电工作业属于特种作业，必须持证上岗。禁止非电工人员作业，杜绝无证上岗和违章作业。

（3）电工在对设备接完线后，应当及时通知有关人员进行试机和调整，确认无问题后方可离开。

▶ **案例 7** 某厂在电力线路附近作业导致触电死亡事故

事故经过

某日下午，王某、张某、赵某为某厂区的宿舍楼安装暖气。14 时开始给五楼某户安装，三人准备从该住户的阳台上用绳索将一些安装材料吊上来。楼下的工人捆好一根 6.13m 的钢管，三人站在阳台上合力向上拽拉。当拉到阳台边缘时，需将钢管由垂直方向改为水平方向进入窗户。于是三人用力将钢管上端向下压，钢管的另一端碰到了室外 10kV 的高压线路上。顿时只见一团火光并伴随着一声巨响，三人被同时击倒，弧光放电造成三人多处烧伤，王某、张某从阳台坠落，赵某倒在阳台上。三人均经抢救无效而死亡。

原因分析

由于钢管长度较长，无法从楼梯间搬上去，三人决定从阳台用绳索吊上去。施工前未认真查看现场施工环境，没有注意到室外的 10kV 高压线离阳台的距离能否保证安全，也没有采取其他的安全技术措施。在施工过程中，钢管碰及高压线，造成触电身亡事故。施工人员违反了禁止在高压线路附近施工的相关规定。

对策措施

（1）加强对施工人员的安全教育，提高安全防范意识。

（2）室外作业时，施工前须认真检查分析现场环境，制订施工方案并进行安全评价，必要时采取安全技术措施。

（3）禁止在高压线路附近作业，必须时，应对线路进行停电或采取安全绝缘隔离措施，并派专人全程监护。

（4）在高处作业时，作业人员应戴安全帽、系安全带，防止坠落。

▶ **案例 8** 某钢铁厂钢丝分厂接线不正确造成的触电死亡事故

事故经过

某日下午，某钢铁厂钢丝分厂热处理工段的起重机操作工李某，上班后在班长指挥下，将钢丝盘吊入炉内进行热处理，然后将吊车开回停车位置休息。至 18 时 45 分，热处理完毕，班长招呼大家出炉。李某登上桥吊驾驶室。班长走到另一头的炉前，发现吊车迟迟不见动静，就走近吊车呼喊。仍不见有反应，班长就登上吊车，看到李某倚靠在驾驶室角上，脸色苍白。伸手去摸李某，感觉有电麻感，就喊人切断桥吊电源，并将李某送厂医院进行抢救，4h 后李某死亡。

原因分析

该桥吊驾驶室内使用一台控制变压器供电，变压比 380/220/12V。室内照明、桥下灯和排风扇电源电压 220V，12V

回路未接负荷。220V 和 12V 的共用接地端子直接接在控制变压器的金属外壳上，而控制变压器安装在木质板上，与吊车的金属构件绝缘。从变压器接线端子引出的导线在配电盘内的接线端子处接地，与吊车金属构件相连。由于吊车在运动中受到振动等原因，从变压器接线端子至配电盘接地端子处的连接导线断开。李某登上吊车，合上照明开关，手握凸轮控制器把手准备启动吊车时，小腿接触在控制变压器的金属外壳上。这时，220V 的电源电压经过照明开关、变压器及外壳、人体、吊车金属构件形成回路，造成触电死亡事故。

对策措施

（1）采用控制变压器供电时，二次侧一端必须接地，以防止绕组绝缘击穿后高电压的窜入。

（2）吊车上的变压器应采用安全隔离变压器，二次侧绕组应作"悬浮"状态，不宜接地。

（3）控制变压器的接地线必须直接接地或与接地干线相连，不能通过导线与配电盘的接地线相连。

（4）工作零线（中性线）应与外壳接地线（保护线）分开敷设，分别接至主干线上。

（5）应定期检查和维护配电线路，尤其是经常开启和活动位置处的连接导线，发现异常及时处理。

▶ **案例 9**　某厂拆除低压线路遭电击从高处坠落身亡事故

事故经过

某日上午，某厂动力外线班班长与徒弟一起执行拆除动力线任务。班长骑跨在天窗端墙沿上解横担上第二根动力线时，随着身体移动，其头部进入上方 10kV 高压线间发生电击，击倒并从 11.5m 高窗沿上坠落地面，因颅内出血抢救无效死亡。

原因分析

该动力线距 10kV 高压线才 0.7m，远小于 1.2m 安全距离之规定。作业时没有断开上方 10kV 高压电；作业者又不系安全带；下方监护人员是一名上班才两个月的徒工，不具备工作监护资格。

对策措施

（1）加强电工作业人员安全技术知识的教育和培训，增强安全防范意识。

（2）禁止在高压线路附近作业，必要时应停电或采取有效的安全技术措施。

（3）严格遵守高处作业规定，使用安全用具（安全带、安全帽等），防止坠落。

（4）监护人员必须具有相应的资质，有一定的工作经历和丰富的实践经验。

▶ **案例 10** 某厂某变电站接地保护线烧伤人身事故

事故经过

某日下午 3 时许，某厂某变电站运行值班员接班后，312 油开关大修负责人提出申请要结束检修工作，而值班长临时提出要试合一下 312 油断路器上方的 3121 隔离开关，检查该隔离开关贴合情况。于是，值班长在没有拆开 312 油断路器与 3121 隔离开关之间的接地保护线的情况下，擅自摘下了 3121 隔离开关操作把柄上的"已接地"警告牌和挂锁，进行合闸操作。突然"轰"的一声巨响，强烈的弧光迎面扑向蹲在 312 油断路器前的大修负责人和实习值班员，2 人被弧光严重灼伤。

原因分析

本来 3121 隔离开关高出人头约 2m，而且有铁柜遮挡，其弧光不应烧着人，可为什么却把人烧伤了呢？原来，烧伤人的电弧光不是 3121 隔离开关的电弧光，而是两根接地线烧坏时产生的电弧光。两根接地线是裸露铜丝绞合线，操作员用卡钳卡住连接在设备上时，致使一股线接触不良，另一股绞合线还断了几根铜丝。所以，当违章操作时，强大的电流造成短路，不但烧坏了 3121 隔离开关，而且其中一股接地线接触不良处震动脱落发生强烈电弧光，另一股绞合线铜丝断开处发生强烈电弧光，两股接地线瞬间弧光特别强烈，严重烧伤近处的 2 人。造成这起事故的原因是临时增加工作内容并擅自操作，违反基本操作规程。

对策措施

（1）加强电工作业人员的电业安全操作规程的教育和培训，增强安全防范意识。

（2）值班电工在交接班时以及交接班前后 15min 内一般不要进行重要操作。

（3）将警示牌"已接地"换成更明确的表述："已接地，严禁合闸"。应严格遵守规章制度，绝对禁止带地线合闸。

（4）接地保护线的作用就在于，当发生触电事故时起到接地短路作用，从而保障人不受到伤害。因此，接地线质量要好，截面容量要足够，连接要牢靠。

▶ **案例 11**　某厂带负荷拉隔离开关引发的事故

事故经过

某日上午 8 时 40 分，某厂空气压缩机值班员何某接分厂调度员指令：启动 4 号机组；停运 1 号机组或 5 号机组中的一组。何某到电气值班室，与电气值班员王某（副班长）和吴某商定：启动 4 号机组后停运 1 号或 5 号中的一组。王某就随何某去现场操作，吴某留守监盘。9 时，4 号机组被现场启动，然后 5 号机组现场停运。这时，配电室发出油断路器跳闸的声音。电气值班室的吴某判断 5 号机组已经停运，于是，独自去高压配电室打算拉开 5 号油断路器上方的隔离开关。但是，她错误地拉开了正在运行的 1 号机组的隔离开关，"嘭"的一声巨响，隔离开关处弧光短路，使得 314 线路全线停电。

原因分析

造成这起误操作事故的原因首先是违反"监护制"。电气值班室的吴某在无人批准的情况下，擅自离开监护岗位，违反"一人操作、一人监护"的规定，独自一人去高压配电室操作，没有看清楚动力柜编号，没有查看动力柜现场指示信号，也没有按照规程进行检查，就错误地拉开了正在运行的1号机组的隔离开关，是事故的直接原因。另外，副班长王某没有将工作任务给在场人员交代清楚，商定"启动4号机组后停运1号或5号中的一组"，最终没有确定是1号还是5号；副班长王某离开监护岗位去现场，没有把吴某的工作职责做出明确交代，在现场操作后又没有及时通知吴某，负有领导责任。

对策措施

（1）加强对电工作业人员电业安全规程的教育和培训，提高安全防范意识。

（2）在操作之前，应仔细检查和核对设备和线路所处的实际状态，并认真填写操作票，明确操作任务。

（3）严格执行倒闸操作规定，在断开隔离开关之前须首先断开油断路器，禁止带负荷拉闸。

（4）操作过程中，须由两人进行，一人操作，另一人监护。监护人应全程监护，不得擅自离场。必须离开时，监护人必须将监护任务移交给另一人。

▶ 案例 12　某热电厂误合隔离开关引发的事故

事故经过

某日上午，在某热电厂高压配电室检修508号油断路器过程中，电工曲某下蹲时，臀部无意中碰到了508号油断路器上面编号为5081的隔离开关的传力拐臂杆，导致5081隔离开关动、静触头接触，隔离开关被误合，使该工厂电力系统502、500油断路器由于"过流保护"装置动作而跳闸，6kV高压Ⅱ段母线和部分380V母线均失电，2、3号锅炉停止工作40多min，1号发电机停止工作1h。

原因分析

油断路器检修时断路器必须是断开的，油断路器上面的隔离开关是拉开的，还必须在油断路器与隔离开关之间的部件上可靠连接接地保护短路线，要求隔离开关的传力拐臂杆上插入插销，而且要加锁（防止被误动）。造成这起事故的原因是，工作人员违反规定没有装入插销，更不用说上锁，所以曲某臂部无意之中碰上了 5081 隔离开关的传力拐臂杆，导致 5081 隔离开关动、静触头接触，静触头与母线连接带电，于是，强大的电流通过隔离开关动、静触头，再流经接地保护短路线，输入大地，形成短路放电，导致该系统的 502、500 油断路器由于过流保护装置动作而跳闸。好在由于接地保护短路线质量好，所以，误合隔离开关后没有造成人身伤害，但是，造成的经济损失巨大。

对策措施

（1）加强电工人员电业安全规程的教育和培训，增强安全防范意识。

（2）值班人员应严格遵守倒闸操作规定，对于停电检修的设备应做好完善的安全技术措施，按照要求停电、验电、挂接地线、挂标识牌、设围栏，必要时投入联锁装置或加防护锁。

（3）工作许可后，检修负责人应对作业现场进行认真检查，安全技术措施不完善不准动工，对作业人员进行现场培训，交代相关注意事项。

（4）检修过程中，由专职监护人进行全过程监护，不准离场。

▶ 案例 13　某公司无绝缘保护而发生的触电死亡事故

事故经过

某日上午 9 时 30 分左右，某公司运输处驾驶员丁某脚穿拖鞋，使用电动高压水泵冲刷车辆。丁某在冲刷完自己驾驶的车辆后，在帮助同事冲刷车辆时，因电线漏电，触电倒地。事故发生后，运输处、卫生室等人员迅速组织现场抢救，并及时送至医院抢救，终因抢救无效而死亡。

原因分析

该高压水泵的接线是临时线路，使用时散放在地面上，拉动时与地面摩擦，并浸泡在水中。驾驶员有时驾车从线路上碾压，将绝缘层轧破而造成漏电。由于地面积水，而且丁某又是脚穿破底的拖鞋，造成触电死亡事故。

对策措施

（1）加强驾驶员的用电安全知识培训和教育，增强安全防范意识。

（2）严格加强用电线路管理，线路安装要符合相关规范。对高压水泵的临时线进行整改，线路架高敷设或埋地敷设。

（3）高压水泵的电源回路安装剩余电流动作保护装置，防止发生线路漏电故障。

（4）使用高压水枪必须手戴绝缘手套和水靴，严禁光手、光脚或穿短裤、短袖衬衫。

（5）定期检查水泵及其电源线路，发现问题及时纠正。

▶ **案例 14**　某公司架空线路管理不善造成的触电死亡事故

事故经过

某日下午 1 时 30 分左右，某房地产开发公司工程指挥部下属的巡逻值班员接到报告：在施工现场的四号线上有一儿童触电并送往医院。指挥部负责人同相关人员立即赶往市电业局，当即拉闸停电并派人保护出事现场。据目击人员讲，中午时分，一儿童独自在施工现场的线杆处玩耍，不料触及带电的拉线被电击。随后呼叫"120"急救车，将儿童送往医院，抢救无效死亡。

原因分析

经现场调查发现，水泥杆拉线的安装不符合规范要求，在规定部位没有安装绝缘子，因电缆漏电造成拉线带电，儿童触及拉线后而触电。电缆漏电是由于在安装时施工人员损坏了绝缘皮，绑扎线接触到了导体，绑扎线的端部又搭在瓷壶的 U 形卡上，卡子固定在横担上，而拉线直接压在横担上，故使拉线也带了电。

对策措施

（1）加强电工作业人员的电气安全知识的教育和培训，增强其安全防范意识。

（2）严格按照安装规范标准进行电力线路的施工，检查和消除各种缺陷和隐患。

（3）加强施工现场管理，严禁非施工人员进入施工现场。

（4）在线杆处应设立安全警示标志，防止闲杂人员在此逗留或靠近。

▶ **案例 15**　某厂架梯登高作业引起的触电坠落身亡事故

事故经过

某日，某厂电试班，在理化处分变电站变压器室工作，6032 隔离开关带电，班长独自架梯登高作业。班长被 6032 隔离开关电击，从 1.2m 高处坠落撞击变压器。终因开放性颅骨骨折、肋骨排列性骨折、双上肢电灼伤等，抢救无效死亡。

原因分析

作为一名老电工，该班长忽视了人体与 10kV 带电体间的最小安全距离应不小于 0.7m 的规定，而且一人作业，无工作监护，未戴安全帽，未系安全带，违章作业导致自己毙命。

对策措施

（1）注重老员工的作业安全教育和培训，强化安全意识，提高防范技能。

（2）检修作业时，人体与带电体须保持足够的安全距离，必要时加装隔离装置。

（3）检修作业人员必须脚穿绝缘鞋、头戴绝缘帽。

（4）登高检修作业时，作业人员应系安全带，戴安全帽，并有专人监护。

▶ **案例 16** 某厂未经验电进行设备检修造成的触电身亡事故

事故经过

某日上午，某厂动力车间变电班，在对三分厂变电所进行小修定保时，拉下 10kV 高压负荷开关，听到变压器的声响停止，以为已经断了电，作业者爬上高压侧准备清扫母排，当即被电击倒在 3 根高压铝排上丧命。

原因分析

经调查发现，原来该高压负荷开关 B 相熔断器管爆裂，上支座被烧坏，变电班副班长和车间电力调度在现场商议决定由副班长用导线将熔断器管的下支座与高压铝排直接连通。事后既没有向车间汇报，也未做正规处理，此次作业，虽拉下高压负荷开关，但经 B 相仍形成通路，以致作业人员被 10kV 高压电死。

对策措施

（1）应加强电工作业人员的安全防范意识，进行经常性的电业安全作业规程培训和教育。

（2）及时消除电气设备及线路存在的缺陷，处理方法须符合要求。对于临时的应急处理措施必须经过申请和批准，并如实告知相关的电工作业人员。

（3）对于待检修的设备，必须断开回路的隔离开关、负荷开关和断路器，并做好相应的安全措施（如接地线和标志牌等）。

（4）在检修前，修检人员应对停电设备进行验电、放电，确认待检修设备已经断电。

▶ **案例 17** 某热电厂误登带电开关造成人身触电死亡事故

事故经过

某日，某热电厂电气变电班班长安排工作负责人王某及成员沈某、李某对用户李的开关（35kV）进行小修，主要内容是擦洗开关套管并涂硅油、检修操动机构、清理 A 相油渍，并强调了该项工作的安全措施，工作负责人王某与运行值班人员一道办理了工作许可手续后又回到班上。当他们换好工作服后，李某要求擦油渍，王某表示同意，李某即去做准备。王某对沈某说："你检修机构，我擦套管。"随即他俩准备去检修现场。此时，班长见他们未带砂布即对他们说："带上砂布，把辅助触点砂一下。"沈某即返回库房取砂布，之后向检修现场方向去追王某。发现王某已到与用户李的开关相邻正在运行的 A 开关（35kV）南侧准备攀登，沈某就急忙赶上去，把手里拿的东西放在 A 开关的操动机构箱上。当打开操动机构箱准备工作时，突然听到一声沉闷的声音，紧接着发现王某已经头朝东、脚朝西摔趴在地上，沈某便大声呼救。此时其他同志在班里也听到了放电声，便迅速跑到变电站。发现王某躺在 A 开关西侧，人已失去知觉，就马上开始对王进行胸外按压抢救。约 10min 后，王某苏醒，便立即将其送往医院继续抢救。但因伤势过重，经抢救无效死亡。从王某的受伤部位分析得知，王某的左手触及到了带电的 A 开关（35kV）上，触电电流途经左手—左腿内侧，触电后从 1.85m 高处摔下，将王某戴的安全帽摔裂，其头骨、胸椎等多处受伤。

原因分析

工作负责人王某和沈某到达带电的 A 开关处，既未看见临时遮栏，也未看见"在此工作"标志牌，更未发现开关西侧有接地线。对自己将要工作的开关根本未进行核对，该开关到底是不是在 20min 前和电气值班员共同履行工作许可手续的那台开关，就贸然开始检修工作，表现出安全意识非常淡薄。

对策措施

（1）应加强对电工从业人员安全技术知识的教育和培训，增强安全防范意识。

（2）严格执行工作票制度。工作前，工作许可人、工作负责人和工作监护人必须到达现场对检修设备进行认真核对，并检查和落实相应的安全技术措施。

（3）工作组人员必须明确自己的工作任务、工作内容和工作范围。在工作负责人、工作监护人没有交代清楚现场安全措施、带电部位和其他注意事项和没有允许开工的情况下，不得擅自开始工作。

（4）工作组每一位工作人员都应认真执行《电力安全工作规程》和现场安全措施等要求，互相关心、互相监督、互相提醒，做到"三不伤害"（不伤害自己、不伤害别人、不被别人伤害）。

▶ **案例 18** 某厂地坑照明未采用安全电压造成的触电死亡事故

事故经过

某日 15 时 15 分，某厂烧成车间石膏破碎组在破碎机打石膏时，提升机的托链条脱离托轮，需要修复。因提升机底托轮离地面 2.5m 左右深，下边比较昏暗需要照明才能修理，工人于某叫生某去拿个照明灯来。于是生某就拿着接好的照明灯（灯泡是亮着的），下到石膏破碎机坑内。没过多长时间，于某发现照明灯突然熄灭，就叫了几声生某，没有回音。于某随即就下到坑内，用打火机照亮，看见生某躺在破碎机的北侧坑内。此坑深 1.7m 左右，面积大约 4m²。于某立即叫来其他同事，抬出生某，并进行现场抢救。后送往医院，途中抢救无效死亡。

原因分析

调查发现，现场所使用的照明灯的额定电压为 220V，照明导线采用双绞花线，部分绝缘层损坏，靠近灯头处的连接导线有铜丝外露，引起漏电而导致生某触电身亡。

对策措施

（1）加强领导和员工，尤其是电工作业人员的安全用电知识教育和培训，提高安全防范意识。

（2）检修用照明灯应采用安全隔离变压器单独供电，电压不能超过 36V，并在照明回路装设剩余电流动作保护装置，动作电流 30mA，动作时间 0.1s。

（3）检修前应对所用的工具材料、照明装置（含线路）和施工现场等进行认真检查，制定和落实安全措施，发现隐患，及时消除。

▶ **案例 19　某厂女工程师独自查看设备被高压击穿，瞬间成火人**

事故经过

某日上午，某厂变电站值班人员反映 1 号主变压器 A 相电流互感器油位不到位。主管工程师便到 110kV 降压站，把 111 护栏的门锁（未锁）拿下来，进去看 A 相电流互感器的油位。只听到瞬间一声闷响，该工程师被高压击穿，其胸部、上肢、下肢 60% 被电弧Ⅱ、Ⅲ度烧伤致残。

原因分析

变电站主管工程师未办任何手续，也未经值班负责人同意，在无人监护下只身进入护栏内察看油标，超越了安全距离而引起放电，导致自身被烧伤致残。

对策措施

（1）对于工程师等技术人员的安全培训不能忽视，应与普通电工人员的重视程度相同。

（2）制定和执行电气设备的巡视检查管理制度，对带电高压设备的巡视检查进行申请和审批，禁止独自一人对高压带电设备进行巡视检查。

（3）巡视检查人员应穿戴好绝缘防护用品，并有专人监护，按照制定路线行走，与带电设备之间应保持足够的安全距离。

▶ **案例20** 某建筑工地违规用电酿成惨剧

事故经过

某日，在某市建安集团公司承建的银行大厦工地，杂工陈某发现潜水泵开动后剩余电流动作保护开关动作，便要求电工把潜水泵电源线不经剩余电流动作保护开关接上电源，起初电工不肯，但在陈某的多次要求下照办。潜水泵再次启动后，陈某拿一条钢筋欲挑起潜水泵检查是否沉入泥里，当陈某挑起潜水泵时，即触电倒地，经抢救无效死亡。

原因分析

操作工陈某由于不懂电气安全知识，在电工劝阻的情况下仍要求将潜水泵电源线直接接到电源，同时，在明知漏电的情况下用钢筋挑动潜水泵，违章作业，是造成事故的直接原因。电工在陈某的多次要求下违章接线，明知故犯，留下严重的事故隐患，是事故发生的重要原因。

整改措施

（1）强化员工的安全用电知识培训，增强安全防范意识。

（2）要求电工作业人员严格遵守用电规范，不能违规操作。

（3）及时排除用电设备和线路的故障及隐患，消除缺陷，禁止设备和线路带病运行。

▶ **案例21** 某公司违章使用铁架触及高压线造成的触电死亡事故

事故经过

某日7时，某公司经理王某安排班长赵某带领周某等7人去粉刷某化肥厂压缩工段厂房的外墙。因为墙太高（约8.5m），站在梯子上无法粉刷。本来他们可以将公司院内专用人字架搬来再架在木板或木架子上，站在上面粉刷。但他们嫌麻烦，就近到化肥厂电修车间借来维修路灯用的铁架子（约6.2m）登高使用。8时10分左右，赵某等人将铁架移到配电室东35kV高压线路附近时，碰到高压线上，造成赵某等3人当场死亡，另一人也被电击伤。

原因分析

厂区内35kV高压线路最低点距地面的高度达不到不小于7m的要求，事故地点处的高压线距地面的高度只有6m，有的地方甚至不足6m。事发前一天晚上天下雨，地面潮湿松软，铁架在移动过程中滚轮转动不灵活，铁架移动到了高压线下面（此处高压线高于铁架）。现场施工人员忽视了高压线的存在和危险，在调整转向时铁架撞到了高压线（撞击点处高压线距地面只有6m）上，造成触电伤亡事故。公司使用的一线员工大多为临时工，文化程度不高，未经严格培训，安全意识淡薄，习惯盲目蛮干。

对策措施

（1）建设单位应当按照国家电力规范标准的相关要求进行安装，并定期对高压电力线路进行检查和维护，及时消除事故隐患。

（2）施工单位应建立健全安全规章制度，加强对本单位员工，特别是流动性较大的临时工的安全专业知识教育和培训，提高安全防范意识。

（3）施工人员应对作业现场的环境条件进行认真检查，识别出存在的各种危险源，避免在高度危险场所进行作业。

（4）必须在危险场所作业时，应当采取有效的安全技术防护措施，进行现场安全教育，并派专人全程指挥和监护。

（5）禁止在有电危险场所使用铁、铝等金属梯架，应使用木制梯架。

▶ **案例22** 某疗养院保护接零不合规范造成的触电死亡

事故

事故经过

某疗养院安装了 6 台全自动电热开水器，为抬高电热开水器，便对水泥台进行改造，民工张某到疗养院三楼开水间，准备从事泥瓦工作业时，手触摸到电热开水器，遭电击而摔倒。随后而到的民工立即抢救，经 2h 全力抢救无效死亡。

原因分析

事后发现，电热开水器的安装存在一些问题。电热开水器本身无电源插头和接地线，安装时从市场上购买的插头和电线，接地线太细，并与自来水管相连接。出事的电热开水器中有一根电加热管被击穿漏电引起外壳带电。

对策措施

（1）应加强电工作业人员的专业技术安全知识的教育和培训，增强安全防范意识。

（2）电热开水器的安装接线应符合规定，应使用单相三孔电源插座和对应的三极插头，插座的接地端应与保护零线相连接，接地电阻不应大于 4Ω。

（3）电热开水器的电源回路应安装剩余电流动作保护装置，线路应采用三芯铜质软电缆，连接点紧密牢固。

▶ 案例 23　某厂临时线安装不规范造成的触电死亡事故

事故经过

某日 15 时 50 分左右，某厂 FDY 车间在卷绕间南墙上安装两台轴流风机。风机初次安装后，因位置不正，车间尹某、王某进行调整。后王某去取工具，尹某在风机左侧用力推风机，但还是调整不到位。这时，在场的高某上前协助，站在废丝箱上，从尹某右侧用左手抓住风筒的支撑角铁，右手抓住墙上的一段扁铁（规格 25mm×3mm，长度约 250mm）。就在他手抓扁铁的一瞬间，发出"啊"的一声，尹某回头看见他表情异样，误以为他撞到了头顶角铁上，用手去摸他的头部，感觉有电麻感，就立即跑去断开照明电源开关，匆忙返回现场时发现高某已从废丝箱上掉了下来。由于安装风机打墙洞时将照明线震落，有一个用黑色绝缘胶布包扎的线头落在了该扁铁上。当高某手抓扁铁时也抓住了胶布脱落的裸线头，接触到带电线芯而引发触电。后经现场急救，并送往医院抢救，仍然没有挽回高某的性命。

原因分析

该车间 FDY 生产线于建成投产时间较早。卷绕间南墙上安装有 3 盏日光灯，位于废丝箱上方 50cm 处。照明线采用 $RVV2 \times 1.5mm^2$ 的护套线，用塑料线卡固定。由于生产过程中产生的废丝经常缠绕在日光灯管上，不便于清理，后将日光灯改为壁式灯。而原来的照明线路不够长，电工就临时弥接上了一段 RV 软线，接头处用绝缘胶布包缠。车间在安装风机时未通知电工到现场处理照明线路，在打墙洞时产生震动使照明线路脱落至扁铁上，也没有及时发现并处理，造成触电死亡事故。

对策措施

（1）结合事故，对全员进行安全用电知识的教育和培训，增强员工的安全防范意识。

（2）对动力、照明线路，尤其是临时线路，要认真进行一次全面检查和整改，避免中间有接线头，必须时应采用接线盒连接。线路的安装固定要牢靠，不能随地摆放、摇晃松动甚至垂落在空中。

（3）在动土（如墙面打洞、地面挖坑等）作业时，应当履行申请、审批制度，请相关的水、暖管工和电工进行现场确认，制定严密措施，确保万无一失。

▶ **案例 24**　某化工厂线路安装不合格引起的触电事故

事故经过

某日上午，某化工厂发生一起触电事故。农民临时工韩某

（21 岁）与其他 3 名工人从事化工产品的包装作业。到 10 时，班长让韩某去取塑料编织袋，韩某回来时一脚踏上盘在地上的电缆的接线头线上，被电击跳起 1m 左右，重重摔倒。在场的其他工人急忙拽断电缆线，拉下开关，一边在韩某胸部乱按，一边报告领导打 120 急救电话。待急救车赶到开始抢救时，韩某出现昏迷、呼吸困难、脸及嘴唇发紫、血压忽高忽低等症状。现场抢救 20min，待稍有好转后送去医院继续抢救，所幸保住了性命。

原因分析

安全管理人员得到通知后，立即赶到现场，并对事故现场进行了保护。现场调查发现：

（1）缝包机的电缆线长约 20m，由 3 种不同规格的电缆线拼接而成，而且线头包裹不好。检查电缆线的质量，均属伪劣产品。

（2）事故现场未安装剩余电流动作保护装置。

（3）当时因阴雨连绵，加上该化工产品吸水性较强，电缆潮湿，又由于韩某脚上布鞋被水浸透，布鞋的对地电阻实际等于零。

整改措施

（1）对缝包机的电缆线进行了更换，并安装了剩余电流动作保护装置。

（2）加强领导和员工的用电安全知识以及现场急救方法的教育培训，增强全员的用电安全防范意识。

（3）严格遵守电气设备和线路安装与使用规范，确保用电设备和线路安全运行，消除安全隐患。

（4）总结经验教训，举一反三，对全厂所有用电线路进行认真检查，对发现的类似问题制定和落实整改措施。

▶ **案例 25** 某热电厂安全距离不够导致检修人员被灼伤事故

事故经过

某日 14 时 38 分，某热电厂变电班检修人员孙某等二人在检查设备泄漏点过程中，发现 6314 断路器（110kV）C 相外壳下部有油迹，怀疑该断路器 C 相灭弧室的放油门漏油。孙某在登上该开关支架（2m 左右）进一步检查时，人身与带电设备的距离小于安全距离造成感应电击。经医院及时抢救后，该人员右上臂上段施行截肢，构成人身重伤。

原因分析

（1）变电站的管理措施存在漏洞。检修人员在未经运行值班人员同意的情况下，擅自进入变电站。

（2）在检修设备前，检修人员没有对现场危险点进行检查、分析，并采取有效的安全技术措施。在布置工作时未对孙某工作人员交代安全注意事项，致使孙某安全意识淡薄，为事故的发生埋下隐患。

（3）孙某在登上支架检查设备时，没有与带电设备之间保持足够的安全距离，被感应电击伤致残，是造成事故的直接原因。

（4）监护人未真正起到监护作用。当孙某想要登上支架检查开关时，监护人未及时发现并制止。当听到孙某的叫声时，监护人才发现孙某感电。

对策措施

（1）加强对电工作业人员《电力安全工作规程》（变电站和发电厂电气部分）的教育和培训，增强安全防范意识，提高自我防范能力。

（2）建立、完善变电站人员出入管理制度，并严格执行。检修人员要进入变电站，必须得到运行值班人员的同意，遵守运行值班人员的相关要求，不能擅自进入和随意走动。

（3）严格执行工作票制度。检修人员在检查、修理设备时，必须认真填写工作票。在运行值班人员做好各种安全技术措施，并许可工作后方可开始检修。

（4）在工作前，负责人对检修人员要进行现场培训，交代危险点和注意事项。在工作中，检修人员应与带电设备保持足够的安全距离，当不能保证时，必须对带电设备停电。

（5）严格遵守监护制度。检修过程中，负责人要指定专人进行监护，监护人不得擅自离场。

▶ **案例 26** 某电力局变电站主变压器保护误动作事故

事故经过

某日，某电力局的一座 110kV 变电站 1 号主变压器两侧断路器因故动作跳闸。根据值班人员反映，当时是由于某 10kV 线路速断保护动作跳闸，重合成功后 1 号主变压器保护动作，跳开主变压器两侧断路器。后经该局技术人员现场调试、检查时发现：

（1）1 号主变压器 110kV 复合电压闭锁过流保护回路的 A 相电流继电器（1kA，DL-21C 型）触点卡滞不能返回。

（2）110kV 复合电压闭锁回路的电压继电器有一线圈断线，从而引起 110kV 复合电压继电器失压，动断触点闭合，启动了 110kV 复合电压闭锁中间继电器，使到中间继电器的动合触点闭合，从而启动跳闸回路。

（3）另外，中央信号系统回路中的正电源熔断器熔断导致断路器跳闸时事故信号装置喇叭不响。

通过更换 110kV 复合电压闭锁过流保护的电流、电压继电器及处理中央信号系统的电源熔断器后系统正常。经过试验合格，并送电成功。

原因分析

通过该局技术人员的调试和综合事故现场的检查情况分析，该局技术人员一致认为造成主变压器复合电压过流保护误动作的原因是：电压继电器线圈断线致其动断触点闭合，使启动回路处于预备状态，10kV 线路故障引起电流继电器动作，由于电流继电器动作不能返回而使整个跳闸回路导通，经整定时间 1s 后，跳主变压器两侧断路器。

（1）造成电流继电器不能返回的原因。电流继电器动、静触点触头间有些错位（检验规程要求动断触点闭合时，动触点距静触点边缘不小于 1.5mm），加上机械弹簧反作用力不足，造成继电器动作不能返回而导通跳闸回路。

（2）造成电压继电器断线原因在于继电器线圈的导线较细，而且，又处于长期带电运行状态，较为容易引起断线。

对策措施

（1）强化试验人员对预防性试验工作的责任心。对于每年的预试工作，必须认真仔细，不但要重视对单只继电器的技术数据及整组进行试验，还要认真对继电器的机械部分进行详细检查。检查继电器的舌片与电磁铁的间隙，舌片初始位置时的角度应在 $77°\sim88°$。调整弹簧，弹簧的平面要求应与轴严格垂直，弹簧由起始角转至刻度盘最大位置时，层间间隙应均匀。检查并调整触点，触点应清洁，无受熏或烧焦等现象。动断触点闭合时，触点应正对动触点距静触点边缘不小于 1.5mm，限制片与接触片的间隙不大于 0.3mm。

（2）重视消除继电保护装置及其接线存在的缺陷。继电器的接线力求简单、可靠，利用的触点数量越少越好，并避免继电器长期带电运行的情况。

（3）运行值班人员对运行中的闭锁回路继电器与出口中间继电器的位置情况要进行定期检查，发现异常，立即处理，使事故防患于未然。

（4）建议对继电保护装置进行技改，宜采用微机保护装置，以减少因触点分、合不良而发生误动作现象。

▶ 案例 27　某化肥厂违章停电引起的电弧烧伤事故

事故经过

某日上午，某化肥厂合成氨车间碳化工段的氨水泵房 1 号碳化泵电动机烧坏。工段维修工按照工段长安排，通知值班电工到工段切断电源，拆除电线，并把电动机抬下基础运到电动机维修班抢修。16 时 30 分左右，电动机修好运回泵房。维修组组长林某找来铁锤、扳手、垫铁，准备磨平基础，安放电动机。当他正要在基础前蹲下作业时，一道弧光将他击倒。同伴见状，急忙将他拖出现场，送往医院治疗。这次事故使林某左手臂、左大腿部皮肤被电弧烧伤，深及 Ⅱ 度。

原因分析

事故发生后，厂安全部门立即组织电气、设备相关技术人员到现场检查，确认事故原因有以下几方面：

（1）电工断电拆线不彻底是发生事故的主要原因。电工断电后没有严格执行操作规程，将熔丝拔除，将线头包扎，并挂牌示警。

（2）碳化工段当班操作工在开停碳化泵时，误按开关按钮，使线端带电，是本次事故的诱发因素。

（3）电气车间管理混乱，对电气作业人员落实规程缺乏检查，使电工作业不规范，险些酿成大祸，这是事故发生的间接原因。

（4）个别电工业务素质不高。

对策措施

（1）将事故处理意见通报全厂。在全厂掀起学规程、懂规程、严格执行规程的技术大练兵活动，提高职工的业务素质，为防范类似事故创造条件。

（2）制定和完善相应的安全管理制度，规范员工的工作行为，加强安全检查，对电气作业中断电不彻底、不挂牌的违章行为，一经发现，予以 50～100 元的罚款，并到厂安全部门学习 1 周。

（3）建议厂职教部门在职工教育中，注意维修工的"充电"问题，以增强他们的自我保护能力。

▶ **案例 28** 某供电公司拆除线路引起的人身触电死亡事故

事故经过

某日上午，某供电公司所属某分局进行 10kV 某分支线路更新工作。主要工作任务是：更换某分支 32 号 4～5 段导线，立 32-4 号杆并安装 32-3、32-7 号变压器台及架设变压器台两侧低压线。

7 时 30 分，工作负责人张某（检修班长）带队进入工作现场并宣读工作票及安全组织措施，同时将工作班人员分为 5 个小组。开工后，工作负责人张某在进行现场巡视检查时，发现负责立杆、放线的第 5 组，在放线过程中需要跨越市某砂轮厂专线。该线路已废弃多年，三相导线已绕在一起，并固定在绝缘子上，故认为该线路已无电。为方便施工，张某临时决定将该段线路拆除，并将拆除地点选择在交叉跨越点北侧耐张分支杆处。该耐张分支杆南北侧导线已断开，南侧导线为废弃导线，北侧与东侧分支导线相连接并带电。8 时 20 分左右，工作负责人张某带领工人李某进行该段导线的拆除工作。由于二人对该耐张分支的实际情况不清楚，特别是将带电的北侧、东侧导线误认为是同一条废弃线路。李某登杆进行验电挂地线，负责人张某在地面监护。对该杆南侧导线（为废弃线路）验明无电后，准备挂接地线。在张某寻找合适的地线接地点时，杆上的李某在移动中触及到带电导线，触电死亡。

原因分析

（1）没有认真执行"工作票制度"。《电力安全工作规程（电力线路部分）》规定，填用第一种工作票的工作为"在停电线路（或在双回线路中的一回停电线路）上的工作"。也就是说，上述事故中拆除废弃线路的工作，即使工作人员对线路情况判断正确，而拆除线路的工作属于"在停电线路上的工作"范畴，也必须填用第一种工作票方为正确。事实上，他们的判断既不正确，也没有填用工作票。工作负责人和工作班人员，一个是违章指挥，一个是盲目执行。

（2）没有认真执行"工作许可制度"。《电力安全工作规程》规定：填用第一种工作票进行工作，工作负责人必须在得到值班调度员或工区值班员的许可后，方可开始工作。此次工作，是一项应填用第一种工作票的工作，事故当事人不但没有填用工作票，而且没有办理工作许可手续。工作负责人张某，擅自临时决定拆除废弃线路前，没有将拆除废弃线路的工作向工作许可人（当值调度员或工区值班员）提出申请并通过工作许可，直接指挥工作人员进行工作，这又是一个严重违反现行《电力安全工作规程》的行为。

（3）没有真正执行好"工作监护制度"。《电力安全工作规程》中明确：工作负责人（监护人）必须始终在工作现场，对工作班人员的安全认真监护，及时纠正不安全的动作。实际工作中，监护人张某虽然在现场，但却没有起到监护人的作用。工作人员李某至少有两处违章，监护人都没有发现：

1）《电力安全工作规程》中规定作业人员登杆塔前核对标记无误，验明线路确已停电并挂好地线后，方可登杆。在没有做好安全措施前，李某攀登线杆，监护人没有制止。

2）《电力安全工作规程》中规定：同杆塔架设的多层电力线路进行验电时，先验低压，后验高压；先验下层，后验上层"。当时工作杆上有南、北、东三侧线路，而且南北两侧线路是断开的，其中的南北线路虽属同层，但不属于同一线路，而东侧的线路与南北侧线路则不在同一层。工作过程中，工作人员对三侧线路都有可能接触，因而，三侧线路均应验电、挂地线。否则，应将另两侧（北侧和东侧）线路视为带电设备而保持足够的安全距离。而李某验电时，只对南侧（废弃）线路进行了验电，对其他两侧线路没有进行验电。工作人员的这一违章行为也没得到工作负责人的纠正，违反了《电力安全工作规程》中"任何工作人员发现有违反本规程，并足以危及人身和设备安全者，应立即制止。"

（4）工作负责人和工作班人员安全意识淡薄，没有尽到本身应有的安全责任。这也是造成这次事故的原因之一。

对策措施

（1）应加强电工作业人员的安全技术知识的教育培训，增强安全防范意识，克服麻痹思想。

（2）严格遵守《电力安全工作规程》中的相关要求。在作业时，必须认真落实各项安全组织措施和技术措施。做到各项措施不落实，不准开始作业。

（3）作业人员要认真检查作业现场存在的各种危险源，并对危险源进行分析、评估，制定和采取相应的对策，确认无任何风险时，方可进行作业。

（4）工作负责人（监护人）应不断学习和提高自身的专业知识技能和水平，履行好工作职责，杜绝违章指挥和失职渎职行为。

（5）工作班人员也应提高自身业务素质，拒绝违章指挥和违章作业，勇于、善于保护自己。在作业过程中，有权利监督他人的工作行为，纠正违章行为，力争做到"不伤害自己、不伤害他人、不被他人伤害"。

▶案例 29　某石化厂高压触电引起的烧伤事故

事故经过

某日 8 时 40 分，某石化厂变电站站长刘某安排值班电工宁某、杜某修理直流控制屏指示灯，宁某、杜某在换指示灯灯泡时发现，直流接线端子排熔断器熔断。这时车间主管电气的副主任于某也来到变电站，并和值班电工一起查找熔断器故障原因。当宁某和于某检查到高压配电间后，发现 2 号主受柜直流控制线路部分损坏，造成熔断器熔断，直接影响了直流系统的正常运行。接着宁某和于某就开始检修损坏线路。

不一会儿，他们听到有轻微的电焊机似的响声。当宁某站起来抬头看时，在 2 号进线主受柜前站着刘某，背朝外，主受柜门敞开，他判断是刘某触电了。宁某当机立断，一把揪住刘某的工作服后襟，使劲往外一拉，将他拉倒在主受柜前地面的绝缘胶板上，接着用耳朵贴在他胸前，没有听到心脏的跳动声，宁某马上做人工呼吸。

这时于某已跑出门，去找救护车和卫生所大夫。经过十几分钟的现场抢救。刘某的心脏恢复了跳动，神志很快清醒。这时，闻讯赶来的职工把刘某抬上了车，送到市区医院救治。经医生观察诊断，刘某右手腕内侧和手背、右肩胛外侧（电流放电点）三度烧伤，烧伤面积为 3%。

后经了解得知，刘某在宁某和于某检修直流线路时，他看到 2 号进线主受柜里有少许灰尘，就到值班室拿来了笤帚（用高粱穗做的），他右手拿着笤帚，刚一打扫，当笤帚接近少油断路器下部时就发生了触电，不由自主地使右肩胛外侧靠在柜子上。

原因分析

（1）刘某违章操作。刘某对高压设备检修的规章制度是清楚的，他本应当带头遵守这些规章制度，遵守电气安全作业的有关规定，但是，刘某在没有办理任何作业票证和采取安全技术措施的情况下，擅自进入高压间打扫高压设备卫生，这是严重的违章操作，也是造成这次触电事故的直接原因。刘某是事故直接责任者。

（2）刘某对业务不熟。当时工厂竣工时，设计的双路电源只施工了 1 号电源，2 号电源的输电线路没有架设，但是总变电站却是按双路电源设计施工的。这样，2 号电源所带的设备全由 1 号电源通过 1 号电源联络柜供电到 2 号电源联络柜，再转供到其他设备上，其中有 1 条线从 2 号计量柜后边连到 2 号主受柜内少油断路器的下部。竣工投产以来，2 号电源的电压互感器、主受柜、计量柜，一直未用，其高压闸刀开关、少油断路器全部打开，从未合过。

刘某担任变电站站长工作已经两年多，由于他本人没有认真钻研变电站技术业务，对本应熟练掌握的配电线路没有全面了解掌握（在总变电站的墙上有配电模拟盘，上面反映出触电部位带电），反而被表面现象所迷惑，因此，把本来有电的2号进线主受柜少油断路器下部误认为没有电，所以敢于大胆地、无所顾忌地去打扫灰尘。业务不熟是造成这次事故的主要原因。

（3）刘某缺乏安全意识和自我保护意识。5月21日，总变电站已经按计划停电一天进行了大修，总变电站一切检修工作都已完成。时过3日，他又去高压设备搞卫生。按规定，要打扫，也要办理相关的票证、采取了安全措施后才可以施工检修。他全然不想这些，更不去想自己的行为将带来什么样的后果，不把自身的行为和安全联系起来考虑，足见缺乏安全意识和自我保护意识。

（4）车间和有关部门的领导负有管理责任。车间主管领导和电气主管部门的有关人员，由于工作不够深入，缺乏严格的管理和必要的考核，对职工技术业务水平了解不够全面，对职工进行技术业务的培训学习和具体的工作指导不够，是造成这起事故的重要原因。

对策措施

（1）全厂要开展一次有关安全生产法律法规的教育和培训，提高职工学习和执行"操作规程""安全规程"的自觉性，杜绝违章行为，保证安全生产。要求每位职工要认真对待这次事故，认真分析事故原因，从中吸取深刻教训，规范自身工作行为。

（2）全厂要开展一次电气安全大检查活动。特别是在电气管理、电气设施、电气设备、电气线路等方面，认真查找隐患，并及时整改，杜绝此类触电事故重复发生。

（3）加强职工队伍建设，尤其是领导干部队伍的建设。通过严格考核和选拔，确实把懂业务、会管理、素质高的职工提拔到领导岗位上来，带动和影响其他职工，使职工队伍的整体素质不断提高，保证生产安全。

（4）要进一步落实安全生产责任制，将责任层层分解到每一位员工。力求做到各级管理人员和每一位员工的安全责任落实明确，切实做到从上至下认真管理，从下至上认真负责，人人都有高度的政治责任心和工作事业心，保证安全生产的顺利进行。

▶ **案例 30** 某工程队带电检修伤人未遂事故

事故经过

某日，某工程队电工班在 2401 轨道巷检修设备，班长安排赵某对排水设备进行检修。赵某到达工作面后对泵房设备检修，发现一台 BQD10-200 开关启动不灵敏，就对此开关进行处理。由于水量过大，水仓容量小，检修时间不能过长，加上上方馈电距离检修点太远，于是赵某就为了省事没有去停电，而是将 200 开关手柄打到零位后就进行检修。在检修中发现按钮开关过偏，就用螺钉旋具拨正，螺钉旋具碰到了接线柱，只听"嘭"的一声，一道电弧光，所幸没有造成人员伤亡。

原因分析

（1）赵某安全意识淡薄，图省事，带电检修电气开关，导致短路，是造成事故的直接原因。

（2）该队排水点在水量比较大的情况下，没有设置备用排水设备，是造成事故的间接原因。

（3）班长现场安全管理不到位，没有派人现场监护，以便及时发现和纠正赵某的违章行为。

对策措施

（1）强化电工人员的安全教育，增强安全意识，杜绝违章作业。

（2）检修设备必须遵守停送电相关规定。检修前，须对检修设备必须进行停电、验电，并且悬挂"有人作业，禁止送电"的停电牌，防止误操作事故发生。

（3）禁止电工独自一人进行操作或检修，现场必须有人监护。尤其是在危险区域内作业，还要落实相关安全技术措施。

▶ **案例 31** 某热电有限公司 380V 低压变压器中性点母排漏接而引发的事故

事故经过

某日，某热电有限公司安排 2 号变压器年度预试、继保定校工作。在测量变压器直流电阻和绝缘时工作人员拆下变压器低压侧三相套管上母排和中性点零母排，但在工作票结束后该中性点零母排漏接，2 号变压器于 15：20 工作结束后就投入运行。在复役操作中和 2 号变压器投运后主控室内的电流、电压表（线电压）未发现异常现象。16：50 左右，由 2 号变压器供电的 1、2 号汽轮机和 3、4 号锅炉所有单相电源供电的热工仪表、锅炉电脑及电动执行机构纷纷开始失控，发出异常响声和烧焦味，但汽轮机、锅炉的三相用电设备，如射水泵、送风机等，均正常运转。由于热工仪表指示均失灵，故不得不紧急停机停炉，发电机解列，供热中断。在接到报告后估计为中性点零点漂移而引起单相电压升高，立即赶赴炉控室测量单相插座内电压，发现电压已升高到接近 380V，即通知电气主控室人员投入备用电源，停用 2 号变压器并采取隔离措施。经现场查看，发现 2 号变压器低压侧中性点母排搭在变压器低压侧中性点套管旁边的起吊环上，没有接到变压器本体的中性点上。

原因分析

事故的直接原因是工作人员责任心不强以致中性点零母排漏接，加上复役前检查不仔细，未发现零母排搭在起吊环上。诸多热工仪表、电脑及电动执行机构等损坏造成直接损失 10

多万元，而停机停炉造成的间接损失则更大。2号变压器零母排不接，刚复役时三相负荷十分均衡，变压器中性点为零电位，零点不漂移，16：00前后由于主厂房单相照明逐步开启引起低压侧三相负荷开始不平衡，这样中性点产生电位漂移；三相负荷不平衡度越大中心点电位漂移越严重，直到事故发生时测得单相220V电压已上升到线电压380V左右，如此高的电压必然使单相用电设备的绝缘击穿并引起大面积烧毁。同时由于主控室内2号变压器低压侧一般安装1只监测母线线电压的电压表，对单相电压异常无法监视，致使在锅炉、汽轮机的热工仪表及电脑大面积烧坏时主控室还未发现这种异常情况。

对策措施

（1）加强对电工作业人员《电力安全工作规程》的教育和培训，增强安全防范意识。

（2）提高工作人员强烈的工作责任心，重申"谁拆线，谁接线"的原则，人员变动时工作必须交代清楚。同时切实提高工作票终结和复役操作前后检查的质量，以便及时发现检修中存在的差错。

（3）建议采取可靠的技防手段来发现安全隐患并将其消灭于萌芽状态。应当在2号变压器低压侧设计并安装三相电压平衡失控和单相220V电压异常等故障检测报警装置，及时报警或适时切断变压器的高压侧电源，避免单相用电设备大面积烧毁的现象。

（4）建议在锅炉、汽轮机热工仪表的总电源处安装一台容量1000VA的UPS逆变电源，防止在主供电源中断时热工仪表因突然断电而损坏，确保维修人员有充裕的时间来处理热工仪表所用的单相电压发生异常的现象。

▶ **案例32** 某电站10kV配电室触电死亡事故

事故经过

某日，某项目部进行了电站1B主变压器的检修，1B主变压器差动保护动作，主变压器高压侧断路器跳闸。电站现场运行负责人林某当即召集人员进行检查，并要求项目部人员协助查找原因。在检查 1 号机 10kV 开关室内时，林某要求项目部人员检查 1 号机出口断路器的主变压器差动电流互感器的二次侧端子（在发电机出口开关柜内的电流互感器上）。经双方口头核实安全措施以后，邓某便进去检查，邓某钻进去检查电流互感器接线端子是否松动，随即柜内出现强烈的电弧光，邓某触电，当场被电击伤太阳穴、手掌等部位。停机后，现场人员将邓某移出开关柜。项目部安委会立即向上级汇报了事故情况，并及时与当地医院取得了联系，并将邓某送往县医院抢救，终因伤势过重抢救无效而死亡。

原因分析

（1）主变压器 1B 保护动作后，1F 出口断路器跳闸，机组自动转入有励空载运行，出口断路器下端带电，邓某钻入实际上是有电的 10kV 开关柜内工作。

（2）检修工作没有办理工作票、操作票，没有按程序做好安全技术措施，没有进行"停电—验电—装设接地线等"工作，也没执行作业监护制度，严重违章。

（3）检修人员在进入开关柜检查前，没有事先合上开关柜内的接地开关，违章操作。

（4）项目部参加检查人员安全操作意识淡薄，在进入高压设备前，未对设备接地状态进行最基本的检查，未能对其所说的机组停机、设备无电进行确认，缺乏自我保护意识。

（5）对员工的安全教育不够，检查监督不力。

对策措施

（1）加强电工从业人员的安全技术教育和培训，增强安全防范意识和预控能力。

（2）严格执行《电力安全工作规程》，加强安全监督管理工作。在已有投入运行设备的电站进行施工，一定坚持执行

"两票三制"制度，规范施工人员的工作行为。

（3）在电气施工工作前，必须严格落实停电、验电、挂接地、悬挂标志牌、设置围栏或遮栏等安全技术措施。确认无问题后，检修人员才可以进行工作。工作过程中严格执行操作监护制度。

（4）定期开展安全教育活动，组织全体职工经常性地学习安全操作规程、反习惯性违章等，加强安全意识教育。

（5）签订建设方与施工方的安全责任合同，明确双方的职责范围，并监督执行。做好建设方与施工方工作协调关系，认真落实各项安全技术措施，确保施工过程的安全。

▶ **案例 33** 某电厂多种经营公司检修电焊机触电死亡事故

事故经过

某日，某电厂多经公司检修班职工刁某带领张某检修380V 直流焊机。电焊机修完后进行通电试验良好，并将电焊机开关断开。刁某安排工作组成员张某拆除电焊机二次线，自己拆除电焊机一次线。约 17：15，刁某蹲着身子拆除电焊机电源线中间接头，在拆完一相后，拆除第二相的过程中意外触电，后经抢救无效死亡。

原因分析

（1）刁某已参加工作 10 余年，一直从事电气作业并获得高级维修电工资格证书；在本次作业中刁某安全意识淡薄，工作前未进行安全风险分析，在拆除电焊机电源线中间接头时，未检查确认电焊机的电源是否已断开，在电源线带电又无绝缘防护的情况下作业，导致触电。刁某低级违章作业是此次事故的直接原因。

（2）工作组成员张某虽为工作班成员，在工作中未有效地进行安全监督、提醒，未及时制止刁某的违章行为，是此次事故的原因之一。

（3）该公司于2001年制定并下发了电动、气动工器具使用规定，包括电气设备接线和15种设备的使用规定。并且，该规定下发后组织学习并进行了考试。但刁某在工作中不执行规章制度，疏忽大意，凭经验、凭资历违章作业。

（4）该公司领导对"安全第一，预防为主"的安全生产方针认识不足，存在轻安全重经营的思想，负有直接管理责任。

对策措施

（1）公司领导要树立"安全第一，预防为主，防治结合"的思想理念，加强对电工从业人员的安全技术培训，配备安全防护用品，增强安全意识，杜绝违章作业。

（2）严格执行《电力安全工作规程》，加强对现场工作人员执行规章制度情况的监督、检查和落实，采取有力措施，严处违章违纪现象。

（3）建立、完善设备检修的停送电管理制度，制定设备停送电检查卡，认真履行申请、审核、批准、执行等程序。检修前，必须进行验电。检修过程要有专人监护，防止意外发生。

（4）严格执行工作票制度，所有工作必须执行安全风险分析制度，并填写安全分析卡，安全分析卡保存3个月。在安全分析卡上处标明工作中可能发生的危险危害，还应当注明所采取的安全技术措施。

▶ 案例34　某煤电公司连续违章导致触电死亡事故

事故经过

某日中班，某煤电公司某矿综采队杨某在综采面安装回柱绞车，搭接电源时粗心大意地将第二个接线盒的地线和零线接反了，电源电缆连接好后，刚一送电，移动变压器剩余电流动作保护装置就跳闸了。面对移动变压器的突然跳闸，杨某没有深刻反思自己的作业过程，只是简单地检查了一下回柱绞车的专用电缆和专用防爆开关后，又一次送电，结果仍然跳闸。杨某在查找移动变压电源跳闸的过程中，为了尽快试车、正常生产，按自己一贯的做法，贸然拆除了剩余电流动作保护装置的脱扣弹簧，使保护装置不跳闸。杨某在拆除脱扣弹簧后，继续查找跳闸原因，并将防爆开关电源接地线与外壳断开用导线直接连接。送电时，因防爆开关外壳带电，杨某当即触电身亡。

原因分析

煤矿井下作业环境十分复杂，用电设备的各种安全保护措施必须设置完善。案例中，杨某有三个违章行为：①将电源线中的零线与地线接反，埋下事故隐患；②拆除了剩余电流动作保护装置的脱扣弹簧，致使剩余电流动作保护装置保护功能失效；③开关外壳未接地，导致送电时防爆开关外壳带电。

对策措施

（1）强化电工作业人员的电气安全技术知识的教育和培训，做到持证上岗，克服麻痹思想，增强安全意识和工作责任心。

（2）严格遵守煤矿安全规定，杜绝违章作业。禁止带电作业。认真执行停电、放电、验电、挂牌等作业制度。电气设备及其接线，必须按照相关规范要求安装、使用和维修。

（3）采取科学有效的技术措施，确保作业人员生命安全。煤矿井下的配电系统中，禁止将变压器中性点直接接地，并且要设置和使用好剩余电流动作保护装置和保护接地装置。

（4）完善电工作业人员的安全防护用品。操作高压电气设备，为了预防可能出现危险的接触电压，操作人员必须戴绝缘手套，穿绝缘的专用电工靴。

▶ 案例 35　某化工公司触电死亡事故

事故经过

某年 6 月 23 日，某化工公司在原北大门传达室西墙外发生一起触电事故，死亡 1 人。6 月 22 日夜下了一场雨。23 日 5 时，该公司复合肥车间按照预定计划停车进行设备清理和改造。8 时，当班人员王某和韩某接班后，按照班里的安排，负责清理成品筛下料仓积存残料。约 8 时 20 分左右，王某离开了车间。8 时 30 分左右，韩某出来，到车间北面找工具时，发现在车间外东北角的原北大门传达室西墙外趴着 1 人，头朝东南面向西，脚担在一个南北放置的铁梯子上，离传达室西墙约 2m 多。接着韩某忙跑到车间办公室汇报，公司和车间领导等一齐跑到现场，发现从传达室西窗户上有下来的电线着地。车间主任于某急喊拉电闸，副经理杜某急忙用手机联系并跑去找车辆。当拉下复合肥车间电源总闸后，车间职工李某手扶离王某不远的架棒管去拉王某时，又被电击倒（立即被跟在后面的维修工尹某拉起）。车间主任于某发现不是复合肥车间的电，就急忙跑到公司配电室，在电工班长张某的配合下，迅速拉下公司东路电源总闸。这时，联系好车辆又跑到现场的杜某和闻讯赶到的 2 名电工立即将王某翻过身来，由电工李某对其实施人工呼吸进行抢救，大家一起把王某抬到已开到现场的车上，立即送往县医院抢救。在送医院途中，2 名电工一起给王某做人工呼吸。送到医院时间约在 8 时 40 分左右，王某经抢救无效死亡。

原因分析

事故发生后，通过组织人员对现场勘察和调查分析认为，漏电电线是多年前老厂从办公楼引向原北大门传达室和原编织袋厂办公室的照明线，电线外表及线头之处非常陈旧。该公司整体收购原某化肥厂后始终未用过该线路。原企业电工不知何时在改造撤线时，未将线头清除干净，盘在原北大门传达室窗户上面（因公司在此地计划建一工棚。21 日之前连续四五天，施工人员多次在此丈量、挖地基、打预埋、灌混凝土，并有 10 多人在此扎架子，焊钢梁，施工人员就在此窗户周围施工和休息，扎好的架棒管也伸到了窗户南侧，始终没有发现此地有线头落地）。6 月 22 日夜 10 时至 23 日早 5 时，大雨一直未停并伴有 4～5 级的大风，将盘挂的电源线刮落地面。死者王某到事故发生地寻找工具（在传达室西墙边竖着一根直径30mm、长约1.4m的铁棍）当脚踏平放的铁梯子时不慎摔到（梯子距地面约25cm，其中一头担在铁架子上），面部触及裸露的电源线头，发生触电事故（尸体面部左侧有3cm×5cm的烧伤疤痕）。在实施抢救过程中发生二次触电，原因是王某的身体、铁梯子、铁架棒形成带电回路所致。

对策措施

事故发生后，该公司多次召开会议，举一反三，采取了如下措施：

（1）按照"四不放过"的原则，公司领导组织召开全体职工大会，用发生在身边的事故案例对职工进行安全生产知识教育，以增强职工的安全意识。

（2）公司组成检查组，由领导亲自带队，对公司生产及生活区进行了全面的安全生产大检查，发现问题及时整改。

（3）由县供电局和公司电修人员，对公司的高压线路和低压线路进行了一次彻底的规范整改。

（4）公司制定并实施了具体的安全生产教育计划，每天由车间负责利用班前班后会对职工进行30min的安全生产知识教育。

（5）对事故有关责任人进行处理。

▶ **案例36** 某总厂电气分厂停电措施不完善而引发的全厂停电事故

事故经过

某日12时，某总厂电气分厂自动保护班班长文某接到分厂通知，前方监控系统出现故障，上位机无法读到现场数据，需立即前往处理。12时27分自动保护班班长文某和检修工沈某、张某到达前方中控室并办理了缺陷检查工作票。检查中发现监控界面上的所有数据均出现错误，而各就地单元工作正常，因此判断网线存在问题，需进行消缺处理。于是又重新开了缺陷处理工作票交给值长（工作票签发人文某、工作负责人沈某、工作班成员张某）。13时，运行值班人员按工作票所列措施将1、2号机调速器切换至手动状态，并在1F、3F微机调速器旁安排监盘人员后办理了工作许可手续。接到许可通知后，检修人员便从LCU1开始顺序检查网线与设备的连接部分。因该厂微机监控系统网络采用50Ω同轴电缆通过T型头连接的总线结构，带电插拔T型头连接部分极易损坏设备。为防止带电插拔T型接头损坏控制器接口，检修人员先将现场单元电源切掉后进行检查，检查中发现在LCU1处T型接头所接的终端电阻开路，经更换新终端电阻并将网线恢复后，监控通信正常。电话咨询中控室运行值班人员，回答监控数据已经能够读到。于是运行值班人员立即通知1F电调旁运行监盘人员可以将电动机调速器切换到自动状态。运行人员请示值长同意后刚要将电动机调速器切换到自动状态就听到开关跳闸声音。随后，1F、3F相继出现转速上升，机组甩负荷过速落门停机，造成全厂停电事故。

原因分析

后经现场检查分析，造成停电的原因有以下几方面：

（1）检修方法不得当。不具备多台设备同时检修条件的情况下，检修什么设备就在什么设备处布置安全措施，不检修的设备即便有故障，也应暂时搁置。一台设备检修结束恢复后，再进行下一台设备的检修工作。

（2）系统停电时间太长。插拔T型头连接部分没有采取短时停电的方法进行，监控系统长时间停电给安全带来隐患。

（3）检修工作人员多处作业。检修工作人员总计3人，只能在一处作业，所以在LCU1处T型接头所接的终端电阻更换时，没有及时投入LCU2～LCU5的网络接线。

（4）监控系统存在缺陷。监控系统连接方式薄弱，可靠性、稳定性自然不高，运行值班负责人和检修工作负责人对运行方式的特殊性缺乏足够的认识。

对策措施

（1）应制定和执行防止全厂停电的安全技术保证措施。因故改变系统的正常运行方式时，应事先申请、审批，制定安全技术措施，并要求运行值班负责人和检修工作负责人认真学习，熟练掌握。

（2）对于类似工作，在插拔 T 型头连接部分时应采取短时停电的方法进行。需要检修的部分解除与监控系统的连接后，即刻恢复其他部分与监控系统的正常运行。

（3）建议对监控系统进行升级改造，确保系统的通信联络，以提高系统运行的可靠性。

（4）结合实际进行关键性、危险点工作分析，做好预控工作。对于工作牵扯面较大的继电保护预防性工作，要制定继电保护措施票，严格按照逐级审查会签的原则实行层层把关。

▶ 案例 37　某发电厂 220kV 母线全停事故

事故经过

某发电厂为 220kV 电压等级，双母线带旁路接线方式，从结构上又分为Ⅰ站和Ⅱ站两部分，之间没有电气联系，事故前该厂系统运行正常。

某日 11 时 35 分，220kVⅡ站母差保护动作，母联 2245 乙断路器及 220kV 4 号乙母线上所有运行设备跳闸（包括 3 条 220kV 环网线路和 2 台 200MW 汽轮发电机组，另有 1 路备用的厂用高压变压器断路器）。网控发出"母差保护动作""录波器动作""机组跳闸"等光字报警信号。事故发生后，现场运行人员一面调整跳闸机组的参数，一面对 220kV 4 号乙母线及设备进行检查。11 时 39 分，现场报中调 220kV 4 号乙母线及设备外观检查无问题，同时申请将跳闸的机组改由 220kV 5 号母线并网，中调予以同意。11 时 47 分，现场自行恢复Ⅱ站厂用电方式过程中，拉开厂用高压变压器 2200 乙-4 隔离开关，在合上厂用高压变压器 2200 乙-5 隔离开关时，220kV Ⅱ 站母差再次动作，该厂 220kV 乙母线全停。11 时 50 分，现场运行人员拉开 2200 乙-5 隔离开关，检查发现隔离开关 A 相有烧蚀现象。12 时 01 分开始，现场运行人员根据中调指令，用 220kV 环网线路开关分别给 Ⅱ 站 2 条母线充电正常，之后逐步合上各路跳闸的线路断路器，并将跳闸机组并入电网，220kV Ⅱ 站恢复正常运行方式。

原因分析

事故发生后，根据事故现象和报警信号分析，判断为 2200 乙断路器 A 相内部故障，并对断路器进行了检查试验。该断路器 A 相在交流 51kV 时放电击穿。第 2 日，对 2200 乙断路器 A 相解体检查发现，断路器静触头侧罐体下方有放电烧伤痕迹，静触头侧支撑绝缘子有明显对端盖贯穿性放电痕迹，均压环、屏蔽环有电弧杀伤的孔洞。经讨论认定，该断路器静触头侧绝缘子存在局部缺陷，在长期运行中受环境影响绝缘水平不断下降，最终发展为对地闪络放电，引发此次事故。事故发生后，作为判断故障点重要依据的"高压厂用变压器差动保护动作"信号没有装设在网控室，而是装设在单元控制室，使现场负责事故处理的网控值班人员得不到这一重要信息，在未判明并隔离故障点的情况下进行倒闸操作，使事故进一步扩大。

现场值班人员在事故处理中也存在问题。220kV 4 号乙母线跳闸后，网控值班人员积极按现场规程及反事故预案要求对 4 号乙母线及所属断路器、隔离开关、支持绝缘子等进行了核查，对网控二次设备的信号进行了核查，但对始终处于备用状态的 2200 乙断路器没有给以充分注意；另一方面，单元控制室的运行值班人员没有主动与网控室沟通情况，通报"高压厂用变压器差动保护动作"信号指示灯亮的情况，导致网控值班人员在故障点不明的情况下，为保 Ⅱ 站机组的厂用电，将故障点合到运行母线上，致使 220kVⅡ站母线全停。

对策措施

（1）立即组织人员对 2200 乙断路器进行检修。对 A 相罐体整体更换，对原 A 相套管、TA 彻底清洗。对 2200 乙断路器 B、C 相进行交流耐压试验。

（2）针对网控室没有 2200 乙厂用高压变压器保护信号的问题，制定措施进行整改，同时检查其他重要电气设备是否存在类似问题。

（3）加强各相关岗位间联系汇报制度，发生异常时各岗位应及时沟通设备的运行情况及相关保护、装置动作信号。

（4）加强运行值班人员的培训工作，提高运行值班人员对异常情况的分析能力和事故处理能力，保证运行值班人员对规程、规定充分理解，在事故情况下能够做到全面分析，冷静处理。

▶ **案例 38** 某发电厂擅自解除闭锁带电合接地刀闸事故

事故经过

某日 15 时 18 分，某发电厂在 112-4 隔离开关准备做合拉试验中，运行操作人员未认真核对设备名称、编号和位置，走错位置，又未经许可擅自解除闭锁，造成一起带电合接地刀闸的恶性误操作事故。112-4 隔离开关消缺工作应该在 112 断路器检修工作结束（工作票全部终结），并将 112 系统内接地线全部拆除后，重新办理工作票。在 112-4 隔离开关准备做合拉试验中，运行操作人员未认真核对设备名称、编号和位置，错误地走到 112-7 接地开关位置，不经值长许可，擅自解除闭锁，将 112-7 接地开关合上，造成带电合接地刀闸的恶性误操作事故。

原因分析

（1）安全生产疏于管理，习惯性违章长期得不到有效遏制。在本次操作中，操作人、监护人不认真核对设备的名称、编号和位置，在执行拉开 112-2-7 接地刀闸的操作中，错误走到了与 112-2-7 接地刀闸在同一架构上的 112-7 接地刀闸位置，将在分闸位置的 112-7 接地刀闸错误的合上，是事故发生的直接原因。

（2）操作监护制度流于形式，监护人未起到监护作用。监护人、操作人在操作时走错位置，操作人执行拉开接地刀闸操作时变成了合闸操作，监护人未能及时发现错误，以致铸成大错。

（3）电磁锁及其解锁钥匙的管理不完善，存在漏洞。按照规定，电磁锁解锁操作需经当值值长批准。但在本次操作中，在值长不在场的情况下，电气运行班长没有执行规定，未经值长批准，未填写"解除闭锁申请单"致使操作人在盲目操作情况下，强行解除闭锁合上了 112-7 接地刀闸。

（4）值长电网安全意识淡薄，没有履行好自身职责。在操作人执行操作时，值长没有站在保护电网安全的高度来指挥全厂生产工作。

（5）电磁锁是防止电气误操作的重要设备，各级领导和管理人员对电磁锁的管理长期不重视，存在严重漏洞。电磁锁时常出现正常操作时电磁锁打不开的缺陷和故障，影响了正常的操作，某些运行人员才在操作中同时携带两把电磁锁的钥匙，其中一把为正常操作的大钥匙，一把为解除闭锁的小钥匙，以备正常操作电磁锁打不开时用小钥匙解除闭锁。由于操作人员随身携带着解除闭锁的钥匙，并且不履行审批手续，致使误操作事故随时都有可能发生。

（6）电磁锁发生缺陷后，运行人员不填写缺陷通知单，检修人员的巡视检查也走了过场。各级领导和管理人员对电磁锁的运行状况无人检查，对缺陷情况不掌握，致使电磁锁缺陷长期存在。

对策措施

（1）加强全员安全生产管理，建立和完善落实安全生产责任制及安全责任考核奖惩制度，关键要加大对管理者和各级员工的考核力度，严格执行安全的工作条件来保障运行人员的生命安全，并督促其对安全生产及其设备的管理。

（2）加强领导和员工的安全教育和业务技能的学习和培训，提高员工安全责任感，严格执行电气倒闸操作票制度，定期举办机械闭锁和电气闭锁专业知识讲座，防止发生电气误操作事故。

（3）值班负责人或运行班长是值班现场的安全生产第一责任人，应切实履行好自身的安全职责。要树立全局安全观念，安全生产工作要全面考虑，制订周密的操作计划，落实安全技术措施。对于一些重大的操作，要实行申请、审核和审批制度，并力争亲临现场指挥操作。

（4）加强对操作监护人、操作负责人专业技能和业务素质的提高。操作监护人应由具有多年操作实际工作经验、熟悉系统运行状况、很好履行安全监护职责的员工担任，操作人也应熟悉操作设备的名称、编号和位置，严格执行操作票上的操作内容，不得随意更改。

（5）充分利用 MIS 网络技术对设备缺陷进行闭环管理。应尽快编制、完善、实施和落实电气防误闭锁管理制度，从技术上、制度上等方面实行超前防范。对电磁锁等设备存在的缺陷要及时进行处理，并严格按时考核，提高设备的健康水平，禁止设备带病运行。

（6）加强系统运行倒闸操作危险点分析与预控管理工作。对危险点要进行具体分析、科学评估，有针对性地提出可操作性的防范措施。

▶ **案例 39** 某矿区电弧灼伤事故

事故经过

某日 16 时 30 分，某矿区（综合放炮）正常生产。22 时 40 分，矿区内某移动变电站附近 6kV 电缆放炮，造成 N1 采区变电站全部停电。综合放炮队值班电工于某立即向矿调度员苗某汇报。矿调度员苗某通知 N1 变电站当班运行工刘某，在综合放炮队未处理完电缆故障之前不准送电。然后通知综合放炮队电工于某、刘某处理电缆放炮故障。

当时 N1 采区变电站内除综合放炮工作面两条 6kV 供电电源开关无电外，其他地点均正常供电。23 时 30 分，地面高压变电站发现 8 号和 16 号断路器出现漏电显示，经选号确定为从中央变电站至 N1 采区变电站 7 号线路存在问题，因此，矿调度通知中央变电站只准送 19 号回路。由于单回路供电，要实现 N1 采区变电站除综合放炮面停电外其他线路正常供电，必须合联络断路器。零时 25 分，经矿调度通知 N1 采区变电站值班运行员刘某合联络断路器，刘某误将综合放炮工作面 12 号断路器合闸送电，在处理电缆接头作业的综合放炮队电工刘某当场被电弧灼伤。

原因分析

（1）采区变电站运行工刘某业务素质低下，精力不集中，导致误操作。

（2）综合放炮队电工在处理高压电缆接头故障前未挂停电标志牌，也没有将断路器内三相短路接地或将高压开关内小车拉出。

（3）电工陶某、陈某和孙某在以前处理综合放炮 6kV 高压电缆接头时，施工质量存在缺陷，引起电缆放炮。

对策措施

（1）加强对运行岗位人员的业务知识和技能的培训，增强安全防范意识，避免违章操作和误操作。

（2）严格执行操作票制度和工作票制度，建立、完善和执行停、送电相关管理制度和程序，并加强对制度、程序执行的监督和考核力度。

（3）加强对施工人员业务水平和素质的培训，按规范要求安装和维修电气设备和线路，确保施工质量，并建立和完善竣工验收的相关制度和程序，消除安全缺陷和事故隐患。

（4）加强对电气设备和线路的日常检查和维护保养工作，按要求定期对其进行耐压、过流等保护试验。

▶ **案例 40** 某电业局 220kV 变电站误操作事故

事故经过

某日上午，某电业局因 2479 线 220kV 正母线闸刀（新扩建设备）与副母线闸刀连线进行搭接工作需要，220kV 旁路断路器代 2479 线断路器运行。下午 16 时 25 分工作结束，16 时 46 分省调下令"2479 断路器由开关检修改为副母线运行，220kV 旁路断路器由代 2479 断路器副母线运行改为副母线对旁路母线充电"。16 时 50 分，监护人高某和操作人董某开始操作，当操作至"放上 1 号主变压器 220kV 纵差 TA 连接片，取下短接片"时，误将 1 号主变压器保护屏上处于连接位置的 1 号主变压器 220kV 纵差旁路 TA 端子当作 1 号主变压器 220kV 纵差 TA 端子，在未进行认真确认的情况下即认为 1 号主变压器 220kV 纵差 TA 端子已处于连接位置无需操作，并将操作票上该步骤打勾。17 时 41 分，当操作至"放上 1 号主变压器差动保护投入连接片 2XB"时，1 号主变压器差动保护动作，2479 线断路器及主变压器 110kV 和 35kV 侧断路器跳闸。18 时 10 分变电站 110kV 母线由 1139 线送电恢复运行，事故损失电量 4.8 万 kWh。

原因分析

（1）当值操作人员工作责任心差、安全意识不强，未严格执行倒闸操作相关要求，操作中未认真核对设备状态，漏项操作，是造成此次事故的主要原因。

（2）当值操作人员对主变压器纵差保护的接线原理以及差流的概念模糊不清，在操作到"检查1号主变压器差动保护差流正常"时，发现C相差流为1.3A，没有引起重视并及时查明原因，在放上主变压器差动投入连接片时，差动保护动做出口跳闸。这是导致这一事故发生的重要原因。

（3）保护屏设计不合理，反事故措施不到位。主变压器纵差旁路TA切换端子在主变压器保护屏和旁路保护屏上重复配置，且主变压器保护屏上"1号主变压器220kV纵差TA"和"1号主变压器220kV纵差旁路TA"两组端子在屏底排列，并且主变压器保护屏上"1号主变压器220kV纵差旁路TA"端子未做好防范措施，给操作留下了安全隐患。

（4）供电局变电运行工区对变电运行人员在培训管理和操作管理方面还存在问题。具体反映在：

1）当值操作人员对现场设备不熟悉，主变压器保护屏上"1号主变压器220kV纵差TA"和"1号主变压器220kV纵差旁路TA"两组端子在屏底排列，而"1号主变压器220kV纵差旁路TA"端子正常时规定连接片就应在放上位置（靠220kV旁路保护屏上的1号主变压器220kV纵差旁路TA端子进行正常切换操作），对此运行人员不了解。

2）1号主变压器差动保护差流正常值到底为多少，操作人员心中不清楚，操作票上也未说明。

对策措施

（1）从本次事故中吸取教训，举一反三，认真开展熟悉现场设备和危险点分析及预控活动，进一步完善各项管理制度，落实安全技术措施和安全组织措施。

（2）加强对电工作业人员专业技术知识的教育培训，是电工作业人员完全了解本单位系统构成和设备状况，提高电工作业人员的业务素质和技能水平。

（3）加强对电工作业人员的工作责任心和安全意识教育，

树立"安全第一，预防为主"的思想，严格执行"两票三制"和"六要八步"操作管理规定及现场安全工作规程。

（4）组织人员定期检查系统及设备的运行状况，对发现的故障和缺陷，要进行及时处理。确保系统和设备管理到位，运行安全，操作方便。

（5）制订倒闸操作演练方案，并定期组织演练。通过演练，可以锻炼员工队伍的实战能力，也可以从中发现问题，找出不足，加以改进，不断提高。

▶ **案例41** 某建筑工地一起违章指挥无证操作事故

事故经过

某日上午，某建筑工地因坑槽内积水，施工班长赵某安排人用水泵将水抽排出来。当水抽出近一半时水泵出现故障。赵某决定调换另一台水泵继续抽水，遂让人将备用泵抬来，并安排曾在村里当过电工的王某换接水泵线。王某到配电柜处检查，看到水泵闸刀已经拉下，便回到出现故障的水泵旁拆卸电源线，班长赵某也在帮王某打开备用泵接线盒。王某在赵某身后剥线头准备接线，突然王某大叫了一声，并一头栽在身旁的土坑内，双手冒烟，脸色灰青。班长赵某马上意识到有人把水泵线的闸刀合上了，就向配电柜方向边跑边喊："快拉闸"。原来焊工班的陈某、万某要焊一个断裂的模板，误把水泵闸刀给合上了（就在昨天焊工班有人曾把电焊机线接在该闸刀上临时焊接过东西）。此时陈某慌忙拉下闸刀，赵某又把总闸也拉了下来，便立刻跑回王某身边。只见王某已有气无力地坐在地上，双手都被电击伤。紧接着王某被立即送往市医院烧伤科进行治疗，经医生诊断其右手掌皮肤呈黑色，深至肌腱，左手拇指、食指皮肤烧焦，有两个黄豆大的黑洞（电流放电点），双手中度灼伤，深度为3°。

原因分析

（1）民工王某是无证操作。民工王某虽然在村里干过电工，但并没有电工作业操作证，受班长指派，还是冒险违章无证作业。

（2）焊工陈某盲目合闸。陈某对周围工作环境不加观察和判断，没有查明电焊机线路是否接在配电柜闸刀中和其他人员是否安全的情况下，未通过当班管理人员的许可，工作中粗心大意，安全意识不强，仅凭昨天本班组在此进行过焊接作业，就盲目合闸，结果错合隔离开关，造成民工王某被电击伤。

（3）班长赵某违章指挥。身为班长的赵某明知王某没有电工作业操作证，却安排王某去换接水泵电缆线，结果有人错合闸刀，造成王某被电击伤。

（4）施工现场用电管理混乱。施工现场安全管理存在漏洞，安全生产责任制落实不到位。施工现场用电标识不明确，各种作业人员无序用电，造成了此次事故的发生。

对策措施

（1）加强对全体职工进行安全生产知识教育和培训，增强安全意识，提高自身安全素质。特别要加强用电安全教育，提高自身防护能力，变"要我安全"为"我要安全"，做到"不伤害自己、不伤害他人、不被他人伤害"。

（2）牢固树立"安全第一"思想，杜绝盲目作业，消除麻痹大意和侥幸心理，做到警钟长鸣。对发生的事故严格按照"四不放过"的原则进行处理，以此为戒，引起广泛的重视，避免类似事故再次发生。

（3）从业人员要坚决拒绝违章指挥，学会用法律武器保护自己，维护正常的生产秩序，从而有效地防止生产事故发生，保护自身的人身安全。

（4）必须严格按照《中华人民共和国安全生产法》的规定，对特种作业人员加强管理，经过培训合格，取得特种作业操作资格证书，方可上岗作业。坚决杜绝无证上岗作业。

（5）施工现场用电要严格按照建筑施工现场临时用电安全

技术规范，实行一机、一箱、一漏、一闸，严禁一个闸刀接用多台设备和供应多个作业组使用。

（6）维修、更换设备、设施时，开关把手上都要悬挂"禁止合闸，有人工作"的安全警示标牌，必要时加装闭锁保护装置，在配电柜与施工机具相距较远时要设专人看护，以免施工现场环境复杂、人员众多，造成事故发生。

（7）施工现场所有用电设备，除作保护接零外，必须在设备负荷的首端处设置剩余电流动作保护装置，并按规定进行检测试验，确保其灵敏性、可靠性，一旦出现触电事故能真正起到断电保护的作用。

（8）坚持以人为本，全面加强施工现场安全管理，层层分解安全生产责任制，逐级把关、逐级负责，形成人人懂安全、人人管安全、人人要安全的良性循环和发展。

▶ **案例 42** 某供电公司 35kV 某变电站恶性电气误操作造成人员严重电弧灼伤事故

事故经过

某日，某供电公司某供电分公司操作小班宋某在执行 35kV 某变电站 13 水厂从运行改为开关线路检修（编号为 00575）任务时，由于一系列严重违章，发生带电挂接地线恶性电气误操作事故，并造成人员严重电弧灼伤。

上午 9 时，操作小班宋某接班。根据调度布置的工作任务，到该变电站执行 13 水厂从运行改为开关线路检修（编号为 00575）操作。到该变电站后 12 时 02 分接到调度命令开始执行操作，操作人为潘某，监护人为宋某（事故受伤者）。两人先到控制室，在模拟图板上操作预演后，即在模拟图上进行复归（该站采用微机"五防"，可通过模拟操作预演和按钮复归，达到不回送电脑钥匙操作步骤事先设置好设备状态的目的）并到现场开始操作。操作时两人取出私藏的"五防"解锁钥匙，边录音边解锁操作。在一起执行完"取下 13 水厂重合闸连接片、拉开 13 水厂断路器、拉开 13 水厂线路隔离开关"操作步骤后，两人分开。操作人潘某在 13 水厂线闸刀仓打开网门挂接地线，监护人宋某则径直走到 13 水厂母线闸刀仓，在没有拉开 13 水厂母线闸刀的情况下解锁打开母线闸刀仓网门，又未经验电直接在断路器母线闸刀侧挂接地线，造成 10kV 二段母线相间短路，引起 2 号主变压器过流跳闸，监护人宋某被电弧严重灼伤。后送医院抢救，经医院初步诊断为深 II 度 70% 面积烧伤。

原因分析

（1）操作人员安全意识淡漠，不顾公司三令五申，仍我行我素私藏解锁钥匙，且工作严重违反调度操作规程、安全规程，野蛮操作，在整个操作过程中不使用操作票、私自解锁操作、跳项操作、失去监护操作，不经验电就挂接地线。

（2）此次事故中暴露出的一系列触目惊心的违章，充分反映出技术纪律和规章制度的执行极其松懈，行政管理、监督不到位，各级人员在落实安全责任制、贯彻执行制度、措施、要求时，存在落实不到位、检查不细致、管理有漏洞的现象。

对策措施

（1）事故发生后，该供电公司于当日 15 时，召开了事故现场会，该供电公司各基层单位经理、生产副经理、调度所长、安监部主任参加了会议。会上该供电公司总经理、副总经理分析了事故发生的原因，并提出以下要求：

1）迅速将事故情况传达到每一位职工，迅速开展检查，务必用严、细、实的工作作风来落实要求，确保安全生产。要求各公司、各分公司在落实要求进行针对性检查的同时，近几天适当调整操作工作量并做好稳定军心工作。

2）为使广大职工吸取教训，在该公司随后进行的《安全生产工作规程》考试中要求职工对该事故案例进行分析，找出问题所在，从而使全员职工再一次看到私藏"五防"解锁钥匙的危害，更进一步了解"五防"解锁有关管理规定。

3）结合安全生产双月活动，组织进行防误操作、防人身专项检查，重点就操作班、装接班等流动性强的班组进行针对性检查。

4）调整安全生产考核机制，出台补充考核规定，改变以往考核上重结果轻过程的方式，做到安全生产重结果更重过程，使安全管理防线前移。

（2）公司要求各单位收到该快报后，迅速将事故情况传达到每一个职工，认真组织学习，举一反三。并要求各单位：

1）结合实际情况，开展防人身事故、防误操作事故专项检查。特别强调要严肃"四大纪律"（劳动纪律、安全纪律、技术纪律、调度纪律），切实落实"四项保证"（思想保证、制度保证、能力保证、技术保证），加强生产现场的安全管理和监督检查，尤其对于流动性强、小班组、分散作业人员要有针对性的措施。

2）要加大反违章工作力度，加大对违章处罚力度，强化各级人员责任心，确保各级安全责任制的落实。

3）在迎峰度夏各类工程施工、新设备启动投运、调度操作以及运行工作的高峰期，要从"一把手"做起，始终把安全放在第一位，落实责任，落实措施，确保一方平安。

▶ **案例 43** 某供电企业监护人员严重失职造成触电死亡事故

事故经过

某日，某供电企业检修班对 10kV A 线进行停电登杆检查和清扫绝缘子，并拆除 B 线侧的警告红旗（A 线和 B 线是同杆塔架设的双回线，A 线停电，B 线带电运行）。工作负责人孙某（运行班长）在驶往工作地点的车上，向全体作业人员宣读了工作票，并划分了工作组，指定了各小组负责人。赵某与王某（小组负责人）负责 86～99 号杆塔的检查和清扫。首先由赵某登 99 号杆，王某监护。赵某登杆时，既不戴安全帽，又不系安全带，并说："A、B 线明年就要改造，用不着清扫了，只要上杆后看一下，把 B 线的警告红旗拆下来了事。"而监护人王某对赵某的一系列违章行为和工作态度并未制止和批评。当赵某登上杆塔后，发现绝缘子很脏污，便告诉王某，王某说："下一基就得擦一擦。"随后，王某就没再对赵某进行监护，而在杆下整理安全帽，系安全带，准备去登 98 号杆。此时，赵某将 B 线下线的红旗拆下后，踩着下横担向带电的 B 线的中线导线侧移动。当赵某距中线 0.5m 处准备抓导线擦绝缘子时，导线对人体放电，赵某触电，身体失去平衡，从塔上 15.3m 处坠落地面，经抢救无效死亡。

原因分析

（1）作业人员赵某在既不戴安全帽又未系安全带的严重违章情况下就登杆作业，无视《电力安全工作规程》中规定的"在杆塔上工作，必须使用安全带和戴安全帽"；赵某还对工作任务不清楚，思想不集中，对本来就带电运行还挂有警告红旗的 B 线，竟然在拆下警告红旗后，马上就去清扫绝缘子，造成误碰触带电线路，从高处坠落死亡，这是发生这次事故的主要原因。

（2）监护人员王某在赵某的一系列违章情况下登杆作业毫无反应，不批评、不制止，甚至放弃对赵某进行监护，在杆下做登下一基杆塔的准备工作，未认真遵守《电力安全工作规程》中规定的"工作负责人必须始终在工作现场，对工作人员的安全认真监护，及时纠正不安全的动作"，这是发生这次事故的重要原因。

（3）班组长或工作负责人在工作中不能以身作则，甚至带头违反规章制度，不是在工作现场组织工作班人员列队宣读工作票，而是在行驶的车上宣读工作票，也未对工作班成员进行工作任务及停电与带电线路情况的考问，也是发生事故的重要原因。

对策措施

（1）在同杆架设多回线路中部分线路停电的工作及在发电厂、变电站出入口处或线路中间某一段有2条以上相互靠近的（100m以内）平行或交叉线路上工作，作业人员必须严格遵守《电力安全工作规程》中相关条款的规定，不允许有丝毫的麻痹和大意。

（2）要采取防止误登带电线路杆塔的技术措施：①做好判别标志、色标或采取其他措施，以使工作人员能正确区别哪一条线路是停电线路；②工作时，应发给工作人员相对应线路的识别标志；③登杆作业前，认真核对线路名称、杆号和相应标志，逐一核对导线的排列方式和前后相邻杆塔并验明线路确已停电并挂好接地线后，方可攀登。

（3）严格执行工作监护制度。监护人对工作人员生命安全负有重要责任，工作人员登杆作业时，决不允许失去监护，严禁工作人员擅自登杆。特别在同杆架设多回线路，部分线路停电或有平行交叉带电线路上工作时，要设专人监护，以免误登有电线路杆塔。监护人对登杆作业人员必须进行全过程监护，作业中间不允许中断监护。监护人对习惯性违章行为，要敢管并坚决制止。

（4）各级领导，特别是班组长，在工作中一定要严肃认真，不折不扣地执行《电力安全工作规程》及有关制度，完全履行安全责任，强化组织和劳动纪律，杜绝有章不循和习惯性违章，避免类似事故发生。

▶ **案例44** 某热电厂停电事故

事故经过

某日，某热电厂全厂6台机组正常运行，3号发电机（容量100MW）带有功85MW。19时57分，3号发电机—变压器组差动保护动作，3号发电机—变压器组103断路器、励磁断路器、3500 断路器、3600 断路器掉闸，3kV 5 段、6 段备用电源自投正确、水压逆止门、OPC 保护动作维持汽轮机 3000r/min、炉安全门动作。立即检查 3 号发电机—变压器组微机保护装置，查为运行人员在学习了解 3 号发电机—变压器组微机保护 A 柜保护传动功能时，造成发电机—变压器组差动保护出口动作。立即汇报领导及调度，经检查 3 号发电机—变压器组系统无异常，零压升起正常后，经调度同意，20 时 11 分将 3 号发电机并网，恢复正常。

原因分析

运行人员吴某在机组正常运行中，到 3 号发电机—变压器组保护屏处学习、了解设备，进入 3 号发电机—变压器组保护 A 柜 WFB—802 模件，当查看"选项"画面时，选择了"报告"，报告内容为空白，又选择了"传动"项，想查看传动报告，按"确认"键后，出现"输入密码"画面，选空码"确认"后，进入了传动保护选择画面，随后选择了"发电机—变压器组差动"选项，按"确认"键，欲查看其内容，结果造成 3 号发电机—变压器组微机保护 A 柜"发电机—变压器组差动"出口动作。

对策措施

（1）强化电工运行值班人员的安全防范意识，规范员工的行为，禁止私自对微机保护装置等进行操作，消除人为隐患。

（2）严格遵照防止二次人员三误工作管理办法的有关要求，吸取以往的事故教训，认真落实微机保护装置安全防范措施，设置密码或口令保护。

▶ 案例 45　某电业局人身触电伤亡事故

事故经过

某日，某电业局根据年度设备预试工作计划，由修试所高压班和开关班对城东变电站 110kV 城西Ⅱ回线路 042 断路器、避雷器、TV、电容器进行预试及断路器油试验工作。在做完开关试验，并取出油样后，高压班人员将设备移到线路侧做避雷器及 TV 预试工作。此时，开关班人员发现城西Ⅱ回线路 042 三相断路器油位偏低，需加油。在准备工作中，开关班工作负责人（兼监护人）查某因上厕所短时离开工作现场。11 时 29 分，开关班临时工热某走错间隔，误将正在运行的 2 号主变压器 032 断路器认作停运检修的 042 断路器，爬上断路器准备加油。刚接触到 2 号主变压器 032 断路器 A 相，发生触电事故，随即从 032 断路器 A 相处坠地，经抢救无效死亡。

原因分析

（1）工作票填写不规范，没有填写现场具体安全技术措施，属不合格工作票；工作票审核、批准未能严格把关，管理存在漏洞。

（2）工作许可人没有认真履行职责，在布置现场安全措施时没有认真进行现场查看和进行危险点分析，现场安全技术措施不完善，未设置工作遮栏。

（3）工作负责人没有认真履行应有职责，没有召开工作班前会，没有认真向工作班组成员进行安全交底。同时不严格执行现场监护制度，造成事故隐患。

（4）临时工安全意识差，没有对现场工作的设备进行核对，走错间隔，导致事故发生。

对策措施

（1）加强电工作业人员的安全技术知识的教育、培训和考核工作，增强电工作业人员的安全防范意识。

（2）严格执行《电力安全工作规程》，落实"两票三制"。特别要加强"两票"的审核、批准和签发制度的执行力度。加强对四类工作人员（工作票签发人、工作许可人、工作负责人和工作监护人）的安全教育和管理，确保其严格履行各自的安全职责，从安全生产的组织措施的各个环节上把好关。

（3）认真开展好工作班前会和班后会，进行认真的安全和技术交底，做好危险点分析和预控工作。

（4）切实加强工作现场的安全监督检查力度，凡牵涉到人身和电网的重大工作任务时，必须有专职的安全员在现场进行安全监督，确保人身和电网、设备安全。

（5）加强对临时工的安全管理，按照临时工有关安全管理工作规定，从安全教育、技术培训、安全考核与持证上岗、现场工作安排、现场监督检查、工作监护等各个环节着手，切实搞好临时工的安全管理。

▶ **案例 46**　某钢铁公司未停电而检修引发触电死亡事故

事故经过

某日，某钢铁公司冷轧热镀锌定修，设备检修有限公司电修厂开关三组王某（班长）等 5 人接受冷轧厂点检作业区点检人员章某的书面委托，对 2 号热镀锌高压变电室高压柜做开关试验。在开关试验项目基本结束后时，冷轧厂点检人员文某要求追加高压断路器接地刀闸维护、清灰项目。结果王某在开启未停电的高压柜下柜盖板时，触及高压柜内带电裸露部分，发生触电事故，经医院抢救无效死亡。

原因分析

（1）检修人员在进行高压断路器接地刀闸维护、清灰作业时，触及高压柜内带电裸露部分，是造成触电死亡事故的直接原因。

（2）检修人员作为高压作业工作负责人，在打开高压柜下柜时，在未按《电业安全工作规程》进行停电、验电、装设接地线的情况下盲目进行作业，是造成这起死亡事故的主要原因。

（3）员工安全教育和培训不到位，安全生产意识淡薄，没有严格执行设备检修管理制度，也是造成事故的原因之一。

对策措施

（1）全体员工要认真从事故中吸取教训，总结经验，举一反三，严格执行各项管理制度，落实各项管理措施，增强自我保护意识，坚决杜绝各种违章违纪现象的发生。

（2）加强员工的安全技术知识的教育培训，不断提高员工的安全防范意识，使每一位员工严格遵守《电业安全工作规程》中的各项规定，必须按照相关要求作业。并加强作业过程中的安全指导和检查力度，及时纠正各种违章作业，消除安全隐患，确保安全第一。

（3）认真开展危险源辨识，梳理检修作业中的危险源并严格控制。细化、完善危险源辨识，落实有效的防范措施，坚持标准化作业，防止事故的发生。

▶ **案例 47** 某电厂值班运行人员走错间隔违章操作而引发的人身死亡事故

事故经过

某月 15 日，某电厂正值 4 号机组 D 级检修，2 号启动/备用变压器接带 6kV ⅣA 段母线运行，6kV ⅣB 段母线检修清扫。14 日 22 时，电气检修配电班 6kV ⅣB 段母线清扫工作结束，返回工作票。14 日 22 时 10 分，4 号机副值田某、巡操员郝某进行 6kV ⅣB 段由检修转冷备操作。14 日 22 时 50 分持票开始操作，在拉出 64B 开关间隔接地小车时，开关柜钥匙拔不出，联系电气检修人员进行处理。23 时 50 分，64B 间隔 D3 接地小车钥匙处理好。15 日 00 时 15 分，副值田某监护，巡操员郝某持操作票，两人再次进行 6kV ⅣB 段由检修转冷备的操作。15 日 0 时 41 分，2 号启动/备用变压器 140 断路器、604A 断路器跳闸，110kV 系统母联 130 断路器跳闸，2 号启动/备用变压器保护屏"6kV ⅣB 段母线复合电压过流保护、限时速断保护"、"2 号启动/备用变压器复合电压过流保护"保护动作信号发出。随即巡操员郝某被电弧烧伤衣服着火冲进集控室，告知田某也被烧伤。运行人员紧急赶往现场时，与已跑出 6kV Ⅳ 段配电室的田某相遇。值长当即联系救护车辆和医务人员，护送郝某、田某前往医院进行救治。经检查郝某总烧伤面积 95%，深二度～三度 65%，浅二度 30%；田某总烧伤面积 95%，二度 15%，三度 80%。19 日 11 时 30 分田某伤情恶化，经抢救无效死亡。次月 1 日，郝某伤情恶化，在医院抢救无效死亡。

原因分析

事故现场检查情况如下：

6kV ⅣB 段 604B（6kV ⅣB 段备用电源）断路器后柜下柜门被打开放置在地上，柜内母线连接处绝缘护套被拆下，柜内两处钢板被电弧烧熔，604B 后下柜内、后部墙上漆黑，相邻 64B（6kV ⅣB 段工作电源）开关柜、6410 转接柜后柜窥视镜被烧熔，柜门发黑，现场遗留扳手、绝缘电阻表、绝缘电阻表上下结合处爆开，604B 后柜下柜门上防误闭锁装置的一颗螺钉被拧下，另一颗螺钉拧松，锁孔片脱开，同时现场遗留有被烧损的对讲机、手机等物。

因两位当事人死亡，具体操作过程不能准确得知，但根据事故现场可基本判定：田某、郝某二人在拉开 6kV ⅣB 段工作电源 64B 间隔封装的接地小车后走至柜后，本应在 64B 后柜上柜处测量绝缘，二人未认真核对设备名称编号，却误走至相邻的 6kV ⅣB 段备用电源 604B 开关后柜，打开下柜门。打 604B 开关后柜下柜门时，在拧下柜门两边 6 颗螺钉的同时将下柜门上防误闭锁装置一颗螺钉拧下，另一颗螺钉拧松，致使防误闭锁锁孔片脱开，防误闭锁装置失效，强行解除防误闭锁装置。在打开后柜的下柜门后接着打开母线连接处绝缘护套，未用验电器检查柜内是否带电，就直接开始测量绝缘，造成短路放电。电弧将 2 人面部、颈部、手臂灼伤，同时将衣服（工作服不符合要求）引燃，自救不及时，造成了身体其他部位烧伤。

经最终调查认定，此次人身死亡事故是一起电气运行人员走错带电间隔，违章操作的恶性责任事故。

对策措施

（1）加强电工作业人员的安全技术知识教育和培训，增强安全防范意识。

（2）电工作业人员应严格遵守《电力作业安全规程》中的相关要求。作业时，电工作业人员必须认真落实各种安全技术措施和组织措施，克服侥幸心理，防止盲目、冒险作业。

（3）建立、完善电气安全责任制度，明确每一位电工作业人员的工作职责，强化工作责任心，保证工作质量，严查、严惩和纠正工作中出现的各种违章违纪现象。

▶ **案例 48** 某电业局电弧灼伤事故

事故经过

某日 12 时 34 分 47 秒，某电业局 220kV A 变电站 10kV 江头 Ⅱ 回 906（接于 10kV Ⅱ 段母线）线路故障，906 线路保护过流 Ⅱ 段、过流 Ⅲ 段动作，开关拒动。12 时 34 分 49 秒 A 变电站 2 号主变压器 10kV 侧电抗器过流保护动作跳 2 号主变压器三侧断路器，5s 后 10kV 母线分段备自投动作合 900 断路器成功（现场检查 906 线路上跌落物烧熔，故障消失）。1、2 号站用变压器发生缺相故障。

值班长洪某指挥全站人员处理事故，站长陈某作为操作监护人与副值班工刘某处理 906 开关柜故障。洪某、陈某先检查后台监控机显示器：906 断路器在合位，显示线路无电流。12 时 44 分在监控台上遥控操作断 906 断路器不成功，陈某和刘某到开关室现场操作"电动紧急分闸"按钮后，现场开关位置指示仍处于合闸位置；12 时 50 分回到主控室汇报，陈某再次检查监控机显示该开关仍在合位，显示线路无电流；值班长洪某派操作人员去隔离故障间隔，陈某、刘某带上"手动紧急分闸"按钮专用操作工具准备出发时，变电部主任吴某赶到现场，三人一同进入开关室。13 时 10 分操作人员用专用工具操作"手动紧急分闸按钮",断路器跳闸,906断路器位置指示处于分闸位置,13时18分由刘某操作断9062隔离开关时,发生弧光短路,电弧将操作人刘某、监护人陈某及变电部主任吴某灼伤。经医院诊断,吴某烧伤面积72%,刘某烧伤面积65%,陈某烧伤面积10%。

原因分析

（1）906断路器分闸线圈烧坏,在线路故障时拒动是造成2号主变压器三侧越级跳闸的直接原因。

（2）906断路器操动机构的A、B两相拐臂与绝缘拉杆连接松脱造成A、B两相虚分,在断开9062隔离开关时产生弧光短路;由于906柜压力释放通道设计不合理,下柜前门强度不足,弧光短路时被电弧气浪冲开,造成现场人员被电弧灼伤。开关柜的上述问题是人员被电弧灼伤的直接原因。

（3）综合自动化系统逆变电源由于受故障冲击,综合自动化设备瞬时失去交流电源,监控后台机通信中断,监控后台机上不能自动实时刷新900断路器备自投动作后的数据,给运行人员判断造成假相,是事故的间接原因。

（4）现场操作人员安全防范意识、自我保护意识不强,危险点分析不够,运行技术不过硬,在处理事故过程中对已呈缺陷状态的设备的处理未能采取更谨慎的处理方式。

（5）该开关设备最近一次小修各项目合格,虽然没有超周期检修,但未能确保检修周期内设备处于完好状态。

对策措施

（1）对同类型断路器开展专项普查,立即停用与故障断路器同型号、同厂家的断路器。

（2）对与故障断路器同型号、同厂家的断路器已运行5年以上的,安排厂家协助大修改造,确保断路器可靠分合闸,确保防爆能力符合要求。

（3）检查所有类似故障开关柜的防爆措施,确保在柜内发生短路产生电弧时，能把气流从柜体背面或顶部排出，保证操作人员的安全。对达不到要求的，请厂家结合检修整改。

（4）检查各类运行中的中置柜正面柜门是否关牢，其门上观察窗的强度是否满足要求，不满足要求的立即整改。

（5）高压开关设备的选型必须选用通过内部燃弧试验的产品。

（6）检查综合自动化系统的逆变装置电源，确保逆变装置优先采用站内直流系统电源，站用交流输入作为备用，避免事故发生时交流电源异常对逆变装置及综合自动化设备的冲击，进而导致死机、瘫痪等故障的发生。

（7）运行人员在操作过程中，特别是故障处理前，都应认真做好危险点分析，并采取相应的安全措施。

（8）结合"爱心活动""平安工程"，加强生产人员危险意识和自我保护意识的教育及业务培训。

▶ **案例 49** 某电业局电弧灼伤事故

事故经过

某日，某电业局 220kV A 变电站发生一起工程外包单位油漆工误入带电间隔造成 110kV 母线停电和人员灼伤事故。该日的工作中，其中一项为 1230 正母线闸刀油漆、1377 正母线闸刀油漆，由外包单位某电气安装公司（民营企业）承担。工作许可后，工作负责人对两名油漆工（系外包单位雇佣的油漆工）进行有关安全措施交底并在履行相关手续后，开始油漆工作。

下午 13 时 30 分左右，完成了 1230 正母线闸刀油漆工作后，工作监护人朱某发现 1230 正母线闸刀垂直拉杆拐臂处油漆未到位，要求油漆工负责人汪某在 1377 正母线闸刀油漆工作完成后对 1230 正母线闸刀垂直拉杆拐臂处进行补漆。下午 14 时，工作监护人朱某因要商量第二天的工作，通知油漆工负责人汪某暂停工作，然后离开作业现场。而油漆工负责人汪某、毛某为赶进度，未执行暂停工作命令，擅自进行工作，在进行补漆时跑错间隔，攀爬到与1230相邻的1229间隔的正母线闸刀上。当攀爬到距地面2m左右时，1229正母线闸刀A相对油漆工毛某放电，油漆工毛某被电弧灼伤，顺梯子滑落。伤者立即被送往当地医院治疗，伤情稳定，无生命危险。14时05分110kV母差保护动作，跳开110kV副母线上所有断路器，造成由A变电站供电的3个110kV变电站失电。14时50分恢复全部停电负荷。

原因分析

（1）油漆工毛某安全意识淡薄，不遵守现场作业的各项安全规程、规定，不听从工作监护人命令，擅自工作，误入带电间隔。

（2）工作监护人朱某监护工作不到位，在油漆工作未全部完成的情况下，去做其他与监护工作无关的事情，将两个油漆工滞留在带电设备的现场，造成监护缺失。

（3）施工单位对作业人员安全教育不全面、不到位，现场管理不严格。

对策措施

（1）该电业局在作业现场必须认真执行各项现场安全管理规程、规定和制度，严格遵守作业规范，特别是对母线、母差、主变压器、线路高空作业等检修工作的安全措施必须做到细致、严密、到位，防止各类人身和设备事故的发生。各级运行人员要严格执行"两票三制"和"六要八步"操作规范，防止各类误操作事故的发生。

（2）该电业局应加强对外包队伍的资质审查，特别要加强对外包队伍作业负责人的能力审查，严把民工、外包工、临时工作业人员进场的准入关。还应加强对外包作业人员安全意识教育，特别是对在带电设备附近、高处作业、起重作业等高风险作业场所的民工、外包工、临时工作业人员，要认真进行安全教育，经严格考试合格后，方能参加相关作业，以进一步提高该类作业人员的自我保护意识和自我保护能力。

（3）作业现场的工作负责人（监护人）必须切实负起安全责任，加强作业现场的安全监督与管理，特别是要加强对民工、外包工、临时工的监督、指导，确保工作全过程在有效监护下进行，防止该类作业人员在失去监护的情况下进入或滞留在危险作业场所。坚决制止以包代管的情况发生。

（4）该电业局应加大对作业现场的反违章稽查力度，发现违章现象必须立即制止，并按照关于违章记分的规定进行考核。对一时不能整改而又危及人身或设备安全的问题，必须立即停止作业，待完成整改后方可开始继续进行作业。

（5）该电业局要按照有关要求，结合作业现场实际，对每项工作和每个作业点进行危险点分析，认真查找所有可能导致人身、设备事故的危险因素，制订有针对性的预控措施，要坚决防止危险点分析和预控走过场、流于形式。

（6）对母线、母差、主变压器、主干线路等重要输变电设施的检修工作，必须认真、细致、全面地做好危险点分析和预控工作，科学合理安排系统运行方式，落实各项反事故预案，防止电网大面积停电事故的发生。

▶ **案例 50** 某娱乐有限公司触电死亡事故

事故经过

某日下午，A 乡学区主任郑某到市教育局报到，准备参加第 2 日在市教育局召开的会议，报到后回到家中吃晚饭。晚上22 时 58 分，郑某与刘某到某娱乐有限公司洗浴中心洗澡。两人进入男宾浴场水疗池中躺在脉冲床上后约 2min，浴场服务员曹某发现两人（当时水疗池 4 个脉冲床上只有该二人）与平时的情况不一样。其中第 1 号床上的客人的头部浸在水里，第2 号床上的客人的手在抖动，认为两人有可能是喝酒醉了，便报告了浴场领班李某。李某随即去找浴场经理孟某，孟某不在经理办公室。李某便跑到总台，要求总台服务员拨打"120"，并喊当时值班的保安张某进浴场救人。张某跑到浴场时，水疗床上的两个客人躺在床上一动不动。张某当时把鞋子脱了跳进水中，感觉有电，便赶紧跳出来，喊了几声"有电、有电"。此时有人到机房把电闸关了，张某再伸手去拉人时感觉还有电。张某便叫服务员拿一条毛巾包住手臂去拉人，仍感觉有电，便再拿一条毛巾包住手臂将两人从水池中拉了出来。几个保安对两人做人工呼吸时，医院"120"急救车来到。众人将两人抬上"120"急救车送往医院，经医院医生诊断，两人已经死亡。

原因分析

事故发生前因某种原因，使公共健身房一个弹起式地面插座的电源线（相线）绝缘烧坏，其芯线与插座的金属外壳发生搭接。而接地保护线与该插座的金属外壳相通，由此造成插座中的相线与接地保护线通过插座金属外壳短接，导致健身房、男宾部浴池机房等接地保护接入相线。由于该休闲广场各主要用电场所没有安装剩余电流动作保护装置，致使已作接地保护的浴池脉冲仪的金属外壳带电。已安装的4台浴池脉冲仪的供电电路没有装设专用剩余电流动作保护装置，而其供电系统没有按规定装设剩余电流动作保护开关；浴池脉冲仪内部又没有防范漏电的有效保护措施。在浴池脉冲仪金属外壳带有相全电压（交流220V左右）的情况下，使浴池脉冲仪金属外壳上的相电压通过脉冲输出线导入浴池中脉冲康体床的所有电极点，当人体接触到脉冲康体床时，导致了触电事故的发生。这是导致事故发生的直接原因。

导致事故发生的间接原因有以下几方面：

（1）该娱乐有限公司违反《中华人民共和国建筑法》的相关规定，未对建设、安装工程进行报建，未聘请有资质单位进行设计，未请有资质单位进行装修，装修完工后，未向有关部门申请竣工验收就投入使用。

（2）安装工程队没有资质，整个安装工程无正规的设计，无系统的供电、供水管线、管路施工图纸；供电线路安装不符合要求，地面插座的电源线路未按规定由导管导入，电线与地插座金属外壳直接接触，当相线绝缘皮烧坏时，相线与地插座金属外壳直接接触，致使相线与保护接地线连接，造成整个系统带有危险电压。

（3）该娱乐有限公司内部管理混乱，未按照《中华人民共和国安全生产法》的要求建立安全管理制度，未配备专职安全生产管理人员；未制定安全隐患巡查、报告、整改制度，未对供电系统、线路进行定期检查、维修，对事故隐患未能及时发现和整改，致使可能发生漏电伤人的这一严重安全隐患一直存在。

（4）浴场保护接地线起不到保护作用，以至于供电系统发生故障时，造成整个系统的金属外壳带有危险电压，并且危险电压直接送到水疗床的电极点。

（5）特殊工种未进行安全教育培训或复训，无证上岗。公司的工程部电工蒋某虽有电工操作证书，但已过期。电工陈某无特种作业人员操作证，缺乏必备的电工知识，安全责任意识差，未能及时发现并指出系统无剩余电流动作保护装置和地面插座电线与地插座金属外壳直接接触易短路这一重大安全隐患。

（6）脉冲仪在设计上存在缺陷，没有采取防止高压串入低压（脉冲回路）的隔离防护措施。

（7）未按规定对每台带（通）电设备安装剩余电流动作保护装置，以致在脉冲发生器金属外壳带电时不能及时断开电源。

对策措施

（1）严格落实娱乐场所经营安全责任制。要严格执行"安全第一，预防为主"安全生产方针，要本着对消费者人身安全高度负责的态度，坚决纠正重经营效益、轻安全的思想，切实保障职工和顾客的生命安全。

（2）鉴于该娱乐有限公司的供电线路存在诸多隐患，建议由具备资质的单位，针对该公司的电气线路进行设计和整改，并补充和完善用电安全设施，做好短路、过流、剩余电流动作保护设施的选型与安装。

（3）该规格型号的浴池脉冲仪，在未做改进设计使其剩余电流动作保护达到万无一失的前提下，不应继续使用。

（4）该娱乐有限公司要加强现场管理，注重人员培训，提高现场维护和管理人员的技术水平和综合素质。聘用的员工必须具有相关的专业技术知识以及相应的资质水平，特殊工种作业人员必须持有有效的作业资格证书。

（5）建立、健全各项经营安全管理制度、安全责任制度，特别是要加强对机电设备设施的定期检查、维修、保养制度，确保经营场所设施设备的正常、安全运行。坚决杜绝此类事故的再次发生。

▶ **案例 51** 某特种玻璃有限公司触电死亡事故

事故经过

某日上午 7 时 30 分，某特种玻璃有限公司 1 号玻璃生产车间磨边班班长丁某安排本班组成员徐某、朱某、龙某、虞某 4 人负责清理玻璃双边磨机水槽中的玻璃粉渣。至 8 时 40 分左右，4 人已完成西边水槽的清渣任务，准备清理东边的水槽。此时徐某、朱某、龙某 3 人已走到东边的水槽旁，走在最后的虞某不小心摔倒，并与旁边正在运转的 FGSC-45 型工业用排风扇发生碰撞。风扇倒地时摔破开关控制盒，虞某的右手正好搭在被摔破的风扇开关盒上，造成虞某触电。触电事故发生后，公司立即将虞某送往某医院进行抢救，最终由于伤者全身功能衰竭，抢救无效死亡。

原因分析

（1）清洗现场没有设置防滑的安全警示标志，死者虞某安全意识不强，在清洗水槽过程中没有穿绝缘防滑靴、戴绝缘胶手套，滑倒后撞倒电风扇，右手搭在破损的风扇开关盒上，导致触电事故的发生。

（2）用电安全管理制度不规范。部分插座连线没有定位安装、接线板随意拉置、部分用电设备没有安装剩余电流动作保护器，特别是发生事故的电风扇使用的插座未安装剩余电流动作保护器。

（3）安全生产责任制没有落实到每一个员工，三级安全教育没有做到横向到边，纵向到底。安全生产检查不到位，没有及时发现问题并加以整改。

（4）对安全生产的重要性认识不到位，存在漏洞和缺失，经验主义思想严重，总认为像清洗水槽这样的工作没有多大危险，没有制定水槽清洗安全操作规程，也没有发放劳动防护用品并监督使用。

（5）公司对员工的日常安全教育不足，员工自身防范安全意识不强，员工的工作行为和习惯表现出很大的随意性。

对策措施

（1）辖区人民政府要将本起事故在全辖区范围通报，组织开展安全生产大检查活动。该公司以此事故为教训，举一反三，立即开展全公司范围内安全生产大检查，认真查处问题，及时组织整改，切实消除事故隐患，防止类似事故和其他事故的发生。

（2）该公司要建立健全安全生产责任制度和安全组织机构网络，将安全责任层层分解，落实到每一位员工。同时需建立、完善各工种、各岗位、各设备的安全操作规程，做到"横向到边、纵向到底"，消除管理死角。

（3）该公司应制定相关的设备检修和清洗管理制度，完善设备检修和清洗安全措施。在检修和清洗现场要设置安全警示、提示标志，为员工配备必要的劳动保护用品，并加以督促使用。

（4）该公司要对可能出现危险的部位和危险源进行一次梳理，特别是要对所有电气设备进行一次全面检查和检修，按要求配备剩余电流动作保护装置，确保设备无缺陷运行。对重点岗位、重点部位要加大安全生产检查力度，对发现的问题要及时进行整改。

（5）加强员工安全技术知识的教育培训，树立"安全无小事，处处皆留心"的思想，增强员工安全防范意识，并掌握必要的安全操作技能。同时要建立和完善应急预案及响应机制，并组织演练，提高员工自身防范能力和应急处置能力，一旦发生事故，立即启动应急预案，减少事故损失。

▶ **案例 52** 某供电公司登高作业坠落身亡事故

事故经过

某市某供电有限公司，属县级股份制供电企业（趸售），由该市电力公司控股。变电站位于某镇，是无人值班变电站。自某年 4 月 26 日起，两台主变压器及 10kV 系统全部停运，仅利用此变电站母线转供 35kV 负荷，接线方式为单母线分段。

第 2 年 6 月 10 日 7 时 30 分，变电操作队人员杨某接到某供电有限公司调度陈某命令，处理 312-2 隔离开关 B 相触头过热紧急缺陷。操作队人员杨某、曹某按照操作票完成停电及安全措施操作后，7 时 52 分向调度回令。8 时杨某下令许可开始工作，检修人员开始处理缺陷。抢修工作由李某（工作负责人）、刘某、张某（工作班成员）3 人承担。

与此同时，操作队队长吕某安排操作队人员曹某和靳某对其他运行设备进行巡视。当巡视到 311-4 隔离开关时，发现 311-4 隔离开关触头也有过热现象，就与调度联系，建议将此缺陷一并处理。经调度同意后，由陈某下令将 311 单元设备停下，做好处缺准备。操作队人员杨某、曹某将 311 单元设备停下，做好安全措施后，于 9 时 22 分向调度回令。9 时 24 分，杨某下令许可开始工作。

吕某见各项安全措施均已做完，就安排靳某和其本人在 311 断路器上粘贴试温蜡片，靳某作业，吕某负责监护。据监护人吕某口述，约 9 时 30 分，当两人抬着一架人字形木梯（2m 长）走到 311 断路器时，吕某发现没带蜡片（蜡片放在 312 断路器处），就对靳某说："你等会儿，我取蜡片去。"遂返身去取蜡片。当吕返回来走到 311 单元和 312 单元之间时，听到"啊"的一声。吕某马上跑过去，发现靳某已躺在地上。吕某和在场的其他人员立即对靳某进行心肺复苏抢救，同时拨打 120 急救中心电话。医务人员于 9 时 50 分赶到后，检查靳某已无生命体征，经医务人员确认抢救无效死亡。

经现场勘察，死者靳某右后脑处有破裂伤口，有大量出血，311 断路器混凝土基础右角处有血迹，人字形木梯倒在 311 断路器旁边，安全帽脱离死者，滚落在地上。初步判断，死者靳某在无人监护的情况下，独自登梯，身体失稳后从 1m 多高处跌落，安全帽脱落，右后脑撞击 311 断路器基础右角处，导致脑颅损伤并伴有失血死亡。

原因分析

（1）靳某在无人监护和扶守的情况下，私自登梯作业导致从高处摔下，且未正确佩戴安全帽，是导致事故发生的直接原因。

（2）作业现场监护人吕某，未能及时发现和制止靳某未佩戴安全帽佩戴的违章行为，监护责任履行不到位，是导致事故发生的间接原因。

对策措施

（1）应加强电工作业人员安全技术知识的教育培训工作，

增强电工作业人员的安全防护意识。

（2）电工作业人员应严格遵守《电力安全工作规程》，作业时，按规定要求穿戴好各种安全防护用品（安全帽、工作服、绝缘手套、绝缘靴、绝缘鞋等），使用好相关的安全用具（验电器、绝缘棒、接地线、安全带等），确保作业过程中的自身安全。

（3）监护人员要切实履行好工作职责，及时检查、发现、制止和纠正作业人员衣着和行为方面存在的不安全因素。作业过程中，要进行全过程监护，不得擅自离场，保护好作业人员的人身安全。

▶ **案例 53** 某发电公司电气误操作事故

事故经过

事故前运行方式如下：2 号机组运行，负荷 300MW；1 号机组备用。2 号机组 6kV 厂用 A、B 段由 2 号高压厂用变压器带，公用 6kV B 段由 2 号高压公用变压器带，公用 6kV A 段由公用 6kV 母线联络断路器带；化学水 6kV B 段母线由公用 6kV B 段带，化学水 6kV A 段母线由母联断路器 LOBCE03 带，6kV A 段公用母线至化学水 6kV A 段母线电源断路器 LOBCE05 在间隔外，断路器下口接地刀闸在合位。化学水 6kV A 段进线隔离开关 LOBCE01 在间隔外。

某日，前夜班接班班前会上，运行丙值值长周某根据发电部布置，安排 1 号机组人员本班恢复化学水 6kV A 段为正常运行方式，即将化学水 6kV 母线 A、B 段分别由公用 6kV A、B 段带。接班后，1 号机组长侯某分配副值李某从电脑中调取发电部传给的操作票，做操作准备。李某未找到对应操作的标准操作票，侯某又查找，也没查到，调出了几张相关的系统图并进行打印。

当日 19 时 40 分，侯某带着李某与值长周某报告后，便带着化学水 6kV 系统图前往现场操作，值长周某同意（没有签发操作票）。侯某、李某二人首先到公用 6kV 配电间检查公用 6kV A 段至化学水 6kV A 段 LOBCA05 断路器在间隔外，从电源柜后用手电窥视接地刀闸，认为在分位（实际接地刀闸在合位，前侧接地刀闸机械位置指示器指示在合位，二人均未到前侧检查）。随后，侯某、李某二人到化学水 6kV 配电间，经对 6kV A 段工作电源进线隔离开关车外观进行检查后，由侯某将隔离开关车推入试验位置，关上柜门，手摇隔离开关车至工作位置。在摇动过程中进线隔离开关发生"放炮"。

隔离开关"放炮"后，引起厂前区变压器、输煤变压器、卸煤变压器、输煤除尘变压器低压断路器跳闸，但未对运行机组造成不良影响。至 22 时 10 分，运行人员将掉闸的变压器和化学水 6kV B 段母线恢复送电，系统恢复运行。

化学 6kV A 段工作电源进线隔离开关因"放炮"造成损坏，观察孔玻璃破碎，风扇打出，解体检查发现隔离开关小车插头及插座严重烧损。隔离开关"放炮"弧光从窥视孔喷出，造成操作人侯某背部及右手、大臂外侧被电弧烧伤，烧伤面积 12%，其中 3 度烧伤约 4%，住院进行治疗。

原因分析

（1）执行本次电气操作中没有使用电气操作票。侯某、李某二人执行本次电气操作，因没有从电脑中查到相应的"标准"操作票（发电部以前下发的），也没有填写手写操作票，临时去操作前仅打印了几张相关的电气系统图，在图纸背面写了几步操作程序。事后检查发现，计划操作步骤非常不完善，且有次序错误。实际执行操作时，也没有执行自己草拟的操作步骤。侯某、李某二人去执行电气操作任务，操作人和监护人分工不明确，执行过程中对各操作步骤未执行唱票、复诵、操作、回令的步骤，未能发挥操作人、监护人的作用；自行草拟的操作步骤次序混乱，不符合基本操作原则。因此，运行人员未使用操作票进行电气操作是本次事故的主要原因。

（2）侯某、李某二人执行本次电气操作任务前，不仅没有编写操作票，也未进行模拟预演。在检查 LOBCA05 断路器接地刀闸的位置时，从盘后窥视孔进行窥视不易看清，柜前的位置指示器有明显的指示没查看，检查设备不认真。设备系统长时间停运，恢复前未进行绝缘测量，严重违反电气操作的基本持续。化学 6kV A 段母线通过联络断路器处于带电状态，其进口电源断路器和隔离开关断开，电源断路器接地刀闸在合位（检修状态），在恢复系统的过程中，因操作次序错误，在操作 LOBCE01 从试验位置推入到工作位置的过程中，发生短路"放炮"。因此，操作人员未对所操作的系统状态不清、操作次序错误是事故的直接原因。

（3）运行岗位安全生产责任制落实严重不到位。机组长执行电气操作不开票，不进行危险点分析，严重违反《电力安全作业规程》和"两票"规定。值长周某作为当值安全生产第一责任者，对本值操作监管不到位，自己安排的电气操作，没有签发操作票便同意到现场执行操作。自认为侯某是本值电气运行资力最深的人员，用"信任"代替了规章制度和工作标准，安全意识淡薄，未发挥相应的作用，使无票操作行为得以延续。值长对电气操作使用操作票认识不足，对操作前没有进行模拟预演未引起重视，未起到有效的保证作用，也是造成本次事故的主要原因之一。

（4）辅控系统"五防"闭锁装置不完善。隔离开关没有机械防误闭锁装置，拟改进的辅控微机"五防"装置尚未实施，不能达到本质安全的条件，不满足有关"五防"的要求，未实现系统性防止误操作。

对策措施

（1）全公司召开安全生产特别会议，通报该次事故的初步调查分析情况，提出安全生产的措施和要求。该发电公司生产、安监全体人员，各管理部室高级主管以上人员，各生产外协承包单位班长以上人员参加会议。深刻剖析本次事故发生的根源，认真吸取事故教训，狠抓安全生产责任制的落实，解决管理松懈、要求不严、执行力差、标准不高等问题，坚决刹住无票作业和违章作业的不良行为。会后，全公司范围安排安全活动日专项活动，展开深入讨论，人人谈体会、定措施。

（2）开展一次安全生产规章制度宣贯活动，认真学习和领会有关安全生产的制度体系，提高生产人员对制度的了解和理解，提高执行章制的自觉性。结合章制宣贯，全公司开展一次"两票三制"专项整治行动，再次对照安全生产条文，结合安全生产会议精神和重点工作要求，结合安全生产月各项活动安排和安全质量专项治理活动，全面查找公司的安全生产各环节、各层次存在的不足，提高整治力度，提高全员安全生产意识和责任感，掌握安全生产管理的要领，努力在短时间内消除各种违章行为。

（3）加强运行人员技术培训，提高运行人员技术素质。开展一次针对辅控系统电气操作的全员实际演练考核。充分利用学习班时间有计划地安排培训内容，尽快使全体运行人员能够适应岗位技术要求。

（4）加强运行技术支持能力的提高，抓紧系统图和运行规程的修编完善工作，规范各种运行操作，减少由值班人员自行安排操作程序所带来的意外事件的发生。

（5）加快辅机系统微机"五防"闭锁装置的改造，从本质上解决安全生产的物质条件，实现本质安全。

（6）采取管理责任上挂的考核机制，将安全生产责任部门负责人考核提到公司直接考核。安全生产监督考核实行即时考核公示制，对发生的各种违章现象和不安全事件进行即时考核和公示，增强警示效果。

（7）对全厂保护进行一次普查，进一步完善二次系统防"三违"措施，保证全厂保护装置正确投入。

（8）加快运行管理支持系统的投用，完善两票管理手段。

▶ **案例 54** 某电力公司农电重大人身触电伤亡事故

事故经过

某年 6 月 30 日 12 时，某电力公司下属某供电分局装表计量班、线路检修班在 A 村进行 10kV B 公用变压器低压 4 号杆 T 接的支线改造工作中，发生一起农电重大人身触电伤亡事故，造成 5 人死亡，10 人受伤。

6 月 20 日，根据 A 村一组、四组用户反映的供电质量问题，该供电分局有关人员到现场查勘，制定了更换旧导线同时将原单相两线改为三相四线供电处理方案。由装表计量班为主、线路检修班协助实施。6 月 22 日，装表计量班班长余某组织有关人员再次进行了现场查勘。6 月 23 日，余某编制了 B 配电变压器低压线路至 A 村一组电压过低改造工程施工计划、措施，由生产部专责黄某、客户部用电检查专责胡某进行审核，副局长李某批准。6 月 26 日，装表计量班用绝缘导线完成了低压干线 4 号杆 T 接点至 A 村一组支线 1 号杆的更换改造工作，并采用 A 相、中性线恢复 A 村一组支线 1～9 号杆架空线（裸导线）的用户供电。同时，对 A 村一组支线 1 号杆处未连接的 B、C 相线头用绝缘胶布包好并圈固在支线 1 号杆上。

6 月 30 日，装表计量班、线路检修班在 A 村按照计划进行 A 村一组支线 1～9 号杆、A 村四组分支线 5-1 号～5-4 号杆架空低压线路（裸导线）改造工作。6 时 10 分～6 时 20 分，装表计量班在工作负责人李某的监护下，工作组成员汪某登上 A 村一组支线 1 号杆，在公用变压器低压 4 号杆 T 接过来的铜芯绝缘导线与支线 1～9 号杆裸导线的连接处带电开断了临时连接的 A 相和中性线，和 B、C 相一样用黑色绝缘胶布将线头包好并圈固在支线 1 号杆上。6 时 30 分左右，线路检修班人员到达现场后，装表计量班工作负责人李某与线路检修班工作负责人黄某做了工作交接，随后由线路检修班负责 A 村一组支线 1～9 号杆旧导线的拆除和新导线的架设工作。线路检修班人员分成三组：第一组工作负责人为徐某（线路检修班班长），成员为钟某和 4 个民工，负责 1 号杆处做电缆终端头、放线等工作；第二组工作负责人为熊某（班组兼职安全员），负责 2～8 号杆渡线、扎线等工作；第三组工作负责人为张某，负责 9 号杆收线、做电缆终端头等工作。

工作开始后，钟某登上支线 1 号杆，再次将公用变压器低压 4 号杆 T 接过来的 4 根铜芯绝缘导线线头用白色绝缘胶带进行了包扎，随后开始了换线的相关工作。首先用原单相旧导线中的一根导线牵渡新导线的 A、C 两相（两根边线）。9 时 40 分，刚好将 A、C 两相新导线拉紧，下起了雷阵雨，工作负责人黄某通知全体工作人员避雨休息。雷阵雨持续至 10 时 30 分左右，雨停后工作负责人黄某通知全线复工。线路检修班继续施工，将 A、C 相安装好。10 时 50 分，线路检修班又用另一根旧导线牵渡 B 相和中性线新导线（中间两根）。在牵渡过程中又下起了大雨，但这次施工没有因雨间断。11 时 40 分左右，当 B 相和中性线两根导线拖放至支线 7～8 号杆之间时，由于在恢复施工后不久钟某擅自下了支线 1 号杆，该组工作负责人徐某又已经离开支线 1 号杆参加拖线工作，以致未能发现钟某擅自下杆的行为，致使在支线 1 号杆处，正在施放的 B 相新导线与支线 1 号杆上开断并包扎好的 A 相带电绝缘铜芯线发生摩擦的情况未能及时被发现并得到处理，致使 A 相带电绝缘导线绝缘层被磨破，并导致正在施放的 B 相导线与 A 相绝缘导线带电线芯接触带电，另一根新施放的中性线又通过横担等导体与 B 相导通，故而同时带电，导致正在支线 7～8 号杆之间拉线的施工人员和支线 1 号杆附近线盘处送线的施工人员触电。

事故发生后，施工人员立即采取了紧急施救措施。使触电者及时脱离了电源，并随即对触电昏迷者采用人工呼吸等方法进行了抢救，同时拨打了 120 呼救。至 30 日 12 时 30 分，此次事故造成 5 名施工人员死亡，10 名施工人员受伤。

原因分析

（1）新施放的 B 相钢芯铝绞线与 1 号杆上 A 相带电绝缘铜芯线接触发生摩擦，致使 A 相带电绝缘线的绝缘层被磨破，绝缘铜导线带电线芯与 B 相钢芯铝绞线接触，导致 B 相钢芯铝绞线带电。这是事故发生的直接原因。

（2）对安全生产的重要性和复杂性认识不足，特别是对农电安全生产管理重视不够。农电安全管理工作不严、不细、不实，安全生产基础薄弱。

（3）施工人员安全意识淡薄，规章制度不落实，习惯性违章严重。不严格执行工作票制度、工作许可制度、工作监护制度和工作间断制度，未根据现场实际情况制定有效的停电措施；线路改造工作未使用工作票；未认真组织危险点分析；派工单上安全措施未充分考虑实际情况，安全措施不明确，现场安全措施未得到落实，未在分支线、下户线处验电、装设接地线。工作监护人等关键岗位人员自身工作要求不高、管理不严，施工过程中，第一小组负责人（监护人）擅自离开工作现场，没有起到把关作用。

（4）未认真落实安全生产技术管理制度，施工计划、措施存在缺陷。项目管理部门未认真组织施工班组进行现场查勘，未组织编制标准化作业卡，未根据现场实际情况编制有针对性的、切实可行的施工方案措施，施工计划、措施审核、批准流于形式，审核人、批准人未提出有效的改进意见，制定的安全措施与现场实际严重脱节。施工计划措施未对 1 号杆开断后带电绝缘线采取可靠保护措施或隔离措施。

（5）施工现场管理混乱，施工准备不充分。未编制切实可行的施工工期计划和材料计划，施工前未对全体施工人员进行全面安全技术交底，布置施工任务后，未对项目实施进行全过程监管。施工人员对现场不完善的安全措施视而不见，不能发现并指出施工中存在的潜在危险。现场组织指挥者违章指挥，施工人员违章作业，两个施工班组之间安全职责不清，施工人员混用，施工过程中盲目抢工期。对参与作业的临时工管理不到位、使用不按规定履行手续。

（6）安全培训缺乏针对性。职工安全素质及专业技能难以满足工作要求，职工培训针对性和实效性不强，没有真正使职工将安全制度、要求和措施入情、入脑、入心，"三不伤害"意识不强。

（7）安全监管不到位。安全监督力量不足，发生事故的供电分局有职工 600 余人，仅有 1 名专职安全人员，安全监督不能发挥作用。施工班组不按规定上报施工计划，监督管理部门不跟踪施工项目，施工项目信息管理失控，安全值日监察师不能有效对重点施工项目进行监督检查。

对策措施

（1）在领导层方面，一是要坚决贯彻落实国家电网公司关于加强安全生产工作的部署和要求，特别是在开展"爱心活动"、实施"平安工程"上下工夫，要将精神实质落实在实际工作中；二是要认真落实安全生产责任制，集中精力抓安全生产管理，做到工作踏实化，作风朴实化；三是领导干部要深入基层、深入一线，认真分析和调查研究安全生产过程中出现的新形势和新问题，认真吸取近两年来安全事故的深刻教训，扭转安全生产所面临的严峻形势和局面；四是要超前研究安全预防和控制方案，特别是对人员伤亡事故的防范措施，克服工作中的被动局面；五是要纠正自上而下单向式提出原则要求的工作习惯，形成上下互动机制；六是要在直供区农电管理"一体化"后，应重视和研究农村电网的安全问题，明确管理职责、安全管理要到位，不能留有死角和漏洞；七是要建立重特大事故的应急处理机制，发生问题，立即启动应急预案。

（2）在管理层方面：一是要深入、细致地做好安全管理工作，实现精细化管理。现场标准化作业，要将安全管理的要求和标准不折不扣地、一级一级地贯彻落实下去，坚决杜绝各种违章现象；二是要加强安全管理的广度，实现"全员、全面、全过程、全方位"的安全管理目标，特别是要分析研究和掌握运用农村电网安全管理的规律性；三是要强化安全管理的力度，严格考核和处罚，纠正和遏制现场习惯性违章行为；四是要落实安全管理，将安全管理与生产实际相结合，管理人员与生产一线人员要紧密联系，监督、检查和指导生产班组的安全工作；五是要注重员工的安全教育培训，有针对性地进行安全教育培训，巩固培训效果；六是要重视农村电网改造中聘用的临时工和农民工的有效管理，提高他们的业务素质。

（3）在作业层方面：一是要强化员工的安全意识，增强员工的自我保护意识和责任心，消除工作中的随意行为；二是要提高员工的素质和安全技能，熟悉业务流程和安全工作规程，正确分析危险点和有效进行预防；三是要严肃执行规章制度，对员工的违章行为要坚决制止和处罚，使员工养成执行制度的自觉性；四是要结合实际工作进行安全学习，使学习促工作，用工作促学习，结合实际工作进行深入讨论。

▶ **案例 55　某发电厂全厂停电事故**

事故经过

某年 8 月 3 日，某发电厂在进行二期主厂房 A 列墙变形测量时，用铁丝进行测量，违章作业，造成 3 号主变压器 110kV 引线与 330kV 引线弧光短路，又因 3 号主变压器保护出口继电器焊点虚接，3303 断路器未跳闸，扩大为全厂停电事故。

事故前运行方式：1 号机炉、2 号机炉、3 号机炉、4 号机炉及 1、2、3、4 号主变压器运行，330kV 环型母线运行，330kV 两条线路与系统联络；110kV 单母线固定连接，4 条地区出线运行。全厂总出力 185MW，其中地区负荷 145MW。

该发电厂存在地质滑坡影响。为防止 A 列墙墙体落物影响主变压器等设备的安全，准备在 A 列墙外安装一层防护彩钢板。电厂多种经营公司承担了该项工程。事先制定了工程施工安全组织措施、工程施工方案，并经生产技术科等审核，总工程师批准。

8 月 1 日，多种经营公司项目负责人找到电气检修车间技术员，要求进行现场勘测工作，并要求派人监护。电气检修车间技术员同意，并安排变电班开票、派监护人。8 月 2 日下午履行了工作许可手续。8 月 3 日上午开始工作。在汽机房顶（25.6m）向下放 0.8mm 的 20 号软铁丝，铁丝底端拴了三个 M24 的螺母。15 时 48 分，在向上回收铁丝时，因摆动触及 3 号主变压器 110kV 侧引出线 C 相，引起 3 号主变压器对铁丝放电，并造成 3 号主变压器 110kV 侧 C 相与 330kV 侧 B 相弧光短路，3 号机变压器差动保护动作，引起 3 号机组跳闸。又因为 3 号主变压器 330kV 侧 3303 开关拒跳及失灵保护未动作，造成了事故的扩大。

4 号机反时限不对称过流保护动作，3305 断路器跳闸，4 号机组与系统解列，带厂用运行；2 号主变压器 330kV 侧中性点零序保护动作跳闸，110kV Ⅱ 段母线失压，2 号高压变压器失压，厂用 6kV Ⅱ 段母线失压，2 号炉灭火，1 号机单带地区负荷，参数无法维持，发电机解列，A、B、C 线路对侧断路器跳闸。

4 号机与系统解列后，带厂用电运行。16 时 11 分，A 线某变压器侧充电成功，该发电厂 3302 断路器给 2 号主变压器充电正常，110kV Ⅰ 段、Ⅱ 段电压恢复。17 时 23 分，4 号发电机并网；17 时 41 分，1 号发电机并网；19 时 44 分，2 号发电机并网；8 月 4 日 2 时 44 分，3 号机组启动，升压正常；7 时 36 分，3 号机组并网。

原因分析

（1）生产组织混乱。工程施工安全组织措施、工程施工方案虽然明确了大部分施工只能在停电的情况下进行，但对前期的现场测量、准备工作没有明确的要求。该厂对多种经营承担的有关生产工作，如何计划、安排组织、缺乏相关的管理制度，多种经营部门也不参加生产调度会。

多种经营公司安排的现场工作人员没有电气专业人员，施工前也没有安排组织学习相关的安全工作规程，对在带电区域进行测量工作没有认真分析工作可能存在的风险，没有制订工作方案。工作开始前，没有向生产部门提交相关的工作计划、安排，工作的组织存在随意性。

（2）工作票签发、许可随意。电气检修车间同意配合开工作票并派监护人，但车间技术员、工作票签发人变电班班长、变电班制定的工作监护人，对涉及带电区域的工作，均没有认真了解工作内容和工作方法等，对工作中可能存在的风险缺少必要的分析环节。工作票执行全过程存在漏洞，签发、许可、安全交底以及危险点分析、现场监护执行流于形式。

（3）"两票"执行的动态检查和管理不到位。该项工作从8月3日上午开始，直至发生事故，共在现场放置了6根铁丝。在此过程中，监护人员对此严重违章和可能造成危险后果视而不见，没有进行及时纠正和制止，也没有相关的领导、技术人员及安全监督人员发现和制止。

（4）设备维护管理不到位。该厂对投用多年的 WFBZ 型微机保护没有进行认真检查和进行相关试验，对保护中存在问题底数不清，由于 3303 断路器触点虚焊的缺陷没有及时发现和消除，造成故障点无法隔离，导致事故扩大。同时也说明该厂安全质量专项治理工作流于形式，对保护自动装置和二次回路的安全质量专项治理不深不细。

（5）人员安全意识淡薄，安全教育缺位。在带电区域使用铁丝作测量绳危险极大，而且危险性具有很强的可预见性，但工作人员对危险缺少起码的感知和自我保护意识，监护人员对危险也是麻木不仁，表明企业在员工的应知应会的教育上存在严重的缺位。

对策措施

（1）必须认真落实"两票三个100％"规定，加强两票的动态检查和监督工作。安全监督部门要对两票执行存在的问题及时进行通报和考核，并向安全第一责任者汇报。

生产车间代多种经营或外委工程开工作票时，必须对工作的可行性、必要性、工作方案、工艺进行审查，由负责填写工作票的车间或班组组织进行危险点分析工作，并制定相应的控制措施。所派出的监护人，必须是班组技术员、安全员及以上人员。

（2）必须按照综合治理的原则，健全生产指挥体系，保持政令畅通。生产现场的管理必须进行统一指挥。多种经营企业承揽的生产工作，必须在统一的生产技术管理下进行。凡是承揽生产工作的多种经营，必须参加生产调度会议，相关计划性工作必须提交相关工作计划。要加强生产工作的计划性和严肃性，未经生产调度指挥部门核准的工作，不得开工。

（3）必须强化员工安全意识教育和安全技能知识培训，加强工作人员对作业现场的危险源和危险因素的辨识、分析和控制能力以及应对突发事件能力的培训，完善作业现场员工必须具备的应知应会培训工作管理，规范现场作业人员的工作行为，夯实安全基础。

（4）必须结合安全质量专项治理活动，各分、子公司要组织专家组对所管理企业继电保护定值管理工作进行认真检查。重点是：相关的规程、标准、文件是否齐全、有效；定值计算、审核、批准、传递、变更管理是否规范；与电网调度部门的管理界面是否清晰；主保护、后备保护的配合是否符合配置原则；检修、预试超期的保护装置、是否积极向电网调度部门提出申请，创造条件进行试验；试验、传动工作是否严格执行规程规定的方式、方法；对在调度部门进行备案的保护定值、相关资料，分、子公司是否组织进行了一次全面核对。

▶ **案例 56** 某供电公司营业所 380V 触电死亡事故

事故经过

由于 10kV A 线线损偏大，某供电公司检查发现部分台区低压计量总表损坏。某日，根据该供电公司下属某镇供电营业所安排，涂某（工作负责人、供电所副所长）、电工组倪某（工作班成员、电工组副组长）持低压第二种工作票进行某一台区、某二台区低压计量总表更换工作。7 时 45 分工作开始，完成了某一台区低压计量总表更换工作。9 时 35 分到达某二台区，倪某登上台架检修平台开始电表更换工作，涂某在台区附近进行台区清查工作、登录有关台区数据（参数）。约 9 时 45 分，涂某听见台架上发出碰击声，随即大声呼唤倪某。见倪某无反应便立即进行查看，发现倪某左手虎口处和一黄色单股电源线粘连。于是就用绝缘棒将黄颜色绝缘线从倪某的左手虎口处挑开，倪某脱离电源后从台区检修平台与台架的空档处滑了下来，涂某用手托住其腰部，呼唤两声无反应。随即将倪某平躺在台架下的草地上采用心肺复苏法进行抢救。后有一路人骑摩托车从此路过，在涂某的呼救下，与涂某一起将倪某抬到离台区约 10m 的平地处继续对其实施心肺复苏法抢救，同时电话求救。该镇供电营业所和卫生院在接到涂某的呼救电话后，立即派人驱车往某二台区施救，倪某经抢救无效而死亡。

原因分析

事故发生后，事故调查小组对事发现场进行实地勘察，对事故中工作监护人进行询问调查，初步分析造成这次事故的主要原因有：

（1）配电台区更换电能表，未按规定要求进行停电作业。

（2）在进行低压间接带电作业时，未取下作业范围内电气回路中的电压熔断器。工作人员也未按要求戴绝缘手套，造成误碰电压线带电部分。

（3）相关人员安全责任意识淡薄。工作负责人没有认真履行应有职责，监护过程中现场监护不到位。工作票签发人没有认真审票即签发，工作票中安全措施及落实不齐全、不可靠。工作许可人没有严格执行工作许可制度，没有向工作负责人逐项交代安全措施。

（4）现场急救施救措施不力。施救场地狭窄及场地高低不平，使触电急救受到一定的影响，在医护人员到达后触电人员出现死亡表征时，没有坚持持续的现场施救。

对策措施

（1）加强电工作业人员的安全技术知识的培训教育，增强电工作业人员的安全防范意识，明确各类作业人员的安全职责，杜绝各种违章行为。

（2）加强安全生产管理的检查监督，杜绝违章作业。要认真落实上级公司多次反复强调的"严格控制进行 380V 及以下低压带电作业""三防十要"、反"六不"等规定要求，未经申请批准，不得擅自带电作业。

（3）严格规范执行低压工作票制度。在工作票签发人、工作许可人本身对工作任务现场不明，对必须采取的安全措施掌握不准，对工作中存在的危险点不了解的情况下不得签发工作票和许可工作；低压工作票的填写内容要详细、具体、规范，尤其是安全措施应具有科学性、有效性和可操作性，发挥其对具体工作的指导作用。

（4）强化工作负责人和工作监护人的职能作用。工作负责人要对作业现场的实际情况了如指掌，对存在的危险源要采取有效的安全措施。工作监护人要专职、全程进行监护，要随时提醒作业人员，不可擅自离场或从事其他工作。

（5）注重现场急救知识的宣贯和普及。除了理论培训，还可以进行实际模拟演练，使每一位电工作业人员真正掌握现场急救方法，进行正确施救，确保施救质量。

▶ **案例 57**　某煤矿触电死亡事故

事故经过

某日上午，某煤矿由地面负责人黄某（副矿长）安排矿上电工付某、刘某两人下井到工作面进风巷去检查修理风机。经检查，发现风机开关坏了，需要换风机开关。付某、刘某两电工换好开关后，付某叫刘某去送电。刘某送电后，并叫付某启动风机。大约 5min 后，不见付某回来，刘某赶到风机开关处，发现付某倒在大巷中间。刘某立即断电，并告知副矿长黄某，同时全力进行抢救，经抢救无效，付某已经死亡。

原因分析

（1）风机开关漏电，产品质量不合格，是发生事故的直接原因。

（2）矿领导安全思想意识淡薄，安全生产管理不严。技术管理相当混乱，安全技术措施不健全，是造成这起事故的主要原因。

（3）安全管理混乱，无章可循，把关不严，矿井安全管理制度不健全，职工安全技术素质低，自我保护意识差，是这起事故的重要原因。

对策措施

（1）该煤矿要吸取这次事故的沉痛教训，深刻反思，要完善各种安全管理制度，建立健全安全技术制度、隐患排查制度、安全检查制度、安全办公会制度等。

（2）加强电气设备的质量控制，严把电气设备采购的质量关，避免使用不合格的电气设备。同时应对使用中的同型号、同厂家的风机开关进行检查和更换，消除事故隐患。

（3）加强员工的安全技术教育培训，尤其是电工作业人员，增强员工的安全防范意识，提高员工自我保护和相互保护能力，做到"三不伤害"。

（4）加强员工安全思想教育，落实安全责任制度，杜绝违章指挥和违章作业，严把安全质量关，做到不安全不生产、不达标不生产、隐患不排除不生产。

▶ **案例 58** 某加油站螺钉旋具绝缘柄损坏遭电击事故

事故经过

某日凌晨 2 点左右，某加油站一加油员向经理张某反映：加油站的抽水机出现断相现象，无法使用。张某前去检查，发现抽水机主线路闸刀开关有一相线路由于接触不良而烧坏。当时加油站加油车辆较多，为了不影响正常营业，张某独自一人拿了个绝缘螺钉旋具带电维修。在维修过程中，张某突然觉得有一股电流由螺钉旋具流入身体，手臂本能地一抖，抖落了带电螺钉旋具。所幸张某遭到电击及时摆脱了电源，否则将会造成触电身亡事故。

原因分析

经检查，原来张某是因为螺钉旋具上的绝缘保护层损坏漏电而遭到电击。张某安全意识淡薄，思想麻痹大意，存在侥幸心理，在无证、无票情况下，竟敢带电维修作业。作业前，未认真检查作业工具，也未进行风险识别、评价和控制。带电维修作业过程中独自一人，无专人监护。

对策措施

（1）加强领导和员工电气安全知识的教育和培训，增强安全防范意识。

（2）电工作业人员必须经过专业技术知识培训和考核，做到持证上岗。禁止无证人员或非电工作业人员从事电气维修等工作。

（3）在维修作业前，应认真检查要使用的器具、仪器仪表等是否安全有效，进行风险识别、评价和控制，落实安全技术措施，申请办理作业票。

（4）进行维修作业时，维修人员应执行停电、验电等相关规定，避免带电维修作业。维修过程中，要有专职监护人全程监护。

▶ **案例 59**　某冷轧厂电工触电致残事故

事故经过

某日 9 时 50 分，某冷轧厂电工温某等 4 人，在检修更换 6 号天车变频器时，温某在变频箱、电阻箱仅距 500mm 的狭小空间内捡拾电阻段脱落的螺栓，左手腕部触电烧焦，当即昏迷倒靠在电阻箱门上。等到另外 3 人闻到烧焦味找到人时，立即将其送医院进行急救。虽然保住性命，但是落下终身残疾。

原因分析

（1）温某作为一名专业电工，在维修人员对变频器参数进行调试期间，未经允许私自处理电阻段螺栓脱落这一设备隐患，更未对电阻段是否带电进行安全确认，属典型的违章行为，是导致此次事故的主要原因。

（2）维修电工对天车变频器带电调试，却不清楚相关设施电阻段是否带电，工艺知识缺乏，安全意识淡薄，是导致此次事故的间接原因。

对策措施

（1）加强电工作业人员的安全技术知识和相关工艺知识的教育和培训，增强安全防范意识，杜绝违章作业。

（2）建立、完善和执行电气设备检修管理制度，禁止带电作业。必须带电作业时，应履行申请、审批制度，落实安全技术措施，并派专人负责和监护。

▶ **案例 60**　某电力公司电气误操作致全厂停电事故

事故经过

某日事故前 1 号机组运行情况：1 号机组负荷 560MW，B、C、D、E 磨煤机运行，A、B 汽动给水泵运行，AGC、RB

投入，定压运行方式，220kV 正、负母线运行，2K39 断路器运行于 220kV 正母线，1 号发电机－变压器组 2501 断路器在正母线运行，启动备用变压器 2001 断路器运行在负母线，处于热备用状态，2 号机组省调调停，2K40 线路省调安排检修。1 号机组单机单线运行方式。

该日中班人员为值长陈某和另外两名值班员。17 时 00 分接班时，2K40 线路检修工作已结束，等待调令恢复。接班后值长接省调预操作令，副值王某准备好 2K40 线路恢复的操作票。经审查无误后，在调令未下达正式操作令前，17 时 40 分值长陈某令副值班员王某、主值明某（监护人）按票去进行预操作检查。因调令未下达，只对线路进行预检查，值长未下达操作令，所以操作票未履行签字手续。17 时 45 分调令正式下达给值长陈某，2K40 线路由检修转冷备用（所有安全措施拆除，断开 2K404-3 接地刀闸）。此时值班员王某、明某已去现场（升压站内）。值长陈某未将值班员叫回履行完整的操作票签字手续，将操作令下达给单元长王某，由单元长王某去现场传达正式操作令。单元长王某到现场（升压站内）后，向主值明某、副值王某下达操作令。随后由值班员王某、明某执行"断开 2K404-3 接地刀闸"的操作，该项操作（2K404-3 接地刀闸操作箱）执行无效（操作中发现接地刀闸拉不开），按票检查操作内容无误。单元长王某帮助明、王二人一起到继电器楼检查上一级操作电源正常，并汇报值长陈联系检修二次班处理。在等待检修人员到场期间，单元长王某又到升压站 2K404-3 接地刀闸处复查操作电源正常。随后对 2K40 断路器状态进行检查，发现 2K40 断路器有一相指示在合位（实际为 2K39 的 C 相，此断路器为分相操作断路器）。此时值班员明某、王某也由继电器楼回到升压站，单元长王某遂向二人提出 2K40 断路器状态有一相指示不符。告知二人对 2K40 断路器状态进行检查核对确认，单元长王某准备返回集控（NCS）进行再次盘上核对 2K40 断路器状态，此时值班员明、王二人在升压站内检查该相断路器（实际为 2K39 的 C 相）确在合位。主值明某已将操作箱柜门打开，也未核对开关编号并将远方、就地方式旋钮打到就地方式，副值王某在就地按下分闸按钮，造成该相断路器跳闸。2K39 断路器单相重合闸启动，但是由于 2K39 开关运行方式打在就地方式，2K39 断路器未能重合，开关非全相保护延时 0.8s，线路两侧三相断路器跳闸，造成该厂与对岸站解列。事后确认分开的是 2K39 开关 C 相。

18 时 24 分集控室值班人员听到外面有较大的异音，检查 4 台磨煤机运行情况均正常，集控监视 DCS 画面上 AGC 退出，负荷骤减，主汽压力迅速上升。立即手动停 E、D 磨煤机，过热器安全门动作，B、C 磨煤机跳闸，炉 MFT、集控室正常照明灯灭。手动投直流事故照明灯，集控监视 CRT 画面上所有交流电动机均停（无电流），所有电动门均失电，无法操作。确认 1 号机组跳闸，厂用电失去。值班员检查柴油发电机联动正常，保安段电压正常，柴油发电机油箱油位正常。汽轮机主机直流油泵、空侧密封油直流油泵、给水泵汽轮机（汽动给水泵）直流油泵均联动正常，锅炉空气预热器主电动机跳闸，辅助电动机联启正常。立刻手动启动机侧各交流油泵，停止各直流油泵且投入联锁，启动送风机、引风机、磨煤机、空气预热器各辅机的油泵。同时将其他各电动机状态进行复位（均停且解除压力及互联保护，以防倒送电后设备群启）。

19 时 22 分恢复 220kV 系统供电；19 时 53 分启动备用变压器供电，全面恢复厂用系统供电；21 时 02 分启动电动给水泵，炉小流量上水；次日 00 时 10 分启动送风机、引风机，炉膛吹扫完成，具备点火条件；次日 03 时 27 分炉点火；次日 05 时 30 分汽轮机进行冲转；次日 06 时 07 分 1 号发电机并网成功，带负荷。

次日 08 时 20 分机组负荷 270MW，A、B、C、D 磨煤机运行电动给水泵、A 磨煤机给水泵汽轮机运行，值长令对锅炉本体全面检查时，运行人员就地检查发现 B 侧高温再热处有泄漏声。联系有关专业技术人员，确认为高温再热器爆管，汇报有关领导及调度。13 时 00 分调度下令 1 号机组停机，15 时 42 分发电机解列。

原因分析

此次事故的原因有以下几方面：

（1）在倒闸操作过程中，未唱票、复诵，没有按要求核对断路器、隔离开关名称、位置和编号就盲目操作。违反了《电力安全工作规程》中"操作前应核对设备名称、编号和位置，操作中还应认真执行监护复诵制"的规定。

（2）操作中为了减少操作行程，监护人和操作人在操作进行中不按操作票先后顺序进行操作。违反了《电力安全工作规程》中"操作票票面应清楚，不得任意涂改"以及"不准擅自更改操作票，不准随意解除闭锁装置"的规定。

（3）操作中随意解除防误闭锁装置进行操作。违反了《电力安全工作规程》中"操作中发生疑问时，应立即停止操作并向值班员或值班负责人报告，弄清楚问题后，再进行操作，不准擅自更改操作票，不准随意解除闭锁装置"的规定，也违反了运行管理防误装置管理制度中的相关规定。

（4）操作中监护人帮助操作人进行操作，没有严格履行监护人的职责，致使操作完全失去监护，且客观上还误导了操作人。

（5）担任监护的是一名正值班员，不是值班负责人或值长。违反了《电力安全工作规程》中"特别重要和复杂的倒闸操作，由熟练的值班员操作，值班单元长或值长监护"的规定。

（6）值班人员随意许可解锁钥匙的使用，没有到现场认真核对设备情况和位置。违反了防误锁万能钥匙管理规定。

（7）现场把关人员对重大操作的现场把关不到位，运行部管理人员没有到现场把关，没有履行把关人员的职责。

（8）缺陷管理不到位，母线接地开关的防误装置存在缺陷，需解锁操作，虽向检修部门做了专门汇报和要求，但未进一步跟踪督促，致使母线接地开关解锁成为习惯性操作，人员思想麻痹。

（9）危险点分析与预防控制措施不到位，重点部位、关键环节失控，对主要危险点防止走错间隔、防止带电合接地刀闸等关键危险点未进行分析，没有提出针对性控制措施。

对策措施

（1）上级主管公司领导已向该电力公司发出安全预警，并提出了整改要求和措施，要求该电力公司在事故分析会中各部门应深刻分析，认真吸取教训。

（2）事故当天公司总经理就误操作事故对全公司安全生产提出了具体要求，对事故分析要严格按照"四不放过"的原则，严肃处理责任人，深刻吸取事故教训，举一反三，采取有效措施，强化责任，落实措施，迅速扭转安全生产被动局面。

（3）严格按照"关于防止电气误操作事故禁令"要求，认真、准确、完整地执行好操作票制度，严禁任何形式的无票操作或增加操作程序。微机防误、机械防误装置的解锁钥匙必须全部封装，除事故处理外，正常操作严禁解锁操作。公司重申解锁钥匙必须有专门的保管和使用制度。电气操作时防误装置发生异常，必须及时报告运行值班负责人，确认操作无误，经当班值长同意签字后，解锁钥匙管理者必须亲自到现场核实情况，切实把好操作安全关。随意解锁操作必须视为严重习惯性违章违纪行为之一，坚决予以打击。如再次发生因解锁而引起的电气误操作，将加重对相关责任人的处罚和对该主管单位的主要负责人的责任追究。

（4）严格按照"关于防止电气误操作事故禁令"要求，认真、准确、完整地执行好操作票制度，严禁任何形式的无票操作或改变操作顺序。

（5）按国家电网公司、该电力公司的"防止电气误操作装置管理规定"和"关于加强变电站防止电气误操作闭锁装置管理的紧急通知"要求，认真管理和使用好电气防误操作装置。变电站防误装置必须按照主设备对待，防误装置存在问题影响操作时必须视为严重缺陷。由于防误缺陷处理不及时，生产技术管理方面应认真考核，造成事故的，要严肃追究责任。

（6）全面推行现场作业危险点分析和控制措施方法。结合实际，制定危险点分析和预控措施的范本和执行考核的规定，规范现场作业危险点预测和控制工作，把危险点分析和预控措施落实到班组、落实到作业现场。作业前对可能发生的危险点要进行认真分析，做到准确、全面、可行和安全，控制措施必须到位到人，确保现场作业的安全。对"危险点预测与控制措施卡"流于形式或存在明显漏项的，要实行责任追究制。

（7）对设备和管理方面存在的缺陷进行认真彻底整改。对220kV系统开关站内，防止误操作锁进行一次全面检查，更换新锁，制定相应措施。220kV系统线路接地刀闸拉、合时都要将线路的电压互感器的小开关合上才能操作。220kV系统线路单线运行时，应与相关供电公司协商，运行调度提出申请变电站有人值班。升压站内各个单元断路器、隔离开关应有明显的分离区域，以防误走错间隔。加强技术培训，提高全员的技术操作水平，严格执行"两票三制"，开展危险点的分析工作，严禁无票作业。运行电气规程，对其进行复查，特别是操作票，写出标准票，指导运行正确对设备和系统的操作。检查规程，进行修补，在规程没有修订前，制定具体措施。重大设备进行系统操作，相关部门领导、专工及其有关人员应到现场监护，制定出相关制度。加大安全检查和奖惩力度，提高员工的安全意识。

▶ **案例61** 某建筑安装公司项目部触电死亡事故

事故经过

某日 13 时，某建筑安装公司某项目部项目经理董某电话通知侯某，由甲工地到乙工地搬运两台 5t 绞车、两捆钢丝绳和剩余物资。18 时 30 分到达乙工地。随即，由班长覃某和起重工左某协助装车。此时，天色已黑，覃某、左某想要求准备一个灯，侯某觉得就四钩，没同意。吊装完毕两台绞车后，在 20 时 25 分时开始吊装两捆钢丝绳。20 时 30 分，左某把吊臂挂好钩说："起吧！"侯某操作吊车起重臂操作杆起吊钢丝绳，吊车起重臂转臂时侧面碰到高压线，致使整个吊车带电，造成侯某触电身亡。

原因分析

（1）吊车司机侯某作业前未按操作规程检查作业环境，将吊车支在 10kV 高压线下，且吊车起重臂伸出高度超过距地面高度 6.5m 的高压线。在天黑无法看清高压线的情况下，没有接受其他作业人员解决照明的建议。在吊最后一钩时，吊车起重臂向高压线方向摆臂，致使吊车起重臂触及高压线，导致触电事故发生。

（2）起重臂与高压线安全距离不符合要求，根据施工现场临时用电安全技术规范规定，起重机与架空线路边线的最小安全距离为：电压 10kV 时沿垂直方向为 4m，沿水平方向为 2m。汽车吊支设在高压线下作业，吊车起重臂伸出后垂直距离和水平距离都不符合要求。

（3）作业负责人没有按规程检查作业环境，没有发现吊车上方的高压线，在天色已黑没有照明的情况下安排作业。起重工在指挥吊车吊钢丝绳时，没有按操作规程检查作业环境，没有发现吊车上方的高压线，盲目指挥吊车起钩。

（4）安全技术管理措施落实不到位。高压线是矿方在用的临时线路，没有任何电气保护措施，在起重臂触及高压线、侯某触电时，线路电源不能瞬间切断。加工厂区布置在高压线下，没有采取有效的安全技术防护措施，致使非标制作加工作业处于不安全状态下。施工安装使用的绞车等设备存放在高压线下，为装卸、搬运埋下重大安全隐患，导致吊运作业在不具备安全条件下进行。

（5）项目部责任主体不落实，安全教育培训不够，安全管理不到位。项目部平时对作业人员安全教育少、安全培训不到位，致使作业人员安全意识淡薄，自保互保意识差。项目部安全生产意识淡薄，施工作业时项目部没有任何管理人员到现场，也未对作业人员提出任何安全作业要求，现场管理出现真空。吊装作业时项目部无任何文字措施也没有口头交代，对存在的安全隐患没有采取措施，作业人员盲目作业。在长达三个月的施工期间，项目部未对高压线存在的安全隐患提出过整改意见，致使安全隐患长期存在，最终酿成大祸。

（6）工程处安全督导检查职责履行不到位。在整个施工期间，工程处对项目部督导检查不严、不细，虽有多人、多次到现场检查，都没有检查发现高压线这一安全距离不够的重大隐患，没有起到应有的监管作用。

对策措施

（1）为防止类似安全事故的再次发生，自次日 6 时起，所有项目部立即停产，进行全面整顿。并立即采取多种联系方式将停产整顿决定传达到全部施工工地，确保 8 时前达到停工状态，并将停工报告逐级上报公司安监局。各单位全部停产后，应全面排查施工现场各类安全隐患，采取有效措施，确保达到安全生产条件，方可申请复工。

（2）由工程处领导带队，分片负责，检查停产整顿，排除生产安全隐患。对检查中发现的各类安全隐患，要求相关项目部列出详细的整改计划，采取有效的整改措施，明确责任人，限期完成。坚决做到安全隐患不消除，不得恢复生产，并对申请复工的工地进行严格检查，确实达到安全生产条件的，要逐级签署审批意见报公司批准后方可复工。

（3）所有项目部必须严格执行公司停产整顿决定，坚决解决"严不起来、落实不下去"的问题。对不认真落实公司要求、在停产整顿期间发生生产安全事故的，要从重处罚，并严格追究有关人员责任。在停产整顿期间，必须加强对职工的安全教育和培训，加强安全监督检查，加强安全防护上的隐患治理，认真做好"冬季三防"工作，确保实现安全生产。

（4）强化各级主要领导、生产副处长、安全副处长、总工程师、项目经理、技术负责人的安全法律、法规、规范、标准的学习，提高安全法制观念，强化安全生产主体责任和安全技术责任意识，建立和完善各级安全生产责任制度，使安全生产管理工作和安全技术管理纳入法制化轨道。

（5）结合这次停产整顿，所有项目部要对起重机械、垂直提升系统和施工临时用电进行重点排查，坚决排除隐患，确保按规范、规程严格贯彻执行，特殊工种必须做到持证上岗，凡无证上岗者作为事故对待，按"四不放过"原则，严肃追究相关人员责任。

▶ **案例 62** 某矿区电弧烧伤事故

事故经过

某日早 5 时 40 分，某矿区地面变电亭低压供电系统出现停电故障。运转队值班干部艾某安排值班电工韩某、蔡某查找，检查发现小食堂支路的 DZ10-250 空气开关处于燃烧状态。韩某、蔡某两人断开低压总电源开关后，将开关燃烧火扑灭，要将故障支路从母线上拆除，但有一相母线的螺钉卸不下来。这时机电科长王某到达现场，安排韩某检查三相电源是否正常。发现电源缺相，王某即安排韩某、蔡某到高压室将变压器停电，准备检查变压器。韩某、蔡某经过变压器室门口时，听到变压器室内传出异响，担心变压器烧毁。两人急忙赶到高压室后，未按顺序先停变压器负荷开关，而是匆忙将 39 号总电源隔离开关拉开，产生强烈弧光，将开关柜门冲开。弧光将韩某、蔡某手部脸部烧伤，经总医院确诊为深Ⅱ度烧伤。

原因分析

（1）操作人员韩某、蔡某违章作业，停高压未按规程要求执行，顺序不对，未先停变压器负荷开关，直接拉开高压总电源隔离开关。这是导致事故发生的直接原因。

（2）变压器开关控制不合理，本应三相电源单独控制，而现场用一个隔离开关控制三相电源，造成断开开关时产生弧光。这是导致事故发生的重要原因。

（3）操作人员韩某在操作高压时未按规定戴绝缘手套，违章作业，导致烧伤手部。这是导致事故发生的间接原因之一。

（4）设备保护不全，给变压器供电只有负荷开关，没有断路器又没有安设防止隔离开关带负荷拉闸装置，工人误操作时发生事故。这是导致事故发生的间接原因之二。

（5）运转队对低压变电亭设备的日常检查维护不到位，空气开关存在故障，没有及时发现并排除。这是导致事故发生的间接原因之三。

对策措施

（1）该矿区要认真查找同类型供电设备，在检修处理该类型设备故障需要停高压时，必须按规程要求执行。必须在专职干部指挥下联系供电部变电站进行处理，防止类似事故再次发生。

（2）该矿区要提出计划对该变电亭进行更新改造，完善高压供电设备与设施，线路隔离开关要装设电气闭锁或其他防止带电拉闸措施。要在操作手柄上及开关柜装设提示装置，防止误操作事故发生。

（3）加大对员工的安全技术培训，要认真学习安全规程，了解配电系统，掌握操作技能，落实安全措施。倒闸操作必须严格执行操作票制度，操作高压设备必须戴绝缘手套、穿绝缘靴或站在绝缘台上。

▶ **案例 63**　某电业局高压检修管理所触电坠落身亡事故

事故经过

某月 26 日，某电业局高压检修管理所带电班职工王某在 110kV AⅠ线衡北支线停电检修作业中，误登平行带电的 110kV B 线路 35 号杆，触电身亡。

因配合高速铁路的施工，该电业局计划 24～27 日对 110kV AⅠ线全线停电，由该局高压检修管理所进行 110kV AⅠ线 16～1 号、16～2 号、90 号杆塔搬迁更换工作。同时对 AⅠ线 1～118 号杆及 110kV AⅠ线衡北支线 1～44 号杆登检及绝缘子清扫工作。

AⅠ线 1～118 号杆及 110kV AⅠ线衡北支线 1～44 号杆工作分成三个大组进行，分别由高压检修管理所线路一班、二班和带电班负责。经分工，带电班工作组负责衡北支线 1～44 号杆停电登杆检查工作。24 日各工作班在挂好接地线，做好有关安全措施后开始工作。26 日，带电班分成 4 个工作小组，其中工作负责人莫某和作业班成员王某为一组，负责 AⅠ线衡北支线 31～33 号杆登检及绝缘子清扫工作。大约在 11 时 30 分左右，莫某和王某误走到平行的带电 110kV B 线 35 号杆（原杆号为 AⅡ衡北支线 32 号杆）下。在都未认真核对线路名称、杆牌的情况下，王某误登该带电的线路杆塔进行工作，造成触电事故，并起弧着火将安全带烧断，从约 23m 高处坠落地面当即死亡。

原因分析

（1）工作监护人严重失职。莫某是该小组的工作负责人（工作监护人），上杆前没有向王某交代安全事项，没有和王某共同核对线路杆号名称，完全没有履行监护人的职责。

（2）王某安全意识淡薄，自我防护意识差。王某上杆前未认真核对杆号与线路名称，盲目上杆工作。

（3）运行杆号标识混乱。110kV B 线为三年前由 110kV A Ⅱ 线衡北支线改运行编号形成，事故杆塔 B 线 35 号杆上原"A Ⅱ 线衡北支线 32 号"杆号标识未彻底清除，目前仍十分醒目，与"B 线 35 号"编号标识同时存在，且杆根附近生长较多低矮灌木杂草，影响杆号辨识。

（4）检修人员不熟悉检修现场。高压检修管理所带电班第四组工作人员不熟悉检修线路杆塔具体位置和进场路径，且工作前未进行现场勘查，工区也未安排运行人员带路，导致工作人员走错杆位。

（5）施工组织措施不完善。本次 A Ⅰ 线杆塔改造和线路登杆检修工作为电业局春节前两大检修任务之一，公司管理层对工作的组织协调不力，管理不到位。工区主要管理人员忽视了线路常规检修的工作组织和施工方案安排。

（6）现场安全管理措施的有效性和针对性不强。作业工作任务单不能有效覆盖每个工作组的多日连续工作，班组每日复工前安全交底不认真。班组作业指导书针对性不强，危险点分析过于笼统，缺少危险点特别是近距离平行带电线路的具体预防控制措施。工作组检修工艺卡与班组作业指导书脱节，只明确检修工艺质量控制要求，缺少对登杆前检查核对杆号的要求和步骤，对登杆检修全过程的作业行为未能有效控制。

（7）线路巡线小道及通道维护不到位，导致小道为杂草灌木掩盖，难以找到，且通行困难，给线路巡视及检修人员到达杆位带来很大不便。

对策措施

（1）强化干部和员工的安全意识，消除干部和员工的松懈麻痹情绪。要认真贯彻落实上级管理部门的方针政策和安全工作会议精神，做出活动部署并及时传达到班组，并提出和落实具体实施措施。

（2）强化生产安全管理工作，消除生产管理中存在的漏洞。对线路杆号要重新进行标识并清除原有标识，及时、彻底地巡查和清理线路通道和线路走廊的各种障碍。

（3）强化现场标准化作业管理，制定切实可行的作业指导书。作业指导书要有实用性、可操作性，危险点分析和预防措施要充分，能够有效控制多工作组作业时人员的工作行为；要注重作业指导书的培训效果，使班组人员全面掌握作业程序和要求；作业指导书的现场应用讲求内容化、实际化，要能够有效发挥保证作业安全、控制作业质量的作用。

（4）强化班组管理，夯实管理基础。及时有效地梳理班组规章制度，注重班组安全活动效果；公司领导和工区领导要经常参加基层班组安全活动，了解班组和现场安全生产状况。

（5）强化安全教育培训力度，有效落实反违章工作。针对一些员工安全意识仍然十分淡薄，反违章工作效果不明显等现象，必须对员工进行经常性的安全教育培训，检查监督员工的工作行为；组织开展反违章活动，严查严惩违章作业，坚决遏制员工的违章行为。

（6）强化现场勘察制度，消除执行薄弱环节。对于类似复杂现场的工作，工作负责人和工作票签发人在开工前必须深入现场，进行认真勘察，并提出和落实有效的安全措施，防止作业人员疏忽犯错。

（7）强化《电力安全工作规程》的学习，理解其中的内涵。认真执行工作票制度，有多个工作小组或有多个工作面时，应当做到一个工作小组一张工作票或者一个工作面一张工作票，严禁共用一张工作票，造成现场管理环节缺失。

▶ **案例 64**　某电力公司触电坠落身亡事故

　事故经过

某日，某供电公司送电工区安排带电班带电处理 330kV 3033 凉金二回线路 180 号塔中相小号侧导线防振锤掉落缺陷（头日发现该缺陷），并办理了电力线路带电作业工作票。工作班人员有李某（死者，男，工作负责人，带电班副班长）、专责监护人刘某等共 6 人，工作地点距 A 公路约 5km，作业方法为等电位作业。14 时 38 分，工作负责人向地调调度员提出工作申请；14 时 42 分，地调调度员向省调调度员申请并得以同意；14 时 44 分，地调调度员通知带电班可以开工。16 时 10 分左右，工作人员乘车到达作业现场。工作负责人李某现场宣读工作票及危险点预控分析，并进行了现场分工，工作负责人李某攀登软梯作业，王某登塔悬挂绝缘绳和绝缘软梯，刘某为专责监护人，地面帮扶软梯人员为王某、刘某，其余 1 名为配合人员。绝缘绳及软梯挂好，检查牢固可靠后，工作负责人李某开始攀登软梯。16 时 40 分左右，李某登到距梯头（铝合金）0.5m 左右时，导线上悬挂梯头通过人体所穿屏蔽服对塔身放电，导致李某从距地面 26m 左右高空跌落到铁塔平口处（距地面 23m）后坠落地面（此时工作人员还未系安全带），侧身着地。地面现场人员观察李某还有微弱脉搏，立即对其进行现场急救，并拨打电话向当地 120 和工区领导求救。由于担心 120 救护车无法找到工作地点，现场人员将李某抬到车上，一边向 A 公路行驶，一边在车上实施救护。17 时 12 分左右，与 120 救护车在 A 公路相遇，由医护人员继续抢救。17 时 50 分左右，救护车行驶至市医院门口时，李某心跳停止，医护人员宣布死亡。

原因分析

本次作业的 330kV 凉金二线铁塔为 ZMT1 型，由 ZM1 型改进，中相挂线点到平口的距离由原来的 10.32m 压缩到 8.1m；档窗的 K 接点距离由 9.2m 增加到 9.28m；两边相的距离由 17m 压缩到 13m。但由于此次作业忽视改进塔型的尺寸变化，事前未按规定进行组合间隙验算。作业人员沿绝缘软梯进入强电场作业，绝缘软梯挂点选择不当，造成安全距离不能满足《电力安全工作规程（线路部分）》等电位作业最小组合间隙的规定（经海拔修正后该地区应为 3.4m）。此次作业在该铁塔无作业人时最小间隙距离约为 2.5m，作业人员进入后组合间隙仅余 0.6m，是导致事故发生的主要原因。

对策措施

（1）必须严格执行工作申请、审核和审批制度。应当针对塔型尺寸的变化，拟定相应的带电作业工作方案。带电作业属高危险工作，在思想上要引起高度重视，不能当成一般的检修工作进行安排。对于带电作业，有关管理人员及技术人员必须亲临现场，进行监督指导。

（2）必须严格执行工作票制度。一是工作票上所列工作条件必须注明"等电位作业的组合间隙""工作人员与接地体的距离"以及完善的安全技术措施；二是对工作条件中所列的安全距离，必须按海拔进行校正；三是对于列入工作票的安全措施，在工作现场必须不折不扣地落实和执行；四是必须严肃认真地按照程序办理工作票，并完全履行工作票的职责。

（3）必须周密部署和严密组织现场工作。一是要对工作现场进行认真查勘，对现场接线方式、设备特性、工作环境、间隙距离等情况进行检查分析；二是要确定作业方案和方法，制定必要的安全技术措施；三是现场工作人员要认真履行好各自的职责，工作负责人不能直接参与工作，工作专责监护人要进行全过程监护。

（4）建立、完善和执行规范的缺陷管理制度。对于不同类别的缺陷，按照要求采取分级管理。类似防振锤掉落的一般性缺陷，可通过配合线路计划检修，进行停电处理。避免采取高风险性的带电作业进行处理一般性缺陷。

（5）严格制定和落实安全预控措施。一是要对每一次作业必须制定"作业指导书"；二是要进行作业危险点分析，填写危险点分析卡；三是要针对危险点，制定和落实有效的安全控制措施。带电作业中须注明"等电位作业的组合间隙"和"工作人员与接地体的距离"等要求，并设有防止高空坠落的控制措施。

（6）加强员工队伍的安全生产培训教育和考核工作。一是增强员工的安全防范意识，工作中自觉执行安全规定，禁止和杜绝违章作业；二是要进行有针对性地培训，确保培训效果；三是要求工作票签发人、工作负责人、工作许可人、专职监护人均须具备承担相应工作职责的基本技能，确保其尽到安全职责。

（7）强化安全管理制度的执行力度。领导层要将"安全第一、预防为主"的方针贯穿企业各项工作的始终，不但要注重工作总体安排，并且要注重工作整体组织以及工作过程监控和考核；管理层不能只忙于事务性工作和一般性要求，还要加强对过程的指导检查和细化布置，将现场和班组管理落到实处；执行层要严格执行最基本的"两票三制"、危险点分析及预控等制度要求，纠正习惯性违章现象。

（8）安全生产管理工作要常抓不懈。安全生产局面的稳定是相对的、不是绝对的，是暂时的、不是长期的。要充分认识到安全生产管理是一项艰巨的、长期的和系统的工作，树立忧患意识，坚持"只有更好，没有最好"的安全理念。要不断夯实安全管理基础，消除安全缺陷和事故隐患，做到防微杜渐，确保万无一。

▶ **案例 65** 某供电公司监护人越俎代庖死于非命事故

事故经过

某日 6 时 10 分，某供电公司线路管理队所管辖的 6kV 防疫线发生速断动作跳闸。接到公司调度通知后，线路管理队组织正在值班的外线三班班长温某（工作负责人）、郭某（工作人员）等 8 人进行巡线查找故障。当巡至 69 号网柜时，工作人员发现该柜与 39 号柜连接的电缆故障选址器指示故障，69号柜出线熔断器有两相烧断。于是，温某及郭某等 3 人来到某柴油机厂配电室倒换返回电源，并断开 39 号柜与 69 号柜之间以及 69 号柜与 68 号柜、70 号柜之间的联络断路器，完成了故障点隔离。随后，其他 5 人也赶到 69 号柜，准备验电、挂地线，进一步查寻故障。

8 时 20 分，验明 69 号柜母排与出线无电后，一名工人在 69 号柜与 39 号柜联络电缆处装设接地线，一名工人将三相熔断器拆除，形成明显断点。另有一名工人拆下 69 号柜与 39 号柜 C 相联络电缆，使用绝缘电阻表测试电缆，发现电缆绝缘较低，判断为该电缆存在故障。

8 时 36 分，温某向区调汇报现场情况，说明故障点在 69 号柜至 39 号柜联络电缆处，已隔离故障点，70 号柜侧可以送电。随后，温某通知其他工作人员 70 号柜侧已送电、69 号柜与 70 号柜联络断路器下侧电缆带电，维修工作前要搭设临时挡板，要求只处理 69 号柜与 39 号柜联络电缆部分，并将工作人员分成两组：网柜正面一人负责监护，另两人负责拆除 B 相电缆接头；网柜后面由郭某负责监护，还有两人负责拆除 A 相电缆接头。

9 时 00 分，网柜后挡板拆除。在移开后挡板的过程中，监护人郭某见已拆除后挡板，便擅自进行拆除 A 相电缆接头作业。在拆除时，头部不慎碰到 69 号柜与 70 号柜联络断路器的母排上，发生触电事故，后经抢救无效死亡。

原因分析

（1）郭某作为专责监护人，脱离监护岗位，是导致事故发生的直接原因。郭某在明知 69 号柜与 70 号柜的联络电缆带电且尚未采取安全措施的情况下，擅自进行故障处理工作。郭某的行为违反了《电力安全工作规程（线路部分）（试行）》中"专责监护人不得兼做其他工作"的规定。

（2）工作负责人（班长）温某及工作班其他成员的违章行为，是导致事故发生的主要原因。温某和其他人员，没有断开

70 号柜与 69 号柜的断路器，致使 69 号柜与 70 号柜的联络电缆带电。违反了《电力安全工作规程》中"断开需要工作班操作的线路各端（含分支）断路器（开关）、隔离开关（刀闸）和熔断器（保险）"的规定。

（3）工作班成员安全意识淡薄、怕麻烦、图省事、存在侥幸心理、超越工作程序，在安全措施不到位的情况下查找电力线路故障，也是导致事故发生的重要原因。

对策措施

（1）严格履行现场勘察制度。涉及现场电气设备、线路作业时，工作票签发人应严格履行现场勘察制度，是防止触电事故的首要条件。进行电力线路施工作业时，凡是工作票签发人和工作负责人认为有必要进行现场勘察的，施工、检修单位均应根据工作任务组织现场勘察。现场勘察应查看现场施工（检修）作业需要停电的范围、保留的带电部位和作业现场的条件、环境及其他危险点等。工作票签发人应认真填写现场勘察记录，确定施工方案，制定安全措施。如果因未进行现场勘察便开具工作票而导致发生触电事故，工作票签发人应负直接责任。

（2）严格遵守"三个到位"原则。作为现场施工的安全责任人、工作监护人和工作负责人，履行"三个到位"是防止触电事故发生的关键环节。安全责任人要检查工作票是否正确，工作票所列安全措施有否落实到位；工作负责人要检查作业场所是否存在带电设备、线路，是否可能触及带电设备，安全距离是否满足要求；工作监护人要督促、监护工作班成员执行现场安全措施到位。

（3）严格执行安全技术措施。工作班成员严格执行安全技术措施是防止触电事故发生的保证。不论是高压作业还是低压作业，不论是大规模施工还是改造、检修、抢修工作，工作班成员都要加强自我保护意识，把"停电、验电、装设接地线、使用个人保安线"当作施工的必备条件，在任何情况下，操作顺序不能错，步骤不能减。

（4）明确职责，健全台账，夯实用电安全基础。应强化供电所基础管理，明确职工安全职责，划清设备管理分界、权限，建立制度，健全台账。切实抓好线路交叉跨越、同杆不同电源、自备电源的调查。做到清晰施工作业时各危险点，明白装置可靠性，了解倒送电可能性，能对症下药，落实好防范措施。

（5）健全事故分析制度，总结事故教训。事故本身是最好的教材，凡发生了用电事故，都要认真分析原因，采取对应措施，防止此类事故再次发生，同时也让人们从血的教训中清楚地认识到安全用电的重要性。

▶ **案例 66**　某矿工队擅自送电险些引发触电伤亡事故

事故经过

某日早班，某矿工队在某地进行出渣工作。开启溜子时，溜子没有电。跟班队长刘某安排耙矸机司机王某去到配电室送电。此时，电工张某正在检修风机，将电源开关把手打至零位，并在半圆木上写有"禁止送电"警示。王某没有注意半圆木上的字就擅自送电。风机启动将电工张某电击了一下，险些造成人员伤亡事故。

原因分析

（1）王某安全意识淡薄，自己不是电工，却听从刘某的违章指挥，贸然违章送电，是造成事故的直接原因。

（2）张某安全意识淡薄，在检修风机时没有按照《电业安全工作规程》要求，对停电开关闭锁挂牌，也未设置专人看守，是造成事故的间接原因。

（3）刘某违章指挥，让不是电工的王某去送电，也是造成事故的间接原因。

对策措施

（1）加强领导及员工的安全技术教育，增强安全意识，杜绝违章指挥、违章作业，消除事故隐患。

（2）电工作业人员必须经过专业技术培训，并持证上岗，禁止非电工人员从事电气操作和检修工作。

（3）建立、完善并执行停送电制度，实行申请、审核和批准程序化。检修电气设备或机械设备时必须停电，要使用专用的停电牌，加装闭锁装置或有专人现场看护，中途不准离开现场。

（4）力求做到停送电联系专人化、停送电操作专人化和停送电监护专人化。无论是在停电时，还是在送电时，都必须按规定要求进行验电。

▶ **案例 67** 某化建公司违反安全操作规程造成烧伤事故

事故经过

某日上午 11 时 10 分，某化建公司电气安装人员在二期单体配电室安装电流变换器。在安装过程中，安装人员未采取任何安全防护措施，也没有遵守相关规定将配电柜内闸刀开关分断。安装人员在更换电流变换器导线时，不小心将一根导线跌落到裸露的母排上，造成母排的局部短路，短路时所产生的电弧将邻近几路电源短路，导致事故进一步扩大，最后将整个 119P 配电柜烧毁。短路过程中的电弧将在现场参与安装的一名技术人员头部、手部大面积烧伤。

原因分析

造成此次事故的直接原因是安装人员违反电工安全操作规程，未分断配电柜内闸刀开关，加上操作失误，造成电源短路，导致人身伤害事故。

对策措施

（1）强化电工作业人员的安全教育和安全意识，严格遵守电工安全技术操作规程，杜绝违章作业。

（2）检修作业前，应进行危险点进行检查、分析和评估，必要时采取有效的安全措施，消除事故隐患。

▶ **案例 68**　某船舶修造有限公司触电死亡事故

事故经过

某日下午，某船舶修造有限公司外包队员工乔某在狭小空间内进行施焊作业。当时天气炎热，人在舱室容易出汗。17时 30 分左右，与乔某相隔一间舱室的另一电焊工戴某因口渴要去厂门口买水喝，但并未通知乔某。18 时左右，乔某的弟弟下班时来喊他一起下班，结果发现乔某作业舱室的低压照明灯已经熄灭。于是他爬进了乔某作业的舱室，外包队负责人殷某也跟着爬了进去，此时发现乔某已经触电。在现场虽然对乔某实施了急救，但施救无效并确认其已经死亡。

原因分析

经过认真调查取证，调查组认为该船舶修造有限公司发生的职工死亡事故是一起生产安全责任事故。导致事故发生的直接原因是乔某在狭小舱室内焊接作业时触电死亡。同时，还有以下间接原因：

（1）电焊工乔某无特种作业操作资格证书上岗作业，属于违章操作，在狭小舱室内焊接作业时，没有采取有效的安全保护措施，专人监护不到位，致使在作业过程中触电死亡，对事故的发生负有直接责任。

（2）该船舶修造有限公司副总经理李某因将工程发包给不具备安全生产条件的施工队、对施工方监管不到位，对事故负有主要责任。

（3）外包队负责人殷某，安全生产意识淡薄，安全生产所必需的资金投入不足，在不具备安全生产条件的情况下承接船厂业务，对事故负有主要责任。

（4）外包队安全管理员殷某，现场监管不到位，发现重大事故隐患未及时采取措施，对事故负有主要责任。

（5）外包队电焊工戴某，无特种作业操作资格证书上岗作业，违反操作规程，对事故负有主要责任。

（1）该船舶修造有限公司要认真吸取这次事故教训，举一反三，认真查找生产过程中存在的问题，完善安全管理制度，制定切实可行的安全技术防范措施。认真组织学习、贯彻、落实《船舶修造企业安全生产基本要求》等规章制度要求，切实做好生产安全工作。加强对外包企业施工资质的审查，严把外包企业的准入关。切实做好对外包企业的安全管理。强化职工的安全教育和培训，提高安全意识，防止类似事故的再次发生。

（2）外包队要建立健全规章制度和操作规程，完善内部管理体系，做好施工现场安全管理。制订职工安全教育、培训计划，严格遵守特种作业人员、安全管理人员持证上岗的规定，落实安全培训规定，防止事故的再次发生。

（3）主管该公司的管委会要加强对安全生产工作的领导，按照属地管理的原则，认真落实监管责任，根据本辖区工矿企业的特点，督促企业落实安全责任和措施。

▶ **案例 69** 某工程队使用手持电动砂轮机引起触电事故

事故经过

某日，某工程队在调度室改造施工电缆线桥时，需要在电缆线桥上开几个出线孔。于是李某准备用手持电动砂轮机在线桥上割出一个 $10mm \times 7mm$ 的口子。当通上电源时，手持电动砂轮机漏电。李某身体抽筋，无法动弹和说话，造成触电事故。

原因分析

（1）李某在使用手持电动砂轮机前没有认真检查完好情况，是导致工作时发生轻微触电事故的直接原因。

（2）工友们没有起到监督作用，在李某违章的情况下没有及时制止，是造成事故的间接原因。

（3）领导及技术人员对安全技术措施落实不到位，没有监督检查，对事故负领导责任和技术责任。

对策措施

（1）工程队应加强对施工人员的安全技术教育和培训，要把安全工作由事后处理变为事前预防，把"要我安全"变为"我要安全"，将安全工作放在各项工作的首位。

（2）现场施工前，要对现场情况进行检查分析，对存在的危险源进行识别和预控，确保施工过程安全。真正把"安全第一，预防为主，综合治理"的安全生产方针落实到实际工作中。

（3）建立并完善安全责任制，签订安全责任书。将安全责任层层向下分解，下级向上级负责，员工向领导负责，自己向别人负责。领导之间、员工之间及领导与员工之间，要进行相互监督，构建成班组、车间和公司三级安全管理体系。安全员要深入基层，检查、监督安全技术措施的落实情况。

（4）加强对移动式电动设备及工器具的使用管理。在投入在使用前，技术人员都必须逐样逐台进行详细检查，确保无缺陷。特别是开关和电缆等有漏电危险的设备和工器具等，在电源回路要安装、使用剩余电流动作保护装置，并有可靠的保护接地，防止发生触电事故。

▶ 案例 70 某电力局触电死亡事故

事故经过

某年 8 月 21 日 18 时 42 分，某电力局 110kV A 变电站 10kV BⅡ线 3147 隔离开关恢复电缆头接线作业现场，发生人身触电事故，死亡 1 人。

8 月 19 日，110kV A 变电站 10kV BⅡ线 314 线路发生单相接地，经查是 314 断路器下端到 P1 杆上 3147 出线隔离开关电缆损坏，需停电处理。

8 月 20 日晚，电力局生技股主任胡某、生技股线路专责朱某、变检专责刘某、变检班班长龙某、配网 110 班副班长朱某在生技股办公室商量处理方案。经现场查勘，决定拆开电缆头将电缆放到地面上再进行电缆中间头制作，由变检班班长龙某担任工作负责人。同时决定由配网 110 班更换 3087、3147 隔离开关（因隔离开关合不到位），班长王某为工作负责人。

8 月 21 日，配网 110 班王某持事故应急抢修单，负责 3087、3147 两组隔离开关更换工作；变检班龙某持电力电缆第一种工作票，负责电缆中间头制作。12 时 30 分，完成现场安全措施，经调度许可同时开工。16 时 30 分，配网 110 班完成 3087、3147 两组隔离开关更换，拆除现场安全措施后，由工作负责人王某向调度汇报竣工，并带领工作班成员离开现场。17 时 30 分，电缆中间头处理工作将要结束，线路专责朱某电话通知王某来现场恢复电缆引线工作。18 时 20 分，电缆中间头工作结束后，工作负责人龙某说要带人去变电站内恢复 314 间隔柜内电缆接线，当时刘某说电缆没接好，要求其不要离开现场并建议另外派人去。但龙某说只要几分钟，马上就回来，并带领工作人员进入变电站内。18 时 22 分，龙某在变电站控制室内向县调调度员段某汇报说："老段，我工作搞完了，向你（二人开始开玩笑，调度：向老人家汇报啊；龙某：向老人家汇报）汇报。"18 时 25 分，龙某与维修操作队工作许可人办理工作票终结并返回到 BⅡ线 P1 杆工作现场，也没有向在现场的其他作业人员说明已办理工作票终结和向调度汇报的事。此时，王某已到现场并准备进行 BⅡ线 3147 隔离开关与电缆头的搭接工作，龙某等 4 位变电工作人员协助工作，生技股线路专责朱某、变检专责刘某均在现场。18 时 29 分，县调段某下令维修操作队将河东变河桥Ⅰ线 308、河桥Ⅱ线 314 由检修转冷备用再由冷备用转运行。18 时 42 分，维修操作队在恢复河桥Ⅱ线 314 送电时，导致正在杆上作业的王某触电死亡。

原因分析

（1）变检工作负责人龙某在配合电缆中间头制作而解开的电缆头未恢复、未告知现场人员、未履行验收手续，即擅自办理工作票终结手续，并向调度汇报工作结束，且汇报内容不全面、不具体。龙某的行为违反了《电力安全工作规程（变电部分）》中工作终结票的办理规定，是发生事故的主要原因。

（2）王某在完成隔离开关更换后，明知还要再次上杆恢复电缆头接线，仍然拆除了事故抢修单和电力电缆第一种工作票上都有要求的3147靠电缆头侧接地线，并办理工作终结手续；明知接地线已经拆除，还擅自上杆进行作业。王某的行为违反了《电力安全工作规程》中设备停电接地后方可进行工作的规定，是发生事故的直接原因。

（3）县调调度员段某工作随意，不使用规范的调度术语，在汇报内容不全、没有确认是否已拆除安全措施、是否具备送电条件的情况下，即盲目向维修操作队下达送电指令。段某的行为违反了《电力安全工作规程（变电电气部分）》中向线路送电的有关规定，是事故发生的间接原因。

对策分析

（1）电力局必须加强对生产管理进行统一指挥与协调的领导作用。对多工种作业，单位行政正职或分管副职必须按规定到现场监督把关，明确专人统一指挥、协调，并指派专人负责、专人监护，杜绝违章行为，确保安全有序。

（2）县调必须强化规范化管理，制定标准化管理细则。调度员工作态度应当严肃端正，遵守值班纪律，联系工作、接发调度命令要使用规范术语，指令填写必须正确无误；工作票签发人要按规定要求办理工作票，工作许可人在线路停电、装设安全措施后方可许可工作。

（3）严格执行"两票三制"制度。应根据不同的工作任务，使用不同的工作票。更换隔离开关并非事故抢修，不能使用事故抢修单。工作票中的内容要完善，应当包含所有的工作项目和安全技术措施。在安全技术措施装设之前或拆除之后，不得开始工作或重新工作。只有当工作票中的所有工作项目完成后，方可办理工作票终结手续。

▶ **案例 71** 某队部带电修理日光灯引起触电事故

事故经过

某日，某队部王某发现单位会议室日光灯有两个不亮，于是自己进行修理。他将桌子拉好，准备将日光灯拆下检查。在拆日光灯过程中，手拿日光灯架时手接触到带电相线，被电击。由于站立不稳，从桌子上掉了下来。

原因分析

（1）王某安全思想意识淡薄，维修电器时没有采取必要的防范措施，带电作业也没有使用任何工具，是造成事故的直接原因。

（2）王某独自一人操作，没有人监护，是事件发生的间接原因。

（3）队部会议室内日光灯损坏，队部领导没有及时发现并联系服务公司维修，对事故负有领导责任。

对策措施

（1）加强员工对用电安全知识的学习，提高电气安全意识。

（2）从事电工作业的人员必须经过专业技术知识的培训，取得资格证后方可上岗，禁止无证人员从事电工作业。

（3）操作、维护电气线路及设备时，要严格执行停送电制度。对于需检修的线路和设备，应当遵守停电、验电相关规定。

（4）正确使用防护用品、工具，不独自作业，要做到"一人作业、一人监护"。

▶ **案例 72** 某船舶修造有限公司触电死亡事故

事故经过

某年 6 月初，某船舶修造有限公司委托某船舶修理服务有限公司检修 128 号船。6 月 23 日早上 7 时左右，该船舶修理服务有限公司冷作工负责人余某带着手下的 5 个冷作工到在检修的 128 号船甲板上点名，发现另一名冷作工朱某和电焊工吴某不在甲板上。余某从甲板上往下观察，发现朱某和吴某已经从 2 号舱西南角舱壁上的压载舱道门口爬进去，到舱底去作业了。随后，余带领其他人也爬到 2 号舱底的甲板上，开始进行分工。7 时 10 分左右，已经在舱室里干活的朱某顺着畅通的舱室爬到位于西北角的压载舱道门下面，爬出道口，将原本放置一边的外壳未接地的排风机拖到道口边，盖在道口上。然后一手托着排风机，一手将排风机的开关打开，当场被电击倒。这时，余某刚给其他 5 名工人分配好工作，发现西北角的压载舱道口上的排风机不运转了，就跑过去看，看到道口下的朱某一只手被压在风机下，他马上把排风机的开关关掉，再把排风机扶起来，放在道口一边。朱某因为失去支撑倒在地上，余某见状立即跳下去将朱某扶起来，并马上呼叫其他人来一起救助。

事故发生后，该船舶修造有限公司立即派人用吊车将朱某从底舱吊上来送往医院，朱某经抢救无效死亡。事后，该船舶修造有限公司派专业电工人员对事故发生的排风机进行了检测。该排风机接入的电源电压为 380V，功率为 3kW，风机内部电动机绕组被烧坏，经万用表测试，电动机绕组绝缘电阻为零。

原因分析

经过认真调查取证，调查组认为该船舶修造有限公司此次发生的死亡事故是一起生产安全责任事故。该船舶修造有限公司为外包施工方提供不符合安全要求的用电设备，未按照有关规定在配电箱安装剩余电流动作保护装置。朱某安全意识淡薄，使用外壳未接地的排风机进行排风，待排风机开关开启时，由于排风机内电动机绕组烧坏引起外壳带电，导致其触电死亡。

对策措施

（1）该船舶修造有限公司连续 3 年发生触电死亡事故，企业要认真吸取事故经验教训，举一反三，定期检查电气设施设备，并详细记录检查情况。要严格按照有关规定做好临时用电管理工作，及时排查治理事故隐患。要进行一次安全大检查，严查无证上岗操作人员，对公司内存在的安全生产薄弱环节要采取有效措施，防止生产安全事故的再次发生。

（2）该船舶修理服务公司要认真吸取事故教训，严格落实安全生产责任制，检查安全生产工作，抓好员工安全教育培训工作，做好安全台账管理，防止生产安全事故再次发生。

（3）城管委会及所在街道办事处按照属地管理的原则，认真落实监管责任，要进一步加强用电安全管理工作，督促辖区内企业落实安全责任和措施，切实抓好安全生产工作。

▶ 案例 73 某电力公司触电伤亡事故

事故经过

某日，某电力公司输变电管理所按计划对 A 线等相关的 35kV 线路进行例行的停电登检工作。在工作的前一天，为了缩小停电范围，在没有考虑 10kV B 线与 35kV 停电登检的 A 线有一段为共杆塔架设的情况下，就制订了通过 10kV 屯村线对停电区域送电的方式。在工作方案尚未审定、批复的情况下，就按计划开展象妙线等相关的 35kV 线路的停电登检工作。

当天工作的 2 个工作小组分别办理了工作票，但输变电管理所检修班班长、第一工作小组工作负责人覃某没有按工作票的分工组织开展工作，而是将两个工作小组的工作人员集中到第一工作小组工作面上同时开展工作。9 时 45 分，完成了第一工作小组的工作任务，并向调度办理工作终结手续后，两个工作小组的工作人员又转移到第二工作小组的工作面上工作。11 时左右，输变电管理所检修班工作人员陈某甲、陈某乙分别登上 35kV A 线与 10kV B 线共杆架设的 123、131 号铁塔悬挂接地线。陈某甲和陈某乙均采用先挂上层 35kV 停电线路的接地线，然后再挂下层 10kV B 线接地线的错误方法。此时，其他工作人员也纷纷上杆作业。10 时 31 分，调度值班员按通过 10kV 线路对停电区域送电的方式，对 C 供电所运行操作人员下达 10kV 线路的送电命令。11 时 15 分，C 供电所运行操作人员送电操作完毕，与停电登检的 35kV A 线共杆的 10kV B 线处于带电状态。11 时 20 分，陈某甲在 123 号铁塔挂完上层 35kV 线路接地线后，下到下层挂 10kV B 线的接地线时，在未经验电即挂接地线时，被 10kV B 线带电线路电击受伤，随着就趴伏在铁塔上；与此同时，陈某乙在 131 号铁塔，到下层挂 10kV B 线的接地线时，头部右侧被 10kV B 线带电线路电击死亡，安全带烧断后从铁塔上坠落到地面。在 125 号杆工作的临时聘请的工作人员陈某丙，在下杆时，也被带电的 10kV B 线路电击受伤。这次触电事故最终导致 1 死 2 伤。

原因分析

（1）工作人员严重违反《电力安全工作规程》的安全技术措施的要求，挂接地线前没有进行验电，并且在同杆架设的线路挂接地线时先挂上层后挂下层，顺序不正确，造成触电，是这次事故发生的直接原因之一。

（2）该电力公司工作安排管理混乱，在检修工作期间，临时安排停电区域供电，造成 35kV A 线 123～131 号杆塔的作业区域带电，是导致事故发生的直接原因之二。

（3）检修班组工作组织混乱，两个工作组混在一起工作，工作交底不清，职责不明，在安全措施未做好前就登杆作业，严重违反"两票"规定，是导致事故发生的间接原因之一。

（4）工作负责人工作不细致，在安排工作前，没有认真勘查现场，对 35kV A 线 123～131 号杆塔与 10kV B 线同杆架设情况不清楚，没有提出同杆架设 10kV 线路停电的安全措施，是导致事故发生的间接原因之二。

（5）没有工作现场专责监护人，监护职能缺失。工作负责人也没有履行好监护职责，对工作人员的错误行为没有进行有效监督和制止，是导致事故发生的间接原因之三。

（6）工作票签发人不熟悉作业现场，审票不严，在工作方案未经审批、工作票安全措施不完善的情况下就签发工作票，是导致事故发生的间接原因之四。

对策措施

（1）该电力公司必须立即停工整改，按照事故"四不放过"的处理原则，进一步分析查找事故原因，分清事故责任，按照管理权限对有关责任人进行处理。并由当地主管供电局督促做好停工整改工作，并在供电系统辖区内对事故的处理意见进行通报。

（2）公司下属各单位要组织开展安全生产专题活动，组织员工认真学习《电力安全工作规程》《防止人身伤亡事故十大禁令》和《防止恶性误操作事故十大禁令》，组织员工学习本次事故通报，对事故存在的问题进行分析，举一反三，吸取事故教训。

（3）公司下属各单位要注重生产流程的管理，严格执行安全生产规章制度，加强调度、变电、配电操作监护，严格执行"两票三制"，深入开展危害辨识与风险评估工作，规范现场勘查、施工方案、停电申请与批准、工作签发、许可与监护等工作流程，落实停电、验电、挂接地线、悬挂标志牌、装设遮栏等安全防护技术措施。

（4）公司下属各单位要加强对电网工程建设的安全管理，严格执行工作票、施工作业票和施工方案的申请、审核和审批程序，加强工作现场的组织管理，严格落实各项安全组织措施，确保工作过程安全。

（5）县级供电企业必须在本年底前清理完善县级电网主接线图、地理接线图、10kV 和 0.4kV 配网图，标明交叉跨越、同杆架设、电源点等情况，完善相关技术图纸和资料，并做到图实相符。

（6）公司将对各单位以上工作的进展和落实情况进行专项检查，并在辖区内进行公示通报。

▶ **案例 74** 某供电有限责任公司触电死亡事故

事故经过

某日，某供电有限责任公司检修队按照检修计划对 A 电站进行检修，工作任务为"A 站综合自动化装置屏更换，35kV 系统设备、10kV 系统设备检修"，工作计划时间为 24 日 9 时 30 分至 28 日 18 时 00 分。工作负责人徐某，工作班成员张某、郭某、邱某、李某 4 人。28 日 14 时 45 分，所有检修工作全部结束，A 站运行值班人员刘某向调度汇报检修工作结束，10kV B 线、C 线、D 线、E 线具备带电条件。14 时 45 分当值调度值班员周某下令将 10kV B 线、C 线、D 线、E 线投入运行。运行人员在 15 时 38 分操作结束后，发现监控机上 10kV D 线 9751 隔离开关、9752 隔离开关位置信号与实际位置不相符。15 时 52 分，工作班成员张某向调度申请将 D 线转入检修状态进行缺陷处理，变电运行人员执行调度命令将 D 线变电间隔设备由运行转检修后，工作班成员张某（消缺工作实际负责人，二次专业检修人员）、郭某（二次专业检修人员）、李某（一次专业检修人员）3 人开始进行缺陷的消除工作。在消缺过程中，张某首先进入柜内手压辅助触点检查隔离开关位置信号，感觉二次无异常后，由李某做一次部分检查。李某擅自违规解除隔离开关机械"五防"闭锁装置，拉开接地刀闸，试图采用分合 9751、9752 隔离开关的方法检查辅助触点是否到位，当合上 9751 隔离开关后（此时母线至开关上部已带电），辅助触点仍然未到位，李某便将头伸进开关柜检查辅助触点，头部触及带电部位发生触电事故。后经抢救无效，于 18 时 15 分死亡。

原因分析

（1）该公司工作班成员违反《电力安全工作规程》相关规定，未办理工作票、不清楚停电范围、违章进行作业，未经批准允许擅自强行解除隔离开关机械联锁，拉开接地刀闸，合上 9751 隔离开关是造成事故的直接原因。现场的消缺工作，必须要对 10kV 母线停电并设置安全措施后，才可以在 9751 隔离开关上进行工作，通过拉合 9751 隔离开关来调整其与辅助开关的配合情况。由于工作人员擅自改变了安全措施和扩大工作范围，最终导致了事故的发生。

（2）变电站运行值班人员违反《电力安全工作规程》有关规定，工作许可人没有到达工作现场，没有进行现场许可，未向工作人员交代运行带电设备的范围，现场安全技术措施落实不完备，允许工作班成员改变设备状态是造成事故的另一重要原因。

（3）调度值班员违反国家电网公司"两票三制"的有关规定，未严格执行"两票三制"制度，许可工作人员无票操作，是造成事故的又一重要原因。

（4）公司相关领导和管理人员未严格执行到岗到位制度，未落实停产整顿七项措施要求，不向电业局报告且无一个生产领导在现场，检修现场生产组织失控是造成事故的重要管理原因。

（5）所属电业局领导和相关部门对控股供电公司现场大型检修工作不清楚，管理不到位，是造成事故的又一管理原因。

（6）10kV 开关柜型号（XGN2-12/Z-32）存在缺陷，无带电显示装置，并且看不到触头的分合状态，是导致事故发生的次要原因。

对策措施

（1）认真吸取事故教训，迅速将该人身死亡事故情况在公司范围内通报，督促各单位认真学习，深刻反思，对照查找安全管理薄弱环节，全面评估安全生产状况，主动发现问题，及时解决问题，降低安全风险，防止安全事故的发生。

各单位要认真组织学习这次检修作业人身触电死亡事故情况通报，深入分析事故原因，结合本单位实际，对照查找安全管理薄弱环节，加强控股（代管）公司的安全生产管理。要将工作重点放在生产班组，放在施工现场，放在一线作业人员。要有效开展安全教育培训，提高培训的质量，不断强化各级人员，特别是现场作业人员的安全意识。

（2）结合当前春季安全检查及反违章活动的开展，对检修作业进行安全专项整顿，深入开展反违章活动，严肃查纠违章指挥、违反作业程序、擅自扩大工作范围等典型违章现象，保证检修作业安全有序开展。

各单位要严格执行"两票三制"，全面落实"三防十要"等反事故措施，切实落实防止人身触电事故各项安全措施，严格执行防止电气误操作的安全管理规定，严格解锁钥匙和解锁程序的使用与管理，杜绝随意解锁、擅自解锁等行为。认真开展作业现场安全风险辨识，制定落实风险预控措施，加强现场查勘和作业前的工作交底，确保每一位作业人员对作业现场、作业任务、作业程序、现场危险源以及风险预控措施清楚。严肃查纠各类违章行为，加大违章处罚力度。

（3）加强各控股公司大修、技改及农网工程的统一管理。要严格按照相关管理办法，将控股供电公司的大修、技改及农网工程纳入各电业局（公司）统一计划管理。

（4）各级领导干部和管理人员要严格执行安全生产到岗到位的有关要求，认真履行岗位职责。上级部门采取定期检查和明察暗访等方式对各电业局（公司），特别是控股公司各级领导干部和管理人员的到岗到位和履责情况进行检查，对未按照规定执行的单位和个人将严肃处理。

（5）进一步加强对控股、代管公司的安全管理与考核，尽快建立控股公司安全生产专业化管理与综合管理相结合的协调运作机制，认真开展对控股、代管公司安全专项监督与检查工作，针对目前控股、代管公司安全管理制度不健全、基础管理薄弱、监管机构不完善、电网建设和老旧设备改造滞后、人员安全素质较低的现状，强化"四统一"安全管理，实现控股、代管公司与省公司安全管理接轨，提升控股、代管公司安全生产管理水平。

（6）全面清理控股公司生产技术及调度管理规章制度，按照对直管供电局的工作要求修编完善控股公司规章制度、工作流程和工作标准，规范控股公司的安全生产管理。加大基层电业局对控股公司的管理和考核力度，让基层电业局对控股公司的管理做到有职有权。

（7）进一步加强对控股公司人员的技术培训和责任心教育，开展控股公司领导班子人员轮训、生产人员岗位准入培训考试和职业技能培训考核，逐步提升其技术素质和作业技能。针对生产一线人员素质和责任心普遍存在差距，缺乏对职业素质和责任心考核的刚性措施的问题，进一步研究完善岗位晋升通道和薪酬激励机制，建立相应的考级制度。员工在一定的时间内没有发生违章行为和责任事故，可考虑其岗位晋升，发生了安全事故的员工，让其回到零点，重新从基岗做起。

（8）进一步加强10、35kV封闭式开关柜技术管理，要求各单位对10、35kV封闭式开关柜开展清理和隐患排查，针对封闭式开关柜设计上存在的缺陷查找共性问题，采取切实有效的防范措施，加大设备技术防范研究，加强防误操作管理，采取有效措施保证作业人员安全。

▶ **案例 75** 某电业有限公司恶性误操作事故

事故经过

某日 9 时 30 分，某单位所属 A 变电站检修升压站 1 号主变压器、A 变电站至 B 变电站线路开关（624QF）和线路避雷器（324BL），已填写合格的设备停电检修申请票和发电厂第一种工作票，A 变电站运行值班员按照工作票所要求做好了各项安全措施；B 变电站按调度指令断开 B 变电站至小洞电站 35kV 362 线路油断路器 362QF 及其两侧隔离开关 3623G、3621G，合上线路侧接地刀闸 36271G。B 变电站至 A 变电站 35kV 线路（362）处于检修状态。

15 时 53 分，A 变电站检修工作终结，检修人员已全部撤离工作现场，并报告了调度。16 时 25 分，该公司值班调度员班某电话指令 B 电站杨某：拆除在 1 号主变压器 6.3kV 侧断路器母线隔离开关 6241G 悬挂的"线 782 号"接地线；16 时 37 分，班某电话指令杨某：断开 1 号主变压器 6.3kV 侧 62471G 接地刀闸。小洞电站升压站内 35kV 362 线路的 32471G 接地刀闸还没断开。

16 时 39 分，值班调度员班某电话指令 B 变电站站长沈某（兼值班员）：将 35kV 362 线由检修转为冷备用。沈某在接调度电话后将正确的调度指令在值班记事簿上错误记录为："将 B 变电站 35kV 362 线由检修转为运行"，并立即打电话通知本班人员岑某到变电站操作（B 变电站单人值班，有操作任务时可通知本站非当班值班员担任监护或操作人）。岑某到达变电站后，沈某将事先填写好的倒闸操作票交给岑某。岑某将操作票对照沈某在值班记事簿记录的调度指令"由检修转为运行"，确认操作票与调度指令一致后，在模拟主接线图板上进行了倒闸操作预演。然后由岑某操作，沈某监护，执行了错误的操作任务：即 16 时 51 分，当 A 变电站操作人岑某合上 35kV 线路 362 断路器时，该断路器立即"电流速断"自动跳闸。跳闸原因是该线路小洞电站侧接地刀闸（32471G）尚未断开。沈某立即停止操作，并于 16 时 53 分打电话向值班调度员班某报告。

原因分析

该单位 B 变电站值班员沈某接到调度指令时，没有做到边听边记录，只是习惯性地将调度指令内容进行复诵。在接听、复诵调度指令内容完成后，才做记录，致使把"由检修转为冷备用"错误地记录为"由检修转为运行"，并按错误记录和事先填写好的倒闸操作票进行操作，是发生恶性误操作事故的直接原因，也是一起由习惯性违章引发的典型恶性误操作事故。

（1）该单位 B 变电站值班员沈某工作责任心不强，麻痹大意，对双电源线路倒闸操作危险点分析认识不足，工作随意散漫等，是恶性误操作事故发生的间接原因。

（2）该单位变电工区对变电站值班人员安全生产责任意识、工作纪律和日常安全管理不到位，导致变电站值班人员习惯性违章作业现象未能及时有效消除，是恶性误操作事故发生的间接原因。

（3）该单位连续 3 年发生恶性误操作事故，说明对反习惯性违章、反事故工作针对性不强，流于形式。

对策措施

（1）该单位应加强对变电站值班人员安全责任意识的强化培训，建立和完善安全生产责任制度。总结事故经验教训，举一反三，杜绝恶性误操作事故，扭转被动的工作局面。

（2）该单位应加强对变电站值班人员专业技术水平的提高，制订培训、考核办法，建立标准化工作制度，确保工作质量。

（3）该单位应加强对变电站值班人员日常工作的检查、监督和管理力度，及时纠正不良行为和违章违纪现象。对查出的问题，制定措施，严肃处理、不留隐患。

▶ **案例 76** 某加油站抽水泵电源线裸露漏电事故

事故经过

某日，某加油站当班班长巡检时发现油罐区观察井内水位增高，便利用站内配备水泵（防爆）准备将水抽出。当班班长（该站电工，有电工证）从加油站配电室接出临时电源线，跨越加油场地车道至油罐区与水泵相连。接好电源后，启泵进行抽水。抽水过程中，加油站站长检查发现，电源线由于过往车辆碾压，绝缘层已破损露出金属导线，存在漏电、短路打火等隐患，相当危险，立即停止了抽水作业，事件未造成损失。

原因分析

此次事件虽未造成损失，但整个作业过程存在多处隐患，属典型的"三违"行为。水泵电源线横跨加油场地且未设置任何警示及隔离防护措施，作业现场无专人看护。当班班长安全意识差，图省事，违反规定，在未办理临时用电票（该作业需同时开具动火票，也未办理）和多项安全防护措施未落实的情况下，就在油罐区使用临时电源线。同时也反映出企业存在着对员工安全教育培训落实不到位的问题。

对策措施

（1）企业应加强对本单位员工的安全专业技术知识的教育和培训，增强员工的安全防范意识。

（2）建立完善安全规章制度，并落实到实际工作中去。加强加油站内临时用电、动火等作业票据管理制度的教育培训和检查落实，严格考核兑现，杜绝违章作业。

（3）加油站内的用电设备及其电源线路，应满足防火、防爆要求。电源线路不允许有中间接头，线路连接必须采用防爆接线盒。使用插头插座时，插头插座也必须防爆。

（4）加油站内临时电源线路的敷设，要尽量避免穿越车道，如确需穿越，必须封闭车道、设置安全隔离标志并有专人看管。

▶ **案例 77** 某单位恶性误操作事故

事故经过

某日 16 时 05 分，某单位调度室调度员吴某电话命令 35kV A 变电站值班员王某，要求将电锌厂 107 线路由运行状态转为检修状态（电锌厂要求停电处理电解槽的电缆）。

该单位 35kV A 变电站值班员王某接到调度命令后，即与同班的值班员何某商量决定，电气操作票由何某填写并担任监护人，电气操作由王某负责操作。电气操作票填好后，16 时 15 分王某到操作现场进行操作，何某正在工具柜处拿接地线、验电器和绝缘工具。王某在没有按照规定对电气操作票进行预演和复诵的情况下便执行操作，且只凭指示灯不亮就确定 107QF 油断路器在完全断开的情况下，就拉 1071 隔离开关。在拉 1071 隔离开关时，1071 隔离开关触头出现了较大的电弧，引起了 2 号主变压器和 A 变电站 103、106 油断路器跳闸，从而发生了带负荷拉隔离开关的恶性误操作事故。事故发生后，该单位及时组织有关人员对事故现场进行处理。16 时 25 分恢复 2 号主变压器供电，19 时 36 分恢复了 A 变电站 103 和电锌厂 107 线路供电。

原因分析

（1）该单位 35kV A 变电站值班员王某在倒闸操作过程中，违章操作，是导致此起恶性误操作事故发生的直接原因。

（2）该单位 35kV A 变电站值班员何某作为当班电气操作监护人，没有尽到监护人的责任，没有及时制止王某的错误操作行为，是导致此起恶性误操作事故发生的直接原因。

（3）值班人员安全意识淡薄。该单位 35kV A 变电站值班人员在操作过程中，既不戴安全帽也不戴绝缘手套、不穿绝缘鞋。不按规定对操作票进行唱票和复诵，不按操作票程序进行操作。操作前没有检查核实油断路器的分、合状态。操作过程中无人监护。

（4）设备存在安全隐患。该单位 35kV A 变电站油断路器操动机构分合闸指示器存在严重安全隐患，其分、合闸位置指示不清，A 变电站值班员发现隐患后未及时上报公司和要求派人处理，未及时排除此安全隐患。

对策措施

（1）加强对电工作业人员的安全技术知识的教育和培训，增强安全防范意识，杜绝违章作业。

（2）严格执行操作票制度和倒闸操作规定。操作票的填写内容要完善，并进行复查和审核；操作前要明确操作内容，确认待操作的断路器、隔离开关所处的分、合位置；操作时要按步骤一步一步操作，不可遗漏或重复；操作过程要有人监护，每完成一步操作，由监护人画勾。禁止带负荷拉闸或带负荷合闸。

（3）进行倒闸操作时，操作人员必须穿戴好绝缘防护安全用品，防止设备漏电而触电。

（4）及时消除设备隐患。值班人员发现设备存在隐患或发生故障，应及时报告负责人。负责人接到报告，要及时安排维修人员进行处理。

▶ **案例 78**　某起重机械有限公司触电死亡事故

事故经过

某日 13 时左右，某起重机械有限公司安装队队长贾某带领李某、王某等 4 个工人到某精密机械有限公司总装车间内安装滑线吊线架、Z 型架，并在地面上进行 Z 型钢连接点焊接作业。17 时 40 分左右，贾某搬好架子，到位于车间的中后方喝水。突然听到一声叫喊，贾某回头发现工人王某已倒在滑索道的支架边。

王某尖叫一声倒地后，精密机械有限公司的副总经理施某回头看到王某口中吐着白泡，身体抖动了一下。这时工友李某跑过去，甩掉王某右手中的电焊枪，马上给他做心脏按压。当时王某还有些细微的意识，张大嘴巴做着深呼吸，但叫他名字他并没有反应。与此同时，施某立即打电话叫急救车。17时50分，贾某等人将王某抬上车送往医院，18时20分左右，经医院确认王某已经死亡。

原因分析

经过认真调查取证，调查组认为该起重机械有限公司已发生的触电事故为安全生产责任事故。事故的直接原因是王某自我安全防范意识淡薄，在未取得电焊资格操作证、未穿戴防护用品的情况下，擅自进行电焊作业，导致触电死亡。事故责任追究如下：

（1）安装队王某趁电焊工贾某离开去喝水的空当，在未穿戴防护用品、未持有电焊资格操作证的情况下，拿起电焊枪进行点焊，导致触电伤亡。其行为违反了《中华人民共和国安全生产法》有关规定，对事故的发生负有主要责任，鉴于王某在事故中已死亡，不再追究其相关责任。

（2）该起重机械有限公司，未对从业人员进行安全教育和培训，教育管理不到位，致使无特种作业操作证的人员擅自进行电焊作业，造成生产安全事故发生，对事故负有主要责任。违反了《中华人民共和国安全生产法》有关规定，市安全生产监管部门对其违法行为予以了行政处罚。

（3）该起重机械有限公司董事长李某，未督促、检查本单位的安全生产工作，及时消除生产安全事故隐患，造成事故发生，对事故的发生负有领导责任。违反了《中华人民共和国安全生产法》有关规定，市安全生产监管部门对其违法行为予以了行政处罚。

（4）安装队队长贾某，发现员工违章作业未加制止，未及时消除无特种作业操作证的员工擅自从事电焊作业、安全防护不到位这一事故隐患。违反了《安全生产违法行为行政处罚办法》的有关规定，对事故发生负有主要责任，市全生产监管部门对其违法行为予以了处罚。

对策措施

（1）该起重机械有限公司要切实加强施工现场生产安全管理，严肃规范从业人员作业要求，切实落实职工安全三级教育和安全技术培训工作，严格执行各项规章制度和操作规程，防止类似事故的再次发生。

（2）该精密机械有限公司要对外包公司开展经常性的安全生产检查，督促企业严格遵守相关法律法规，杜绝类似事故的发生。

（3）管辖经济开发区要加强对外来施工单位安全生产的监管，预防和遏制安全生产事故的发生。

▶ **案例 79** 某电业局 500kV 某变电站恶性误操作事故

事故经过

某日 11 时 13 分，某电业局 500kV 某变电站进行隔离开关检修工作，需要 220kV 2 号母线运行，1 号母线停电转检修状态，在操作 220kV 1 号母线接地刀闸时，操作人员走错间隔，带电误合 220kV 2 号母线接地刀闸，母差保护装置动作，造成变电站 220kV 母线全停。

原因分析

经现场检查、调查和分析，造成此次事故有以下原因：

（1）在倒闸操作过程中，未唱票、复诵，没有核对断路器、隔离开关名称、位置和编号就盲目操作，违反了"操作前应核对设备名称、编号和位置，操作中还应认真执行监护复诵制"的安全规定。

（2）未经验电就合接地刀闸，违反了"在装设接地线或接地开关前必须进行验电检查"和"当验明设备确已无电压后，应立即将检修的设备接地并三相短路"的安全规定。

（3）操作中为减少操作行程，监护人吴某和操作人谢某在操作进行中擅自决定改变操作票顺序，违反了"不准擅自更改操作票，不准随意解除闭锁装置"的安全规定。

（4）操作中随意解除防误闭锁装置进行操作，违反了"操作中发生疑问时，应立即停止操作并向值班调度员或值班负责人报告，弄清楚问题后，再进行操作，不准擅自更改操作票，不准随意解除闭锁装置"的安全规定。

（5）监护人吴某帮助操作人谢某操作，没有严格履行监护职责，致使操作完全失去监护，且客观上还误导了操作人。

（6）违反了"特别重要和复杂的倒闸操作，由熟练的值班员操作，值班负责人或值长监护"的安全规定，担任监护的是一名正值班员，不是值班负责人或值长。

（7）值长刘某随意许可解锁钥匙的使用，没有到现场认真核对设备情况和位置，违反了防误锁万能钥匙管理规定。且审票不严，明明知道验电地点不可能验到电，也没有提出修改意见。

（8）现场把关人员对重大操作的现场把关不到位，没有到现场把关，副站长庞某和运行工程师杨某虽到现场帮助做了一些准备工作，但在真正需要把关的时候，没有在操作现场，而是在做其他工作，没有履行把关人员的职责。

（9）缺陷管理不到位，母线接地开关的防误装置存在缺陷，需解锁操作，虽向检修单位做了专门汇报和要求，但未进一步跟踪督促，致使母线接地刀闸解锁成为习惯性操作，人员思想麻痹。

（10）没有认真吸取有关变电站误操作事故案例教训，对危险点分析与预控措施不到位，重点部位、关键环节失控，对主要危险点防止走错间隔、防止带电合接地刀闸等关键危险点未进行分析，没有提出针对性控制措施。

对策措施

（1）加强对电工作业人员电业安全规程的教育和培训，增强电工作业人员的安全防范意识。

（2）建立、完善和执行电气操作安全管理责任制度，并加强跟踪、检查和考核力度，增强操作人员的责任心，杜绝违章操作。

（3）严格执行倒闸操作相关规定。认真填写操作票，并经复查和审核把关；操作票中的内容一旦确定，不能随意更改；操作前要核对待操作断路器、隔离开关的名称、位置、编号及当前所处的分、合状态；操作时要一人操作、一人监护，监护人唱票、操作人要复诵，要按顺序逐项操作，不能重复或遗漏，操作人每操作完一项，监护人应划掉一项；所有操作完成后，要按照操作票的内容进行逐项核对。

（4）严格执行电气安全技术措施，确保系统运行安全。对于需要检修的设备和线路，要按规定分别进行停电、验电、挂接地、挂标志牌、设围栏等，禁止带电挂接地线或者挂接地线合闸等违章操作。

（5）严格执行安全监护制度，监护人必须具有熟练的业务能力和丰富的工作经验，明确监护职责和工作任务，不得参与其他工作，不准擅自立场，必须全程监护，直至操作任务或检修工作全面完成。

（6）对于复杂和重要的倒闸操作或检修工作，相关负责人要亲临现场，对存在的风险进行识别、评价和预控，检查和落实安全组织措施和技术措施，要安排责任心强、技术精湛、业务熟练的电工人员参加，并在开工前进行现场培训，交代相关注意事项，确保操作和检修工作的顺利安全完成。

（7）加强防误闭锁保护装置及锁匙的严细管理。严格执行防误锁万能钥匙管理规定，不可随意强行解除防误闭锁保护装置，需要时必须经过当班负责人的审核同意。禁止值班人员私配和使用锁匙，值长要保管好锁匙，值班员要使用时值长必须到现场查看。

（8）及时消除设备和线路在运行过程中存在的缺陷。值班员一旦发现缺陷，应及时汇报领导。领导应及时组织维修人员对设备和线路进行消缺处理，确保系统正常运行。

▶ **案例80** 某电厂电气误操作造成的人身伤亡事故

某日，某电厂燃煤机组中班运行人员在执行"1号机6kV 61C段母线由备用电源进线断路器61C02运行转冷备用"操作过程中，发生一起人员违章操作，导致一人死亡一人重伤的人身伤亡事故。

该日白班，根据1号机组B级检修工作安排，运行准备将1号机组6kV 61C段母线由运行转冷备用，以便于第二天61C母线停电清扫。从上午9时0分开始，当班运行乙值进行负载转移操作，至下班前完成了61C段母线上所有负载转移。16时0分运行电气专工交代中班值长，当班期间需完成6kV 61C段母线由运行转冷备用操作，并特别交代61C段母线转检修操作由次日白班根据工作票要求完成。运行中班接班后，值长安排实习副值班员吴某担任监护人、巡检员李某担任操作人执行该项操作。两人接受操作任务后，吴某填写了操作票，经李某签字并经值长审核批准后，于19时05分开始进行操作。19时07分操作人员通知集控室值班员在远方拉开61C段备用电源61C02断路器，而后按照操作票逐项操作，将61C02断路器拉至试验位置，取下二次插头，61C母线转入冷备用状态。根据有关人员陈述和事后调查，61C母线转成冷备用状态后，操作人员按照操作票第16项操作内容进行"在1号机6kV 61C段备用电源TV上端头挂接地线"的操作。由于柜内带电，电磁锁闭锁打不开柜门，于是监护人联系检修人员用解锁钥匙打开柜门，随后未经验电，即开始挂设接地线，发生了电弧短路。

19时26分，集控室监盘人员发现2号启动变压器跳闸，汇报值长后，立即派两名巡检人员去1号机6kV开关室检查。两人到达开关室后，看到6kV开关室冒出浓烟，并且发现吴某受伤坐在 6kV 开关室门口，两人立即向值长进行了汇报。值长随即安排人员佩戴正压式空气呼吸器赶至 6kV 开关室将仍在开关室内的李某救出。在得知人员受伤情况后，值长立即拨打 120 报警电话，并汇报相关领导。20 时 10 分，120 救护车到达现场与厂值班车一起分别将李某、吴某送往某军区总医院抢救。经医院全力救治，监护人吴某脱险，操作人李某终因伤势严重死亡。

原因分析

事故发生后，通过对现场详细勘查、取证、询问和分析，初步分析认定事故发生的原因是：

（1）操作票填写错误，审核、批准不仔细，未能发现填写的操作错误项。根据"1 号机 6kV 61C 段母线由备用电源进线断路器 61C02 运行转冷备用"操作任务，不应该填写挂接地线操作项，更不应该填写"在 1 号机 6kV 61C 段备用电源 TV 上端头挂接地线一组"的内容。运行人员对系统不熟悉，操作票审核未对照电气一次系统图认真核对，没有及时发现操作项中在带电侧挂接地线的错误。操作票不是操作人填写，而为监护人填写，缺少了审核环节。值长审核不严，未能发现操作票中明显错误。

（2）未按操作票进行操作，未执行操作票中"验明 1 号机 6kV 61C 段备用电源 TV 无电"操作项，跳项进行"在 1 号机 6kV 61C 段备用电源 TV 上端头挂接地线一组"操作。操作人员在操作过程中，未携带验电器，对 1 号机组 6kV 61C 段备用电源 TV 未进行验电即挂设接地线，造成了 6kV 61C 段母线备用电源侧短路。

（3）运行人员执行操作票存在随意性，在操作票和危险点分析与控制措施执行未全部完成时，执行打勾已全部结束，操作结束时间也已填写完毕。并且未按照操作票顺序逐项操作，存在跳项和漏项操作的现象。

（4）"五防"闭锁管理制度执行不严格，运行人员擅自通知检修人员解除 61C 段备用电源 TV 柜电磁锁，失去了防止误操作的最后屏障。

（5）运行人员过于依赖运行专工，独立分析、判断和审核把关能力欠缺。操作人、监护人、批准人的安全意识淡薄，安全技能不足，工作作风不严谨，操作票制度执行不严肃。

（6）倒闸操作管理部门领导重视不够，没有部门领导、专业人员在现场对操作进行监督指导。操作人员安排不合理。操作人李某为新进厂的巡检员，监护人吴某为新进厂的实习副值班员，两人虽已取得了电气岗位的当班资格，但技术水平仍不高，从填写操作票到进行倒闸操作都存在技术方面的问题。

（7）安全生产管理不严，使得相关安全管理制度、措施得不到有效执行，习惯性违章屡禁不止。工作作风不实，各级安全生产责任制不能得到有效落实，安全生产管理人员不能经常深入生产一线检查、发现问题。管理不细，相关的安全生产制度不完善，技术措施不全面，"两票"管理存在很多不到位的地方。

对策措施

（1）以此次事故为经验教训，将每年中的该月确定为电厂安全生产月。制定好安全生产月活动计划，组织在全厂范围内开展一次"安全为谁，安全依靠谁"大讨论，深刻反思电气事故发生的深层次原因；全面查找安全生产管理过程中"严、细、实"方面存在的问题；在全厂范围内对各生产岗位全面进行隐患排查，查找自身及身边存在的违章行为，对查出的问题认真制订整改计划，限期整改。

（2）加强各机组检修期间的安全管理。机组检修期间实行厂领导、部门领导带班制；对各检修队伍人员状况、检修区域安全隐患进行深入的排查梳理，将所有检修区域划分到责任人，对检修过程中可能存在的危险点逐一分析并做好预控措施，确保机组检修期间的安全。

（3）在全厂开展"两票三制"专项检查活动，深入查找"两票"管理工作中存在的问题。进一步补充完善热机、电气操作票制度和程序；严格执行工作票、操作票管理流程，制定清晰明确的"两票三制"执行流程在现场进行公布。加强"两票三制"制度执行情况的动态检查和考核，制定"两票三制"执行追踪检查规定，对违规人员安排下岗再培训、再考核，合格后方可重新上岗。

（4）每月定期召开一次安委会扩大会议，针对"两票三制"执行过程中检查发现的问题，落实解决措施，并对下一月安全生产工作进行全面部署。认真落实工程建设中的工作要求和安全技术措施，特别是强化对电厂各部门、各级员工、承包商施工队伍及员工的管理和要求。

（5）强化运行操作管理。完善运行操作管理标准，进一步明确操作人、监护人、值长、专工及运行部门领导在运行操作过程中的职责；完善重要操作时各级人员到位管理规定，并严格执行；对重要操作和非经常性操作，部门领导及专业技术人员到场，并合理安排人员，加强操作力量，确保操作安全。

（6）进一步规范生产技术管理工作，对于部门、专业下发的技术措施、专业通知、工作方案按规定严格履行签字审批手续后下发执行。

（7）按照岗位职责要求，加强员工安全技能、业务知识的培训，提高人员的安全意识和技术水平。每周举行专业知识讲座和技术讲评会；组织"两票"专项教育、培训和考核，做到人人过关。

（8）全面修订各生产岗位的培训标准，对所有运行人员严格按照新的岗位标准重新进行上岗资格认证考试，对于考试不合格者，降岗降薪使用。

（9）加强"五防"管理。在全厂范围内严格检查解锁钥匙的拥有、使用情况，对违反规定私自藏有、使用解锁钥匙的人员严厉追究其责任；将重要设备的电磁锁统一更换，并在所有电磁锁位置贴上相应警示标识，提醒人员不能随意解锁。

（10）结合本质安全型企业创建工作，深入开展危险点分析与预控工作，不断提高作业人员的风险防范意识。对"两票三制"中的危险点分析预控的流程进一步明确。运行操作前，由值长组织操作人、监护人对操作过程中存在的风险进行分析评估，并制定相应的控制措施，并由监护人负责每一项预控措施的落实；检修作业前，由工作负责人组织工作班成员进行作业过程风险分析，确定相应的预控措施，并由工作负责人检查危险点预控措施的落实情况。

▶ **案例 81** 某广场地下部分安装工程触电死亡事故

事故经过

某日 15 时，某广场地下部分安装工程项目，施工人员马某在地下一层 13～14 轴交 H-G 轴进行插座配管配线，在线槽内协助电工敷设电线时，碰触到线槽内照明回路带电线头遭到电击，经抢救无效死亡。马某为电气安装辅助工种。

原因分析

经过对事故现场进行分析，有以下原因：

（1）触电死亡者马某无操作证。违反了《建筑电气工程施工质量标准》中"安装电工、电气焊工、起重吊装工和电气调试人员等，均应按照有关规定的要求持证上岗"的规定。

（2）敷设在线槽内的电线有接头。违反了《建筑电气工程施工质量标准》中"电线在线槽内有一定的裕量，不得有接头；电线按回路编号分段绑扎，绑扎点间距不大于 2m"的规定。

（3）施工现场安全防护设施不到位，施工技术及安全交底不到位，违反了《中华人民共和国建筑法》的多项规定。

（4）配电箱剩余电流动作保护电气开关在发生人员触电事故后未动作，没有起到切断电源的保护作用。

（5）现场施工用电管理不健全，用电档案建立不健全。

（6）触电死亡者马某，安全意识淡薄，自我保护意识差。

对策措施

（1）结合此次触电事故，应对所有员工进行全方位安全教育，增强安全防范意识。电工人员应按要求进行培训教育，持证上岗。在实际工作中杜绝违章指挥、违章作业、违反劳动纪律的"三违"现象发生。

（2）建立健全施工现场用电安全技术档案，包括用电施工组织设计、技术交底资料、用电工程检查记录、电气设备试验调试记录、接地电阻测定记录和电工工作记录等。

（3）对现场用电的线路架设、接地装置的设置、配电箱剩余电流动作保护器的选用要严格按照用电规范进行。接地装置要按要求检查维修，保证保护装置处于完好状态。

（4）加强施工现场用电安全管理。制定相关管理制度，使技术得以落实。各线路管理单位必须严格执行线路巡视制度，发现隐患及时排查和处理，并做好巡视记录和隐患处理记录。

（5）电工人员要按要求佩戴电气作业劳动保护用品，及时更换，并形成制度。

▶ 案例 82　某公司炼钢厂违章作业造成的触电致残事故

事故经过

某日 17 时许，某公司炼钢厂天车车间电工王某，在炼钢厂东耐火库距地面约 7m 高的电动葫芦端梁上检修拖缆线时，不慎触电后失去平衡坠落，造成其右腿骨折。

原因分析

经现场检查分析，造成此次事故的原因如下：

（1）电工王某在高空进行电气检修作业时未系安全带，是导致本起事故发生的直接原因。

（2）电工王某在无人监护的情况下带电作业，是导致本起事故发生的主要原因。

（3）车间领导负有安全责任。车间领导对本单位员工的安全疏于管理，在明知王某一人进行电气检修作业的情况下，未检查和落实安全技术措施，未安排监护人员进行监护，是造成事故的又一原因。

（4）车间领导负有管理责任。车间领导平时对员工安全教育不够，对员工安全管理不到位，致使员工违章作业，是造成本起事故的主要管理原因。

对策措施

（1）炼钢厂应针对本单位发生此次事故举一反三，认真总结经验，吸取教训，从严管理，并在全厂开展"反违章、查隐患、保安全"活动，发现问题，及时纠正。

（2）加强员工尤其是电工等特殊工种人员的专业安全技术知识的教育和培训，提高全员安全意识，做到安全生产，文明生产。

（3）无论进行何种作业，都必须严格执行安全生产管理制度。作业前，进行风险识别、评价和分析，制定作业方案和安全技术措施；作业中追踪和检查作业方案和安全技术措施的执行情况，责任到位，措施到位，坚决杜绝违章作业现象。

（4）对于危险作业（如带电作业、高处作业、动土作业和受限空间作业等），要建立和完善相应的管理制度和程序，实行申请、审核和批准制度，负责人要深入现场，了解情况，针对可能发生的问题做好相应的预防控制措施，指派专人负责和监护，确保作业人员的生命安全。

▶ 案例 83 某矿井违章作业造成的人身触电死亡事故

事故经过

某日 10 时 50 分，某矿井下运输一队 13 号机车司机杜某、司旗梁某，在 E1 运输大巷—340 调车场将停放在车场内的三台空车挂好链后，司旗梁某坐到机车的电阻箱上，向司机杜某发出了开车信号。当机车返回行驶到距绕道 150m 处时，集电弓子滑板突然将架线接头处刮开，架线电源侧连同集电弓子一同落在司旗梁某身上，造成梁某触电后当场死亡。

原因分析

经过对事故现场检查分析，造成这起事故有以下原因：

（1）架线偏离中心 150mm、使集电弓子一侧绝缘木离开，失去平衡，当机车通过架线接头处（并线连接方式）集电弓子套入架线一端，把架线接头处的并线卡子刮开，架线电源侧和集电弓子一同掉下，落到司旗梁某的上半身遭到电击，是这起事故的直接原因。

（2）司旗梁某不按规定跟在列车的尾部，而是坐在机车头上，是这起事故的主要原因。

（3）司机杜某对司旗梁某的违章行为没有制止，而进行开车，是这起事故的另一原因。

（4）巷道淋水对架线和并线卡子腐蚀，架线局部氧化，并线卡子螺栓强度不够，使架线被弓子筐刮落，是这起事故的又一原因。

对策措施

（1）该矿应加强对机车作业人员的安全教育、培训和考核，合格后方可上岗。

（2）机车作业人员应增强安全意识，严格遵守操作规程，规范操作行为，严禁违章作业。

（3）作业人员之间应相互监督，制止和纠正违章行为，防止自身伤害和相互伤害。

（4）定期对矿井设备和线路进行预防性的检查和维修，及时消除缺陷，防止带病运行。

（5）井上下电动机车弓子绳必须处于自由状态，不许绑死在机车车体上。

▶ **案例 84**　某县供电所违章操作造成的人身触电伤亡事故

某日上午，陈某带领 4 名工人检查城关 105 猫营区、106 设在县百货大楼处的共杆线至老供电所线路。8 时 40 分，陈某在一香烟纸盒上写了"当班的同道，来请停 105"字样，当做便条，叫一民工带到变电站。值班员黄某、李某见条后，于 9 时停了 105kV 高压电。停电后，陈某未做短路保护，便和工人邱某到县土产公司门前上电杆作业。工人黎某上 105、106 共用电杆拆旧线，工人班某在杆下接新线，黎某拆完旧线就下杆了。

李某在邮局门口等车下乡检查安全，未等到车，约 9 时回变电站。巡线工吴某问李某："106 事故停电，是什么原因？"李某到值班室询问了黄某，得知 106 是因三相不平衡而停电。在查阅操纵表时，李某看到陈某写的 105 城内停电字条，就动手检查 106 线路。检查发现 106 中相绝缘棒松动，就将绝缘棒推紧，并在记录中写上"线路无事故，处理错误"。10 时 10 分，李某令值班员黄某对 106 线路送电。11 时 20 分，当班某和黎某再上 105、106 共杆作业时，造成班某触电死亡，黎某触电受伤。

造成这起事故，有以下原因：

（1）未接到线路检修工作终结报告，值班员黄某就为线路送电，是造成人员触电伤亡的直接原因。

（2）值班员停电后未在操作处挂接地线和标示牌，检修人员在工作现场没有采取接地线等安全措施，是造成这起事故的重要原因。

（3）李某在排除故障过程中，已看到陈某写的停电字条，却不与陈某进行联系，就擅自给黄某下令送电，是造成这起事故的主要原因。

（4）停送电操作及线路检修，未执行操作票和工作票制度，是造成这起事故的间接原因。

对策措施

（1）通过《电力安全工作规程》的学习、教育和培训，不断提高电工作业人员的安全防范意识。

（2）电工作业人员应严格执行操作票和工作票制度，并做好相关安全技术措施和安全组织措施的落实。

（3）作业时必须专人监护和专责监护，无论是停送电倒闸操作，还是现场检修工作。

（4）加强调控人员、运维人员和检修人员之间的信息交流和沟通，严禁约时停送电。发现异常，及时商讨并采取应对措施。

▶ 案例 85　某矿吊车作业引发的人身触电伤亡事故

事故经过

某日，某矿守卫班长赵某组织守卫人员开始安装自动门滑道。考虑到守卫人员多为年老体弱的工人，赵某便向停在大门附近的站台吊车司机张某求援。13 时 40 分，司机张某开动吊车将吊杆臂伸过 6kV 高压线，平衡吊起滑道。当滑道吊起平身高度后，滑杆缩回了 3～4m，守卫人员李某等四人就手扶滑道向地槽移动。在移动期间，吊车司机只注意下边，没有注意上边的高压线，使吊车臂杆端头导向轮靠近了高压线，瞬间产生了放电火花。司机张某紧急下落吊车臂杆，但李某等四人已被遭到电击。后经紧急抢救，李某因伤势较重死亡，所幸其他三人保住性命。

原因分析

（1）吊车臂杆距高压线太近引起放电现象，是导致守卫人员触电的直接原因。

（2）吊车司机操作不当，是导致守卫人员触电的主要原因。

（3）未经申请和批准、未采取安全措施，吊车在高压线附近直接进行吊装作业，是导致守卫人员触电的间接原因。

（4）在起吊过程中，无专人监护和指挥，是导致守卫人员触电的另一间接原因。

对策措施

（1）在作业前，工作负责人应对作业人员进行现场安全培训，辨识危险源和危险因素，交代安全注意事项。

（2）吊车在高压线路附近作业前，必须向运维管理单位提出申请，并得到批准和许可。必要时，应对高压线路停电。

（3）吊车在吊装作业时，必须有专人指挥和监护。司机要听从指挥、规范操作，吊臂等活动部件要远离高压线路。

▶ **案例 86** 某变电站电容器室触电烧伤事故

事故经过

某日，某电业局 220kV 某变电站当值副值班员朱某未告诉其他值班员，擅自从运行钥匙箱内取走 35kV 电容器室钥匙，打开运行中的二号甲组电容器室网门，进内清扫地面卫生（因人身与带电体安全间隔不够，规定在电容器运行中不准任何人员进入网门内）。在清扫过程中，电容器 C 相引线铝排下端对朱某的头部放电，同时主控室发出"35kV I 段母线接地"报警信号。值班员随即到 35kV 设备区检查，看到朱某躺卧在 2 号甲组电容器室的地面上，立即将电容器停电，将朱某送医院抢救。经医院检查，朱某头顶部、左脚大拇指右侧及右脚小拇指右下侧均有烧伤痕迹，面积各有 $1.52cm^2$。

原因分析

（1）朱某头部距离电容器太近，电容器对人体放电，是造成这次事故的直接原因。

（2）朱某安全思想松懈，保护意识不强，违反安全规定，私自进入带电间隔，属违章行为，是造成这次事故的主要原因。

（3）电容器室钥匙管理制度不严，可随便被人取走，是造成这次事故的间接原因之一。

（4）电容器室网门上只装有普通挂锁，未加装"防误入带电间隔"的闭锁装置，是造成这次事故的间接原因之二。

对策措施

（1）加强对电工作业人员《电力安全工作规程》的培训，增强电工作业人员的安全意识。

（2）修订、完善钥匙等重要用品的保管和使用规定，实行专人保管、取用登记、申请审批制度。

（3）严格执行监护制度，禁止单人巡视、单人操作和单人工作。

（4）安装相关检测报警和闭锁保护装置，防止人员误入带电间隔和误操作。

▶ 案例 87　某单位浴池疏通下水道触电死亡事故

事故经过

某日晚，男浴池班长冯某和李某在食堂吃完饭，走到职工浴池门口看到另一名浴池工康某。康某看到小水池子脏水流得较慢，便决定进行疏通。他们到浴池守卫室拿来一台 ST75—30 型管道疏通机和电源线及螺旋弹簧钢丝绳，来到南面小池准备作业。冯某到北面浴池查看完水温情况往回走时，听到李某、康某两人喊"送电"。冯某到守卫室送上电源之后来到南面浴池门口，看见李某、康某两人把疏通机放在西侧 450mm 宽的浴池台上正在操作，并听到疏通机发出"嗡嗡"声。康某说："是不是反转？"这时冯某又回到守卫室脱完衣服返回浴池，看见两人仍在操作。当他刚走到作业地点时，突然听到"妈呀"一声喊叫，李某和康某随即便倒在地上。冯某赶紧切断电源，组织抢救。随后，李某、康某二人在被送往医院的途中死亡。

原因分析

经现场勘查和技术测试，确认有以下原因：

（1）疏通机电源开关漏电，工作地点潮湿多水，导致人员触电，是造成事故的直接原因。

（2）疏通机电源回路未安装剩余电流动作保护装置，不能及时切断电源，是造成事故的间接原因。

（3）在使用前，没有对设备的完好性进行认真检查，是造成事故的主要原因。

对策措施

（1）加强员工安全教育，认真落实安全责任制，严格遵守操作规程，增强安全防范意识。

（2）移动式设备的电源回路应安装剩余电流动作保护装置，防止设备发生漏电故障。移动式设备的接拆线、停送电工作，必须由持证上岗的电工人员完成，禁止其他人员操作。

（3）应定期对移动式设备进行维护、保养，并且在使用前要进行认真检查，确认完好无缺。

（4）多水、潮湿等特殊危险场所的检修工作，应做好相应安全防护措施。

▶ 案例 88　某煤矿井下带电作业触电死亡事故

事故经过

某日夜班，某煤矿开采工区上班人员 21：00 召开班前会，学习有关文件，并结合文件精神强调了遵守工艺劳动纪律、保障安全生产的重要性。凌晨 3 时 20 分，值班人员接到井下人员汇报电话：维修电工颜某在 7702 上中巷处理溜子开关时不慎触电，情况严重、正在抢救。4 时 30 分，抢救人员将颜某抬出，途中与前来抢救的医生相遇，医生又进行了就地应急抢救。最终，颜某经抢救无效而死亡。

原因分析

经过对井下现场情况进行调查分析，发生这起事故有以下原因：

（1）维修电工颜某维修开关时没有停电，属于带电作业引起的触电身亡，是造成事故的直接原因。

（2）煤矿安全生产管理工作薄弱、机电设备管理制度不落实、职工安全教育不到位、特殊岗位工种用人把关不严，矿井安全监督检查不够，是造成事故的主要原因。

（3）区队安全管理工作不到位、职工安全教育力度不够、员工生产安全意识淡薄、重要岗位工种缺乏约束机制、特殊岗位员工任用混乱，是造成事故的重要原因。

（4）有关业务科室和职能部门对业务指导和职责履行不到位，也是造成事故的重要原因。

对策措施

（1）针对此次事故，对全矿干部和员工进行安全警示教育、整顿工作作风，吸取教训、总结经验，举一反三、查找不足，采取行动、积极整改，防止类似事故的再发生。

（2）建立、完善安全生产责任管理制度，明确各部门和各岗位的工作任务和安全职责，加强矿井现场安全制度和安全措施的落实情况，并形成监督、考核、问责和激励制度。

（3）建立特殊岗位、特殊工种人员的管理档案，定期进行集中培训、集中考核，并取得特种作业资格证书和特殊岗位上岗证。严把人员录用关，考核不合格者，调离特殊工作岗位。

（4）对电工作业人员，应加强《电力安全工作规程》的学习和培训，严格遵守操作票和工作票制度，落实相关安全措施，规范行为、减少冒险、杜绝违章。设备故障检修必须停电、上牌或挂锁，带电检修必须履行申请审批手续。

▶ 案例89　某供电局民工误入带电间隔触电致伤事故

事故经过

某供电局下属某变电站35kVⅡ段母线上有出线3回。其中327路变电设备、327线路和325路变电设备已报废停用，但325线路带电，326路变电设备在役运行（但长期处于停用状态）。

事故当天，该变电站 35kV Ⅱ 段母线停电工作。工作票上签发的工作任务是：35kV Ⅱ 段母线及出线设备、旁路母线设备预试小修；保护校验；母线避雷器更换；326 路 3263、3265 隔离开关（刀闸）与穿墙套管之间引线拆除。

7：40 该局变电站操作人员根据调度命令，将该站 35kV 旁路 321 路及 Ⅱ 段母线 TV 转停用，35kV 分段 300 路 2 号主变压器中压侧总路 302 路及 35kV 旁路母线转检修。

事故当天，由于工作票签发人、工作许可人误认为 325 线路已停用，对该路出线未采取任何安全措施。而实际情况是：35kV 的 325 线路有电，3253 隔离开关（刀闸）静触头带电。

9：10，工作许可人（当值正班）带领检修工作负责人到工作现场交代工作时，通知另一副班人员将 35kV Ⅱ 段出线间隔的网门全部打开。接着，工作负责人带领 2 名外聘民工前往工作现场安排设备清洁维护工作，并向 2 名民工交代：35kV Ⅱ 段母线隔离开关（刀闸）左面的 35kV 出线间隔内设备可以清洁，右面 35kV 出线（包括 325 路）间隔内线路侧未接地，等值班员挂了地线后方可工作。随后，工作负责人同另一民工去南石 327 路间隔工作。

9：56，一民工脱离了监护人（工作负责人）的视线，单独进入了 325 路设备间隔内，右手持棉纱准备对 3253 隔离开关（刀闸）的静触头进行清洁，在右手接近 3253 隔离开关（刀闸）的瞬间，突然一声放电声响，3253 隔离开关（刀闸）的带电触头对民工右手和左脚放电，民工当即被击倒地，脱离电源。后经抢救，伤者右手和左脚掌做了截肢手术，鉴定为 Ⅲ 级肢残，属人身重伤事故。

原因分析

（1）工作票签发人当天签发的工作票错误多、不合格。工作票上填写的工作内容与检修申请票上填写的工作内容不完全相同，内容含糊、不明确；对当天该站设备运行状况不清楚，工作票上没有填写应采取的安全措施；工作票上也没交代清楚危险点部位。这是该事故发生的主要原因。

（2）工作许可人未对工作票的任务、内容进行认真仔细审查，对工作票上存在的安全措施不够完善没能及时发现，也未严格认真审查工作现场布置的安全措施是否完善或合乎现场实际情况，就向工作班成员交代许可工作。更为严重的是，安排他人将所有间隔的网门全部打开。在明知线路有感应电、线路侧应挂地线，而且在工作班人员提出线路设备需挂地线的情况下，仍未引起足够的重视和警惕，不采取任何安全措施，也是事故发生的主要原因之一。

（3）工作负责人（监护人）不认真审查工作票的安全措施，在明知线路侧设备未接地的情况下，仍不坚持、督促许可人做好安全措施，就草率安排民工从事隔离开关瓷绝缘子清洁工作，部分停电作业现场放弃监护工作，是发生该事故的直接原因。

（4）该局 35～220kV 输电网络结构进行大调整后，生技、调控等相关部门对设备的报停、长期停运的设备管理工作未跟上，原计划拆除的 325 线路，为了带电保走廊而未拆除等方案没有行文备案，只口头交代了事，且未采取相应的安全技术措施，也是事故发生的原因之一。

对策措施

（1）结合这次事故案例，对全局人员进行《电力安全工作规程》《电网运行调度规程》的重新学习、教育、培训和考核，不合格者不准上岗。尤其是对工作票签发人、工作许可人、工作负责人、工作监护人等人员的培训，增强安全防范意识，明确各自安全职责。

（2）由生技科、调度所等相关部门负责对设备和线路进行一次全面的检查清理，消除事故隐患。特别要重视对于网改后类似 325 线这类接线情况的设备和线路，使设备和线路的实际运行方式与调度模拟图板显示的运行方式完全一致。

（3）操作班人员应加强自身业务技术知识的学习，要熟悉自己的工作任务，对自己管辖的多个无人值班变电站的设备具体接线位置、布置有全面、详细的了解，做到心中有数。

（4）对于比较复杂的工作，专责人员、技术人员、工作负责人应在工作前到现场进行查勘，制订工作方案，落实安全措施，并进行技术交底，然后才能填写工作票，工作票应提前一日送到工作许可人手中。

（5）加强对工作班成员的监督管理，严格遵守《电力安全工作规程》规定，未经工作负责人许可、未落实安全措施、现场没有工作监护人，不得私自进入间隔和开始工作。

（6）如果电气设备要长期停运、报停、退出运行或特殊运行状态，必须有书面通知和审批报告，并上报生技、调控管理部门备案。

▶ **案例 90** 某施工工地人员操纵切割机不当触电死亡事故

事故经过

某日，在某建设实业发展中心承包的某学林苑 4 号房工地上，水电班班长朱某、副班长蔡某安排普工朱某、郭某二人为一组到 4 号房东单元 4～5 层开凿电线管墙槽工作。13：00 上班后，朱、郭二人分别随身携带手提切割机、榔头、凿头、开关箱等作业工具继续作业。朱某往了 4 层，郭某往了 5 层。当郭某在东单元西套卫生间墙槽时，由于操作不慎，切割机切破电线，使郭某触电。14：20 左右，木工陈某途经东单元西套卫生间，发现郭某躺倒在地坪上，不省人事。事故发生后，项目部立即叫来工人宣某、曲某将郭某送往医院，经抢救无效死亡。

原因分析

（1）郭某在工作时，使用手提切割机操作不当，以致割破电线造成触电，是造成本次事故的直接原因。

（2）职工安全教育不够，管理制度不完善；施工班组操作不规范，现场安全监管不力；职工安全保护意识缺乏。这些是造成本次事故的间接原因。

（3）设备设施缺乏定期维护、保养，开关箱漏电保护器失灵，是造成本次事故的主要原因。

对策措施

（1）召开现场安全工作会议，对事故情况进行通报，并传达到每个职工，认真吸取教训，举一反三、深刻检查，增强员工安全保护防范意识，杜绝重大伤亡事故的发生。

（2）立即组织相关部门和相关人员对施工现场进行全面的安全检查，不留死角、不留隐患。对查出的各种问题，制定整改措施，落实整改责任人，落实完成时间。

（3）重新建立、补充和完善各级人员的安全生产岗位责任制，定期对员工有针对性地进行安全技术教育培训，重点监控危险作业过程，形成动态的安全监管机制，不断完善施工现场的安全设备设施。

（4）制定、执行工作岗位安全标准操作规程，规范员工操作行为，禁止野蛮、冒险和违章作业，排除设备隐患，消灭事故萌芽。

（5）对在施工现场使用的各种移动式设备的电源线路必须安装漏电保护装置，当发生设备漏电故障和人身触电事故时，保护装置迅速动作切断设备电源。

▶ 案例 91　某供电局拆除架空线路倒杆致人死亡事故

事故经过

某日上午，某供电局施工人员拆除 35kV 架空线路导线（该线路已停用退役多年，全长 2.2km，共 13 基水泥杆，导线 LGJ-70）。11：50 左右，线路的三相导线拆除已经完成。在拆除架空地线时，在 11 号杆（ZS4-3 型直线等径水泥杆，杆高

21m，设4根拉棒、8根拉线）上作业的陈某将拆离后的架空地线放至横担时，11号杆的西南侧、西北侧两根拉棒突然断开，电杆向东面倾倒，陈某随杆落地（安全带、后备保护绳系在杆上）陈某因受伤严重，抢救无效，于当日死亡。

原因分析

经对事故现场检查发现：两根拉棒地下部分锈蚀严重，西南侧拉棒在地下1.03m处断裂、西北侧拉棒在地下1.16m处断裂。后对拉线基础进行开挖，两根拉线棒基础地表下60～70cm处土质发生明显变化，由表层普通种植土变为含水量较高、腐蚀性较强的淤泥，拉线棒距地面60cm以上部分轻度腐蚀，60cm以下部分严重腐蚀。据实地勘察，断开的两根拉线棒比另外两根拉线棒的基础位置低2m左右；所处位置原来是稻田，后来垫高了60cm左右的种植土，改为栽培果树。附近还有养猪场，因拉线棒所处地势相对较低，养猪场的废水长期渗入，形成了局部的强腐蚀环境。

造成这次事故的原因如下：

（1）11号杆拉线棒断裂致杆体倒塌，是事故的直接原因。

（2）对停用退役的架空线路未进行及时拆除，也未进行维护检修，是事故的间接原因之一。

（3）对多年停用退役未拆除的架空线路，在拆除前没有进行现场勘查、制定安全措施，是事故的间接原因之二。

（4）工作负责人和施工人员在现场拆除时，没有对危险源、危险点进行查找、分析和采取对策，安全意识淡薄，是事故的间接原因之三。

对策措施

（1）加强运行中架空线路的定期检查、维护和检修工作，对停用退役的架空线路及时进行拆除、清理，建立完善架空线路的设计、运行、检修及地理环境变化等相关资料，消除线路缺陷和事故隐患。

（2）对于工作复杂、危险性高的线路，在施工前，应首先进行现场勘查，查找危险点、危险源，分析危险因素，制订工作方案，落实安全措施。

（3）加强对工作负责人、施工人员的安全知识和技能的学习和培训，严格遵守《电力安全工作规程》要求，克服麻痹思想，增强安全意识，提高事故预防预控能力，防患于未然。

（4）在杆塔上作业，应重点防止邻近线路带电、线路或拉线断裂、人员高空坠落或者杆塔倾斜倒塌等引发的二次事故的发生，落实好安全防范措施。

▶ **案例 92**　某酒店装修人员触电死亡事故

事故经过

某公司管理下属某酒店计划"五一"长假期间对酒店的三楼进行装修，某建筑装修工程有限公司（以下简称"施工方"）与酒店签订了《装修施工合同》，并进行装修。某日 14：00 左右，施工方开始对酒店大厅天花板内的监控信号系统线路进行检修。大约 16：30 左右，施工方电工解某在拉牵酒店大堂天花顶上的监控器信号线时，无意中触及到已被老鼠咬破裸露的照明线路，突然倒下。与解某共同作业的另一名电工发现后，急忙呼叫无应答。该电工立即用对讲机与天花板下的施工监督员周某（酒店工程部主管）取得联系，周某立即爬上天花板。后两人一起将解某抬下大厅内紧急抢救，并拨打了 120 急救电话。医生赶到现场，解某经抢救无效死亡，经法医最终鉴定为意外触电死亡。

原因分析

经调查发现，施工方营业执照、税务登记证、建筑业企业资质证书等相关资质齐全，并在有效期内；施工人员上岗证书齐全，电工解某电工证书齐全。合同双方签订了安全施工承诺书，双方安全职责范围明确。酒店方在施工前对施工方进行了安全教育，并安排专人在现场进行施工监督。施工方在制定了安全施工措施之后，酒店方才准其开工。发生事故时，酒店方施工监督员周某在现场。

经分析汇总，造成这起触电事故有以下方面的原因：

（1）该酒店停业多年，一直未从事餐饮服务工作，线路敷设在天花板上的隐蔽空间内，线路老化、鼠咬现象严重；用电设备电源线路没有完全安装剩余电流动作保护装置，有的安装剩余电流动作保护装置动作失灵，致使故障设备线路电源无法断电；施工人员爬上天花板上隐蔽空间内进行作业，隐蔽空间无照明设施，空间光线较暗。这些问题，都是造成事故的客观原因。

（2）施工方电工人员安全意识不强，只将监控线路电源断掉，而没有对照明线路断电，是造成事故的主要原因之一。

（3）施工方对施工人员的安全培训和教育管理工作落实不够，在施工作业中没有按照要求为电工人员配备必要的防护用具（如绝缘手套、绝缘鞋等），是造成事故的主要原因之二。

（4）酒店方对施工方安全培训、教育力度不够，对施工方安全工作制度的监督、检查、落实和考核等管理不到位，现场施工监督员用人不当，也是造成事故的次要原因之一。

（5）酒店方施工监督员缺乏安全技能知识，现场监督责任没有履行到位，没有要求施工电工对照明线路停电，也是造成事故的次要原因之二。

对策措施

（1）施工方应立即停工整顿，认真总结经验，吸取事故教训，对施工人员进行安全技能知识的学习、教育、培训和考核，不合格者不准上岗，杜绝违章操作。

（2）施工方应按照相关规定，为各类施工人员，尤其是特殊岗位人员和特殊工种人员，配备必需的、有效的劳动防护用品，并检查、监督施工人员的佩戴和使用情况。

（3）施工方应向酒店方建议，要求对酒店内部的各种线路

（动力、照明、消防、监控、通信等线路）进行彻底更新改造，并在用电线路中安装剩余电流动作保护装置。

（4）酒店方应加强对内部员工的业务技能知识和职业健康安全管理知识的培训工作，加大对施工方的监管力度，委派专业的、称职的、有工作经验的、工作责任心强的人员对施工过程进行监督检查。

（5）酒店方应对酒店的房屋建筑、设备设施、水电管线等进行全方位的摸排清理，对发现的问题，提出施工变更，委托施工方进行整改，从根本上消除事故隐患。

▶ 案例 93 某水电厂带地线合隔离开关误操作事故

事故经过

某日，某水电厂保护班趁 500kV 线路高压电抗器接入、线路停电的机会，对××断路器进行合闸压力闭锁、跳闸压力闭锁回路检查、试验工作。试验工作结束，工作负责人滕某将柜上的控制电源小开关投入，恢复试验工作所做的安全措施后，关上盘柜内门。在关闭装置柜门过程中，中控室返回屏有相应断路器跳闸，指示转绿灯；××隔离开关带接地误合，指示灯变为红灯。监控系统有母线差动保护动作信号，母线保护动作。事故发生后，运行人员立即赶到现场检查，××隔离开关在合闸位置，现地柜上没有其他异常信号。单位立即组织专业人员对有关信号、计算机监控系统的记录进行了分析，并对可能发生的问题进行了检查试验（对××隔离开关控制回路进行检查），结合设备资料，对照该隔离开关自动投入控制电源到动作合闸时间进行核查，打开××隔离开关端盖检查，发现A、B相隔离开关刀口一次触头烧蚀，均压罩部分损伤，气室内有残留物。

原因分析

（1）因隔离开关操作电动机动力电源与控制电源合一，并由柜内小开关控制，运行人员在进行××出线转入检修状态的操作中，将××隔离开关断开后没有将其操作电动机动力电源按规定断开，使隔离开关操作电动机存在误启动的可能，是造成此次事故的直接原因之一。

（2）隔离开关制造商在隔离开关控制设计上考虑不周，其操作电动机主回路没有串入接地开关和断路器的辅助触点作为闭锁条件，合闸回路所有闭锁条件没有闭锁自保持继电器，使隔离开关操作电动机在自保持继电器动合触点因故障闭合时误启动成为可能，是造成此次事故的直接原因之二。

（3）隔离开关自保持继电器触点松动幅度过大，在外力（关闭柜门引起的振动）作用下动合触点误闭合，启动了隔离开关操动机构而引起隔离开关误合闸，是造成此次事故的直接原因之三。

（4）全员的安全风险防控意识和风险辨识能力不强，思想麻痹，运行、检修维护的设备运行方式管理界面划分不合理（运行人员只负责开关柜二次电源的总电源，而涉及断路器、隔离开关操作动力电源的每个盘柜二次电源的投入、切除由检修工作人员负责），从而导致了运行人员在对线路检修采取安全措施时，忽略了对隔离开关操作电源的切断，是造成此次事故的间接原因之一。

（5）技术管理工作薄弱，过分依赖某制造公司的技术服务。在多年的生产运行维护中，技术人员缺乏对断路器、隔离开关的控制系统的透彻研究，未能掌握其控制流程，致使设计上存在的隐患未能及时发现。运行、检修规程对500kV断路器进行有关试验的要求条件没有明确规定，对试验的指导性和针对性不强，是造成此次事故的间接原因之二。

（6）管理人员的安全责任未落实，现场监督检查工作不够细致，隐患排查和治理不彻底。没有发现隔离开关控制回路和设备布置方式上存在的安全隐患，没有发现设备管理界面划分存在的安全漏洞，没有发现操作票、工作票存在的安全问题，是造成此次事故的间接原因之三。

（7）盘柜设备元器件布置不合理，存在误动作缺陷。该现地控制柜设计布置为双层结构，所有继电器安装在一个活动的内门上。运行规程和检修规程均未对盘柜门的开关操作做出"轻开轻关"的要求，增加了继电器误动作的概率，是造成此次事故的间接原因之四。

（8）出线系统现地控制装置是投入使用已多年，虽对柜内继电器进行了更换，但未对其他控制设备（包括闭锁继电器板等）没有更换，加上因机组调峰任务较重、较频繁，机组转轮设计和制造存在先天不足，经常发生厂房共振现象，继电器加速老化，受振动力作用其接点有可能闭合，是造成此次事故的间接原因之五。

对策措施

（1）严格执行《电力安全工作规程》、《电气倒闸操作票规范》和防误操作管理制度。必须严格执行"隔离开关分断后除断开二次控制电源外，还必须断开操动机构动力电源"的规定。

（2）加强设备、系统运行方式和维护方式的管理，所有设备、系统运行状态的改变、变化，安全措施的装拆，必须由运行人员负责。

（3）加强运行人员对运行方式的认知和管理，强化对运行规程、检修规程和试验规程的管理。在深入掌握控制回路原理的基础上，组织开展二次回路的隐患排查，根据排查情况组织落实整改。电气二次设备、二次系统的相关试验工作，必须明确试验方法、步骤，运行方式，认真开展危险点（源）分析，并制定相应安全措施。

（4）断路器在检修状态时，必须将其两侧隔离开关、接地刀闸的操作电动机直流电源的空气开关断开，并做好相关标识，防止误投该电源开关；对操作电动机直流电源的空气开关在送电前必须检查确认相应的断路器处于分闸位置。

（5）完善二次设备、二次系统的运行规程，对隔离开关、接地刀闸的操作直流电动机电源做出明确规定：隔离开关、接地刀闸的操作直流电动机电源停、送电操作只能由运行人员执行。每次操作要填写记录，做好备查。

（6）加强运行人员、继电保护人员的技术培训力度，提高对设备控制回路的熟悉程度，防止出现"三误"（误指挥，误操作，误入间隔）行为，提高防范风险意识，确保设备安全运行。

（7）对系统现地柜技术改造进行论证，咨询厂家及专业机构，制定可行性改造方案，报请上级主管部门审批，批准后进行技术改造，确保系统安全稳定运行。

▶ **案例 94** 某广告公司展销会布展人员触电死亡事故

事故经过

某日，某广告公司员工在进行汽车展销会布展时发生一起触电事故，造成一人死亡。因连日下雨，会展场地大量积水导致无法铺设地毯。为此，该公司负责人决定在场地打孔安装潜水泵排水，并安排民工张某等人使用外借的电镐进行打孔作业。当打完孔将潜水泵放置孔中准备排水时，发现没电了。负责人余某安排电工王某去配电箱处检查原因，张某跟着前去，将手中电镐交给一旁的民工裴某。裴某手扶电镐赤脚站立在积水中。王某用电笔检查配电箱，发现与 B 相电源连接的空气开关的输出端带电，便将电镐、潜水泵电源插座的相线由与 A 相电源相连的空气开关的输出端更换到与 B 相电源相连的空气开关的输出端上，并合上与 B 相电源相连的空气开关送电。手扶电镐的裴某当即触电倒地，后经抢救无效死亡。

原因分析

通过现场调查分析，造成这次触电事故的原因有以下几个方面：

（1）作业人员违规在潮湿环境中使用电镐，为事故直接原因之一。电镐属于Ⅰ类手持电动工具，禁止在潮湿环境中使用。

（2）当事人裴某安全意识淡薄，为事故直接原因之二。裴某没有采取相应安全措施（穿绝缘靴、戴绝缘手套），而是手持电镐赤脚站在水里。

（3）电镐及配电箱存在安全隐患，为事故直接原因之三。经现场检测，发现电镐内部的相线与零线错位连接，与接地线直接短路，通电后电镐金属外壳直接带电。加之配电箱内没有安装漏电保护装置，未能及时切断电源。

（4）安全管理制度不健全，为事故间接原因之一。该广告公司未建立安全生产责任制，未制定安全管理制度和安全操作规程。

（5）安全管理制度未落实，为事故间接原因之二。该广告公司未对作业人员进行安全教育，未为作业人员配备必要的劳动防护用品，现场配电设备的安全功能不完善，特种作业人员未做到持证上岗。

（6）安全管理责任缺失，为事故间接原因之三。该广告公司在施工现场未配备安全管理人员，施工安全技术交底未落实，指派未取得电工作业操作证的人员从事电工作业。

对策措施

（1）必须重视对全员的安全教育和培训工作，强化作业人员的安全意识，提高人员行为的本质安全性，防止事故再次发生。对公司员工要进行三级教育，安全管理人员要参加有关安全生产管理培训并取得相应证书，特种作业人员要经专业培训并取得作业资格证书。

（2）依据现行的安全生产法律法规，编制、修订和完善本单位安全生产管理制度，建立并落实安全生产责任制度，组织制定相关规章制度和标准操作规程。针对临时用电作业，要建立用电设备定期检查制度，查找并排除用电设备故障、缺陷和隐患，保证用电设备的安全性。

（3）建立、完善设备管理制度，提高设备性能和装置水平。使用前，应对设备进行安全检查。按照规范要求操作使用设备。定期对设备要进行保养、维护和检修。对不符合安全要求的设备要及时进行更新改造，移动式设备的使用现场要符合环境条件要求，移动式设备的电源回路应安装漏电保护装置，临时用电要做好安全措施并经过检查审批。

（4）加强施工作业现场安全管理，落实安全管理责任。施工现场应配备专责的安全管理人员，施工前进行安全技术交底，落实各种安全措施，审查作业人员的资格及证书，监督作业人员正确佩戴个人劳动防护用品，指导作业人员正确使用设备和工器具，及时纠正作业人员的不当行为，对施工安全进行全过程监督、预防和控制。

（5）按照相关法律法规要求，必须为作业人员配备相应的劳动防护用品，确保作业人员的职业安全和身心健康。除了工作服以外，还必须为电工人员配备有安全帽、绝缘靴、绝缘手套、护目镜等个人劳动防护用品。

附录 A　工 作 票 格 式

一、第一种工作票

变电站（发电厂）第一种工作票

单位＿＿＿＿＿＿　　　编号＿＿＿＿＿

1. 工作负责人（监护人）＿＿＿＿＿＿　　班组＿＿＿＿＿

2. 工作班人员（不包括工作负责人）

＿＿＿＿＿＿＿＿＿＿＿＿＿＿＿＿＿＿＿＿＿＿＿＿＿＿＿＿＿

＿＿＿＿＿＿＿＿＿＿＿＿＿＿＿＿＿＿＿＿＿＿＿＿＿＿＿＿＿

＿＿＿＿＿＿＿＿＿＿＿＿＿＿＿＿＿＿＿　共＿＿＿＿人

3. 工作的变、配电站名称及其双重名称

＿＿＿＿＿＿＿＿＿＿＿＿＿＿＿＿＿＿＿＿＿＿＿＿＿＿＿＿＿

4. 工作任务

工作地点及设备双重名称	工作内容

5. 计划工作时间

自_____年____月____日____时____分至_____

年____月____日____时____分

6. 安全措施（必要时可附页绘图说明）

应拉断路器（开关）、隔离开关（刀闸）	已执行*
应装接地线、应合接地刀闸 （注明确实地点、名称及接地线编号*）	已执行
应设遮栏、应挂标示牌及防止二次回路 误碰等措施	已执行

* 已执行栏目及接地线编号由工作许可人填写。

工作地点保留带电部分或注明事项（由工作票签发人填写）	补充工作地点保留带电部分和安全措施（由工作许可人填写）

工作票签发人签名 _____

签发日期 _____ 年 ___ 月 ___ 日 ___ 时 ___ 分

7. 收到工作票时间 _____ 年 ___ 月 ___ 日 ___ 时 ___ 分

运维人员签名 _____

工作负责人签名 _____

8. 确认本工作票 1～7 项

工作负责人签名 _____

工作许可人签名 _____

许可开始工作时间 ___ 年 ___ 月 ___ 日 ___ 时 ___ 分

9. 确认工作负责人布置的工作任务和安全措施

工作班组人员签名

_____

_____

_____

_____

10. 工作负责人变动情况

　　原工作负责人_____离去，变更_____为工作负责人。

　　工作票签发人_____

　　_____年____月____日____时____分

11. 作业人员变动情况（变动人员姓名、日期及时间）

_____

_____

_____

_____

　　工作负责人签名_____

12. 工作票延期

　　有效期延长到_____年____月____日____时____分

　　工作负责人签名_____

　　_____年____月____日____时____分

　　工作许可人签名_____

　　_____年____月____日____时____分

13. 每日开工和收工时间（使用一天的工作票不必填写）

收工时间				工作负责人	工作许可人	开工时间				工作许可人	工作负责人
月	日	时	分			月	日	时	分		

14. 工作终结

全部工作于_____年____月____日____时____分结束，设备及安全措施已恢复至开工前状态，工作人员已全部撤离，材料工具已清理完毕，工作已终结。

工作负责人签名_____

工作许可人签名_____

15. 工作票终结

临时遮栏、标示牌已拆除，常设遮栏已恢复。未拆除或未拉开的接地线编号_____等共_____组、接地刀闸（小车）共_____副（台），已汇报值班调控人员。

工作许可人签名_____

_____年____月____日____时____分

16. 备注

（1）指定专责监护人_____　　负责监护_____

_____

_____

（地点及具体工作）

（2）其他事项_____

_____

_____

_____

_____

_____

_____

电力线路第一种工作票

单位_____   编号_____

1. 工作负责人（监护人）_____   班组_____

2. 工作班人员（不包括工作负责人）

_____

_____

_____

_____   共____人

3. 工作的线路名称或设备双重名称（多回路应注明双重称号）

_____

4. 工作任务

工作地点或地段 （注明分、支线路名称、线路的起止杆号）	工作内容

5. 计划工作时间

　　自_____年____月____日____时____分至_____

年____月____日____时____分

6. 安全措施（必要时可附页绘图说明）

6.1　应改为检修状态的线路间隔名称和应拉开的断路器（开关）、隔离开关（刀闸）、熔断器（包括分支线、用户线路和配合的停电线路）：＿＿＿＿＿＿＿＿

＿＿＿＿＿＿＿＿＿＿＿＿＿＿＿＿＿＿＿＿＿＿＿＿＿＿＿＿

＿＿＿＿＿＿＿＿＿＿＿＿＿＿＿＿＿＿＿＿＿＿＿＿＿＿＿＿

6.2　保留或邻近的带电线路、设备：＿＿＿＿＿＿＿＿＿＿

＿＿＿＿＿＿＿＿＿＿＿＿＿＿＿＿＿＿＿＿＿＿＿＿＿＿＿＿

＿＿＿＿＿＿＿＿＿＿＿＿＿＿＿＿＿＿＿＿＿＿＿＿＿＿＿＿

6.3　其他安全措施和注意事项：＿＿＿＿＿＿＿＿＿＿＿

＿＿＿＿＿＿＿＿＿＿＿＿＿＿＿＿＿＿＿＿＿＿＿＿＿＿＿＿

＿＿＿＿＿＿＿＿＿＿＿＿＿＿＿＿＿＿＿＿＿＿＿＿＿＿＿＿

6.4　应挂的接地线：

挂设位置 （线路名称及杆号）	接地线编号	挂设时间	拆除时间

工作票签发人签名＿＿＿＿＿＿

＿＿＿＿＿年＿＿＿月＿＿＿日＿＿＿时＿＿＿分

工作负责人签名＿＿＿＿＿＿

＿＿＿＿＿年＿＿＿月＿＿＿日＿＿＿时＿＿＿分收到工作票

7. 确认本工作票 1～6 项，许可工作开始

许可方式	许可人	工作负责人签名	许可的工作时间
			年　　月　　日　　时　　分
			年　　月　　日　　时　　分
			年　　月　　日　　时　　分
			年　　月　　日　　时　　分

8. 确认工作负责人布置的工作任务和安全措施

　　　工作班组人员签名

_____

_____

_____

9. 工作负责人变动情况

　　　原工作负责人_____离去，变更_____为工作负责人。

　　　工作票签发人签名_____

　　　_____年____月____日____时____分

10. 作业人员变动情况（变动人员姓名、日期及时间）

_____

_____

_____

_____

　　　工作负责人签名_____

11. 工作票延期

　　有效期延长到＿＿＿＿年＿＿＿月＿＿＿日＿＿＿时＿＿＿分

　　工作负责人签名＿＿＿＿＿＿＿

　　＿＿＿＿年＿＿＿月＿＿＿日＿＿＿时＿＿＿分

　　工作许可人签名＿＿＿＿＿＿＿

　　＿＿＿＿年＿＿＿月＿＿＿日＿＿＿时＿＿＿分

12. 工作票终结

12.1　现场所挂的接地线编号＿＿＿＿＿＿＿共＿＿＿＿＿＿＿组，已全部拆除、带回。

12.2　工作终结报告

终结报告方式	许可人	工作负责人签名	终结报告时间
			年　　月　　日　　时　　分
			年　　月　　日　　时　　分
			年　　月　　日　　时　　分
			年　　月　　日　　时　　分

13. 备注

　　(1) 指定专责监护人＿＿＿＿＿＿＿　　负责监护＿＿＿＿＿＿＿

　　＿＿＿＿＿＿＿＿＿＿＿＿＿＿＿＿＿＿＿＿＿＿＿＿＿＿＿＿＿＿

　　＿＿＿＿＿＿＿＿＿＿＿＿＿＿＿＿＿＿(人员、地点及具体工作)

　　(2) 其他事项＿＿＿＿＿＿＿＿＿＿＿＿＿＿＿＿＿＿＿＿＿＿＿

　　＿＿＿＿＿＿＿＿＿＿＿＿＿＿＿＿＿＿＿＿＿＿＿＿＿＿＿＿＿＿

　　＿＿＿＿＿＿＿＿＿＿＿＿＿＿＿＿＿＿＿＿＿＿＿＿＿＿＿＿＿＿

电力电缆第一种工作票

单位_____   编号_____

1. 工作负责人（监护人）_____   班组_____

2. 工作班人员（不包括工作负责人）

_____

_____

_____

_____ 共____人

3. 电力电缆名称

_____

4. 工作任务

工作地点或地段	工作内容

5. 计划工作时间

自____年____月____日____时____分至____

年____月____日____时____分

6. 安全措施（必要时可附页绘图说明）

（1）应拉开的设备名称、应装设绝缘挡板			
变、配电站或线路名称	应拉开的断路器（开关）、隔离开关（刀闸）、熔断器以及应装设的绝缘挡板（注明设备双重名称）	执行人	已执行

（2）应合接地刀闸或应装接地线		
接地刀闸双重名称和接地线装设地点	接地线编号	执行人

（3）应设遮栏、应挂标示牌

（4）工作地点保留带电部分或注意事项（由工作票签发人填写）	（5）补充工作地点保留带电部分和安全措施（由工作许可人填写）

　　　　工作票签发人签名＿＿＿＿＿＿

　　　　签发日期＿＿＿＿年＿＿＿月＿＿＿日＿＿＿时＿＿＿分

7. 确认本工作票1～6项

　　　　工作负责人签名＿＿＿＿＿＿

8. 补充安全措施

＿＿＿＿＿＿＿＿＿＿＿＿＿＿＿＿＿＿＿＿＿＿＿＿＿＿＿＿＿＿＿＿

＿＿＿＿＿＿＿＿＿＿＿＿＿＿＿＿＿＿＿＿＿＿＿＿＿＿＿＿＿＿＿＿

＿＿＿＿＿＿＿＿＿＿＿＿＿＿＿＿＿＿＿＿＿＿＿＿＿＿＿＿＿＿＿＿

＿＿＿＿＿＿＿＿＿＿＿＿＿＿＿＿＿＿＿＿＿＿＿＿＿＿＿＿＿＿＿＿

　　　　工作负责人签名＿＿＿＿＿＿

9. 工作许可：

　　　（1）在线路上的电缆工作：

　　　　工作许可人＿＿＿＿＿＿用＿＿＿＿＿＿方式许可

　　　　自＿＿＿＿＿年＿＿＿月＿＿＿日＿＿＿时＿＿＿分起开始工作

　　　　工作负责人签名＿＿＿＿＿＿

　　　（2）在变电站或发电厂内的电缆工作：

　　　　安全措施项所列措施中＿＿＿＿＿＿（变、配电站/发电

厂）部分已执行完毕

　　　　工作许可时间＿＿＿＿＿年＿＿＿月＿＿＿日＿＿＿时＿＿＿分

　　　　工作许可人签名＿＿＿＿＿＿

　　　　工作负责人签名＿＿＿＿＿＿

10. 确认工作负责人布置的工作任务和安全措施

　　　　工作班组人员签名

＿＿＿＿＿＿＿＿＿＿＿＿＿＿＿＿＿＿＿＿＿＿＿＿＿＿＿＿＿＿＿＿

＿＿＿＿＿＿＿＿＿＿＿＿＿＿＿＿＿＿＿＿＿＿＿＿＿＿＿＿＿＿＿＿

＿＿＿＿＿＿＿＿＿＿＿＿＿＿＿＿＿＿＿＿＿＿＿＿＿＿＿＿＿＿＿＿

＿＿＿＿＿＿＿＿＿＿＿＿＿＿＿＿＿＿＿＿＿＿＿＿＿＿＿＿＿＿＿＿

11. 每日开工和收工时间（使用一天的工作票不必填写）

收工时间				工作负责人	工作许可人	开工时间				工作许可人	工作负责人
月	日	时	分			月	日	时	分		

12. 工作票延期

　　有效期延长到 _____ 年 ____ 月 ____ 日 ____ 时 ____ 分

　　工作负责人签名 _____

　　_____ 年 ____ 月 ____ 日 ____ 时 ____ 分

　　工作许可人签名 _____

　　_____ 年 ____ 月 ____ 日 ____ 时 ____ 分

13. 工作负责人变动

　　原工作负责人 _____ 离去，变更 _____ 为工作负责人。

　　工作票签发人签名 _____

　　_____ 年 ____ 月 ____ 日 ____ 时 ____ 分

14. 作业人员变动情况（变动人员姓名、日期及时间）

_____

_____

_____

　　工作负责人签名 _____

15. 工作终结

（1）在线路上的电缆工作：

作业人员已全部撤离，材料工具已清理完毕，工作终结；所装的工作接地线共_____副已全部拆除，工作终结。于_____年____月____日____时____分工作负责人向工作许可人_____用_____方式汇报。

工作负责人签名_____

（2）在变、配电站或发电厂内的电缆工作：

在_____（变、配电站/发电厂）工作于_____年____月____日____时____分结束，设备及安全措施已恢复至开工前状态，作业人员已全部撤离，材料工具已清理完毕。

工作负责人签名_____　　　工作许可人签名_____

16. 工作票终结

临时遮栏、标示牌已拆除，常设遮栏已恢复；未拆除或拉开的接地线编号_____等共_____组、接地刀闸共_____副（台），已汇报调度。

工作许可人签名_____

17. 备注

（1）指定专责监护人_____　　负责监护_____

_____

_____

_____（地点及具体工作）

（2）其他事项_____

_____

_____

_____

配电第一种工作票

单位＿＿＿＿＿　　　编号＿＿＿＿＿

1. 工作负责人＿＿＿＿＿　　班组＿＿＿＿＿

2. 工作班人员（不包括工作负责人）

＿＿＿＿＿＿＿＿＿＿＿＿＿＿＿＿＿＿＿＿＿＿＿＿＿＿＿

＿＿＿＿＿＿＿＿＿＿＿＿＿＿＿＿＿＿＿＿＿＿＿＿＿＿＿

＿＿＿＿＿＿＿＿＿＿＿＿＿＿＿＿＿＿＿＿＿＿＿＿＿＿＿

＿＿＿＿＿＿＿＿＿＿＿＿＿＿＿＿＿＿＿　共＿＿＿＿人

3. 工作任务

工作地点或设备（注明变、配电站和线路名称、设备双重名称及起止杆号）	工作内容

4. 计划工作时间

自＿＿＿＿年＿＿月＿＿日＿＿时＿＿分至＿＿＿＿
年＿＿月＿＿日＿＿时＿＿分

5. 安全措施

应改为检修状态的线路、设备名称，应断开的断路器（开关）、隔离开关（刀闸）、熔断器，应合上的接地刀闸，应装设的接地线、绝缘隔板、遮栏（围栏）和标示牌等，装设的接地线应明确具体位置，必要时可附页绘图说明。

（1）调控或运维人员（变电站、配电站和发电厂）应采取的安全措施	已执行

（2）工作班完成的安全措施	已执行

（3）工作班装设（或拆除）的接地线

线路名称或设备双重名称和装设位置	接地线编号	装设时间	拆除时间

（4）配合停电线路应采取的安全措施	已执行

（5）保留或邻近的带电线路、设备

_____

_____

_____

（6）其他安全措施和注意事项

_____

_____

_____

　　工作票签发人签名_____

　　_____年___月___日___时___分

　　工作负责人签名_____

　　_____年___月___日___时___分

（7）其他安全措施和注意事项补充（由工作负责人或工作许可人填写）

_____

_____

_____

6. 工作许可

许可的线路或设备	许可方式	工作许可人	工作负责人签名	许可的工作时间				
				年	月	日	时	分
				年	月	日	时	分
				年	月	日	时	分
				年	月	日	时	分

7. 工作任务单登记

工作任务单编号	工作任务	小组负责人	工作许可时间	工作结束报告时间

8. 现场交底，工作班成员确认工作负责人布置的工作任务、人员分工、安全措施和注意事项并签名

_____

_____

_____

_____

9. 人员变更

(1) 工作负责人变动情况:

原工作负责人 _____ 离去,变更 _____ 为工作负责人。

工作票签发人 _____

_____ 年 ____ 月 ____ 日 ____ 时 ____ 分

原工作负责人签名确认 _____

新工作负责人签名确认 _____

_____ 年 ____ 月 ____ 日 ____ 时 ____ 分

(2) 工作人员变动情况

新增人员	姓名				
	变更时间				
离开人员	姓名				
	变更时间				

工作负责人签名 _____

10. 工作票延期

有效期延长到 _____ 年 ____ 月 ____ 日 ____ 时 ____ 分

工作负责人签名 _____

_____ 年 ____ 月 ____ 日 ____ 时 ____ 分

工作许可人签名 _____

_____ 年 ____ 月 ____ 日 ____ 时 ____ 分

11. 每日开工和收工记录 (使用一天的工作票不必填写)

收工时间	工作负责人	工作许可人	开工时间	工作许可人	工作负责人

12. 工作终结

（1）工作班现场所装设接地线共 _____ 组、个人保安线共 _____ 组，已全部拆除，工作班人员已全部撤离现场，材料工具已清理完毕，杆塔、设备上已无遗留物。

（2）工作终结报告：

终结的线路或设备	报告方式	工作负责人	工作许可人	终结报告时间
				年　月　日　时　分
				年　月　日　时　分
				年　月　日　时　分
				年　月　日　时　分

13. 备注

（1）指定专责监护人 _____　　负责监护 _____

_____

_____

_____（地点及具体工作）

（2）其他事项 _____

_____

_____

_____

_____

_____

_____

二、第二种工作票

变电站（发电厂）第二种工作票

单位＿＿＿＿＿＿　　　编号＿＿＿＿＿＿

1. 工作负责人（监护人）＿＿＿＿＿＿　　班组＿＿＿＿＿＿

2. 工作班人员（不包括工作负责人）

＿＿＿＿＿＿＿＿＿＿＿＿＿＿＿＿＿＿＿＿＿＿＿＿＿＿＿＿＿＿＿

＿＿＿＿＿＿＿＿＿＿＿＿＿＿＿＿＿＿＿＿＿＿共＿＿＿＿＿人

3. 工作的变、配电站名称及设备双重名称

＿＿＿＿＿＿＿＿＿＿＿＿＿＿＿＿＿＿＿＿＿＿＿＿＿＿＿＿＿＿＿

4. 工作任务

工作地点或地段	工作内容

5. 计划工作时间

自＿＿＿＿＿年＿＿＿月＿＿＿日＿＿＿时＿＿＿分至＿＿＿＿＿
年＿＿＿月＿＿＿日＿＿＿时＿＿＿分

6. 工作条件（停电或不停电，或邻近及保留带电设备名称）

＿＿＿＿＿＿＿＿＿＿＿＿＿＿＿＿＿＿＿＿＿＿＿＿＿＿＿＿＿＿＿

＿＿＿＿＿＿＿＿＿＿＿＿＿＿＿＿＿＿＿＿＿＿＿＿＿＿＿＿＿＿＿

7. 注意事项（安全措施）

＿＿＿＿＿＿＿＿＿＿＿＿＿＿＿＿＿＿＿＿＿＿＿＿＿＿＿＿＿＿＿

＿＿＿＿＿＿＿＿＿＿＿＿＿＿＿＿＿＿＿＿＿＿＿＿＿＿＿＿＿＿＿

工作票签发人签名＿＿＿＿＿＿＿＿

签发日期＿＿＿＿＿年＿＿＿月＿＿＿日＿＿＿时＿＿＿分

8. 补充安全措施（工作许可人填写）

_____

_____

9. 确认本工作票 1~8 项

　　工作负责人签名 _____

　　工作许可人签名 _____

　　许可工作时间 _____ 年 ____ 月 ____ 日 ____ 时 ____ 分

10. 确认工作负责人布置的工作任务和安全措施

　　工作班人员签名

_____

_____

11. 工作票延期

　　有效期延长到 _____ 年 ____ 月 ____ 日 ____ 时 ____ 分

　　工作负责人签名 _____

　　_____ 年 ____ 月 ____ 日 ____ 时 ____ 分

　　工作许可人签名 _____

　　_____ 年 ____ 月 ____ 日 ____ 时 ____ 分

12. 工作票终结

　　全部工作于 _____ 年 ____ 月 ____ 日 ____ 时 ____ 分结束，作业人员已全部撤离，材料工具已清理完毕。

　　工作负责人签名 _____

　　_____ 年 ____ 月 ____ 日 ____ 时 ____ 分

　　工作许可人签名 _____

　　_____ 年 ____ 月 ____ 日 ____ 时 ____ 分

13. 备注

_____

_____

电力线路第二种工作票

单位＿＿＿＿＿＿　　　编号＿＿＿＿＿＿

1. 工作负责人（监护人）＿＿＿＿＿＿　　班组＿＿＿＿＿＿

2. 工作班人员（不包括工作负责人）

＿＿＿＿＿＿＿＿＿＿＿＿＿＿＿＿＿＿＿＿＿＿＿＿＿＿＿＿＿＿

＿＿＿＿＿＿＿＿＿＿＿＿＿＿＿＿＿＿＿＿＿＿＿＿＿＿＿＿＿＿

＿＿＿＿＿＿＿＿＿＿＿＿＿＿＿＿＿＿＿＿＿＿＿＿＿＿＿＿＿＿

＿＿＿＿＿＿＿＿＿＿＿＿＿＿＿＿＿＿＿＿＿＿　共＿＿＿＿＿人

3. 工作任务

线路或设备名称	工作地点、范围	工作内容

4. 计划工作时间

　　自＿＿＿＿＿年＿＿＿月＿＿＿日＿＿＿时＿＿＿分至＿＿＿＿＿

年＿＿＿月＿＿＿日＿＿＿时＿＿＿分

5. 注意事项（安全措施）

＿＿＿＿＿＿＿＿＿＿＿＿＿＿＿＿＿＿＿＿＿＿＿＿＿＿＿＿＿＿

＿＿＿＿＿＿＿＿＿＿＿＿＿＿＿＿＿＿＿＿＿＿＿＿＿＿＿＿＿＿

＿＿＿＿＿＿＿＿＿＿＿＿＿＿＿＿＿＿＿＿＿＿＿＿＿＿＿＿＿＿

＿＿＿＿＿＿＿＿＿＿＿＿＿＿＿＿＿＿＿＿＿＿＿＿＿＿＿＿＿＿

　　　　工作票签发人签名_____
　　　　　　____年____月____日____时____分
　　　　工作负责人签名_____
　　　　　　____年____月____日____时____分

6. 确认工作负责人布置的工作任务和安全措施
　　　工作班组人员签名

_____

_____

_____

7. 工作开始时间
　　　____年____月____日____时____分
　　　工作负责人签名_____
　　　工作完工时间____年____月____日____时____分
　　　工作负责人签名_____

8. 工作票延期
　　　有效期延长到_____年____月____日____时____分

9. 备注

_____

_____

_____

_____

_____

_____

电力电缆第二种工作票

单位_____　　　编号_____

1. 工作负责人（监护人）_____　班组_____

2. 工作班人员（不包括工作负责人）

_____

_____ 共_____人

3. 工作任务

电力电缆名称	工作地点或地段	工作内容

4. 计划工作时间

自_____年____月____日____时____分至_____
年____月____日____时____分

5. 工作条件和安全措施

_____

_____

　　工作票签发人签名_____

　　签发日期_____年____月____日____时____分

6. 确认本工作票 1～5 项

　　工作负责人签名_____

7. 补充安全措施（工作许可人填写）

_____

_____

8. 工作许可

　　（1）在线路上的电缆工作：

　　工作开始时间_____年____月____日____时____分

　　工作负责人签名_____

（2）在变电站或发电厂内的电缆工作：

安全措施项所列措施中_____（变、配电站/发电厂）部分已执行完毕

许可自_____年____月____日____时____分起开始工作

工作许可人签名_____　　　　工作负责人签名_____

9. 确认工作负责人布置的工作任务和安全措施

工作班组人员签名

_____

_____

10. 工作票延期

有效期延长到_____年____月____日____时____分

工作负责人签名_____

_____年____月____日____时____分

工作许可人签名_____

_____年____月____日____时____分

11. 工作票终结

（1）在线路上的电缆工作：

工作结束时间_____年____月____日____时____分

工作负责人签名_____

（2）在变、配电站或发电厂内的电缆工作：

在_____（变、配电站/发电厂）工作于_____年____月____日____时____分结束，作业人员已全部退出，材料工具已清理完毕。

工作负责人签名_____　　　　工作许可人签名_____

12. 备注

_____

_____

注：若使用总、分票、总票的编号上前缀"总（n）号含分（m）"，分票的编号上前缀"总（n）号第分（n）"。

配电第二种工作票

单位_____ 编号_____

1. 工作负责人_____ 班组_____

2. 工作班人员（不包括工作负责人）

_____

_____

_____

_____ 共_____人

3. 工作任务

工作地点或设备（注明变、配电站和线路名称、设备双重名称及起止杆号）	工作内容

4. 计划工作时间

自_____年____月____日____时____分至_____
年____月____日____时____分

5. 工作条件和安全措施（必要时可附页绘图说明）

_____

_____

_____

_____

工作票签发人签名_____
_____年____月____日____时____分

　　　　工作负责人签名 ＿＿＿＿＿＿
＿＿＿＿＿年＿＿＿月＿＿＿日＿＿＿时＿＿＿分

6. 现场补充的安全措施

＿＿＿＿＿＿＿＿＿＿＿＿＿＿＿＿＿＿＿＿＿＿＿＿＿＿＿＿＿

＿＿＿＿＿＿＿＿＿＿＿＿＿＿＿＿＿＿＿＿＿＿＿＿＿＿＿＿＿

＿＿＿＿＿＿＿＿＿＿＿＿＿＿＿＿＿＿＿＿＿＿＿＿＿＿＿＿＿

7. 工作许可

许可的线路或设备	许可方式	工作许可人	工作负责人签名	许可的工作时间				
				年	月	日	时	分
				年	月	日	时	分
				年	月	日	时	分
				年	月	日	时	分

8. 现场交底，工作班成员确认工作负责人布置的工作任务、人员分工、安全措施和注意事项并签名

＿＿＿＿＿＿＿＿＿＿＿＿＿＿＿＿＿＿＿＿＿＿＿＿＿＿＿＿＿

＿＿＿＿＿＿＿＿＿＿＿＿＿＿＿＿＿＿＿＿＿＿＿＿＿＿＿＿＿

＿＿＿＿＿＿＿＿＿＿＿＿＿＿＿＿＿＿＿＿＿＿＿＿＿＿＿＿＿

　　　　工作开始时间 ＿＿＿＿＿年＿＿＿＿月＿＿＿＿日＿＿＿＿时＿＿＿＿分
　　　　工作负责人签名 ＿＿＿＿＿＿＿

9. 工作票延期
　　　　有效期延长到 ＿＿＿＿＿＿年＿＿＿＿月＿＿＿＿日＿＿＿＿时＿＿＿＿分
　　　　工作负责人签名 ＿＿＿＿＿＿＿

_____年_____月___日____时____分

工作许可人签名_____

_____年_____月___日____时____分

10. 工作完工时间_____年____月____日____时___分

工作负责人签名_____

11. 工作终结

(1) 工作班人员已全部撤离现场，材料工具已清理完毕，杆塔、设备上已无遗留物。

(2) 工作终结报告：

终结的线路或设备	报告方式	工作负责人	工作许可人	终结报告（或结束）时间
				年　　月　　日　　时　　分
				年　　月　　日　　时　　分
				年　　月　　日　　时　　分
				年　　月　　日　　时　　分

12. 备注

(1) 指定专责监护人_____　　　负责监护_____

_____

_____（地点及具体工作）

(2) 其他事项_____

_____

_____

_____

三、带电作业工作票

变电站（发电厂）带电作业工作票

单位_____ 编号_____

1. 工作负责人（监护人）_____ 班组_____

2. 工作班人员（不包括工作负责人）

_____

_____

_____ 共_____ 人

3. 工作的变、配电站名称及设备双重名称

_____

4. 工作任务

工作地点或地段	工作内容

5. 计划工作时间

　　自_____年____月____日____时____分至_____

年____月____日____时____分

6. 工作条件（等电位、中间电位或地电位作业，或邻近带电设备名称）

_____

_____

_____

7. 注意事项（安全措施）

_____

_____

　　工作票签发人签名 _____

　　签发日期 _____年____月____日____时____分

8. 确认本工作票1~7项

　　工作负责人签名 _____

9. 指定 _____ 为专责监护人

　　专责监护人签名 _____

10. 补充安全措施（工作许可人填写）

_____

_____

11. 许可工作时间 _____年____月____日____时____分

　　工作许可人签名 _____

　　工作负责人签名 _____

12. 确认工作负责人布置的工作任务和安全措施

　　工作班人员签名

_____

_____

13. 工作票终结

　　全部工作于 _____年____月____日____时____分结束，作业人员已全部撤离，材料工具已清理完毕。

　　工作负责人签名 _____

　　工作许可人签名 _____

14. 备注

_____

_____

电力线路带电作业工作票

单位_____ 编号_____

1. 工作负责人（监护人）_____ 班组_____

2. 工作班人员（不包括工作负责人）

_____

_____

_____共_____人

3. 工作任务

线路或设备名称	工作地点、范围	工作内容

4. 计划工作时间

自_____年____月____日____时____分至____

年____月____日____时____分

5. 停用重合闸线路（应写线路名称）

_____

_____

6. 工作条件（等电位、中间电位或地电位作业，或邻近带电设备名称）

_____

_____

_____

7. 注意事项（安全措施）

_____

_____

　　　工作票签发人签名 _____

　　　签发日期 _____ 年 ____ 月 ____ 日 ____ 时 ____ 分

8. 确认本工作票 1～7 项

　　　工作负责人签名 _____

9. 工作许可

　　　调控许可人（联系人）_____

　　　许可时间 _____ 年 ____ 月 ____ 日 ____ 时 ____ 分

　　　工作负责人签名 _____

　　　_____ 年 ____ 月 ____ 日 ____ 时 ____ 分

10. 指定 _____ 为专责监护人

　　　专责监护人签名 _____

11. 补充安全措施

_____

_____

12. 确认工作负责人布置的工作任务和安全措施

　　　工作班组人员签名

_____

_____

13. 工作终结汇报调控许可人（联系人）_____

　　　工作负责人签名 _____

　　　_____ 年 ____ 月 ____ 日 ____ 时 ____ 分

14. 备注

_____

_____

配电带电作业工作票

单位_____　　编号_____

1. 工作负责人_____　　班组_____

2. 工作班人员（不包括工作负责人）

_____

_____

_____

_____共_____人

3. 工作任务

线路名称或设备双重名称	工作地段、范围	工作内容及人员分工	专责监护人

4. 计划工作时间

自_____年____月____日____时____分至_____年____月____日____时____分

5. 安全措施

（1）调控或运维人员应采取的安全措施：

线路名称或设备双重名称	是否需要停用重合闸	作业点负荷侧需要停电的线路、设备	应装设的安全遮栏（围栏）和悬挂的标示牌

（2）其他危险点预控措施和注意事项：

_____

_____

　　　工作票签发人签名_____

　　　_____年____月____日____时____分

　　　工作负责人签名_____

　　　_____年____月____日____时____分

6. 确认本工作票1～5项正确完备，许可工作开始

许可的线路或设备	许可方式	工作许可人	工作负责人	许可的工作时间
				年　　月　　日　　时　　分
				年　　月　　日　　时　　分
				年　　月　　日　　时　　分
				年　　月　　日　　时　　分

7. 现场补充的安全措施

_____

_____

8. 现场交底，工作班成员确认工作负责人布置的工作任务、人员分工、安全措施和注意事项并签名

_____

_____

_____

9. 工作终结

（1）工作班人员已全部撤离现场，材料、工具已清理完毕，杆塔、设备上已无遗留物。

（2）工作终结报告：

终结的线路或设备	报告方式	工作负责人	工作许可人	终结报告时间			
				年	月	日	时 分
				年	月	日	时 分
				年	月	日	时 分
				年	月	日	时 分

10. 备注

_____

_____

_____

_____

四、事故（故障）紧急抢修单

变电站（发电厂）事故紧急抢修单

单位_____　　　编号_____

1. 抢修工作负责人（监护人）_____　　班组_____

2. 抢修班人员（不包括抢修工作负责人）

_____

_____

_____

_____共_____人

3. 抢修任务（抢修地点和抢修内容）

_____

_____

_____

4. 安全措施

_____

_____

_____

5. 抢修地点保留带电部分或注意事项

_____

_____

_____

6. 上述 1～5 项由抢修工作负责人_____根据抢修任务布置人_____的布置填写。

7. 经现场勘察需补充下列安全措施

_____

_____

_____

　　　经许可人（调控/运维人员）_____ 同意（____ 月

____ 日 ____ 时 ____ 分）后，已执行。

8. 许可抢修时间 _____ 年 ____ 月 ____ 日 ____ 时 ____ 分

　　　许可人（调控/运维人员）_____

9. 抢修结束汇报

　　　本抢修工作于 _____ 年 ____ 月 ____ 日 ____ 时 ____ 分

结束。

　　　现场设备状况及保留安全措施

_____

_____

_____

　　　抢修班人员已全部撤离现场，材料、工具已清理完毕，

事故紧急抢修单已终结。

　　　抢修工作负责人 _____

　　　许可人（调控/运维人员）_____

　　　填写时间 _____ 年 ____ 月 ____ 日 ____ 时 ____ 分

10. 备注

_____

_____

_____

_____

配电故障紧急抢修单

单位＿＿＿＿＿＿　　　编号＿＿＿＿＿＿

1. 抢修工作负责人＿＿＿＿＿＿　　班组＿＿＿＿＿＿

2. 抢修班人员（不包括抢修工作负责人）

＿＿＿＿＿＿＿＿＿＿＿＿＿＿＿＿＿＿＿＿＿＿＿＿＿＿＿＿＿＿＿＿＿

＿＿＿＿＿＿＿＿＿＿＿＿＿＿＿＿＿＿＿＿＿＿＿＿＿＿＿＿＿＿＿＿＿

＿＿＿＿＿＿＿＿＿＿＿＿＿＿＿＿＿＿＿＿＿＿＿＿＿＿＿＿＿＿＿＿＿

＿＿＿＿＿＿＿＿＿＿＿＿＿＿＿＿＿＿＿＿　共＿＿＿＿＿人

3. 抢修工作任务

工作地点或设备（注明变/配电站、线路名称、设备双重名称及起止杆号）	工作内容

4. 安全措施

内容	安全措施			
由调控中心完成的线路间隔名称、状态（检修、热备用、冷备用）				
现场应断开的断路器（开关）、隔离开关（刀闸）、熔断器				
应装设的遮栏（围栏）及悬挂的标示牌				
应装设的接地线的位置				

内容	安全措施
保留带电部位及其他安全注意事项	

5. 上述 1～4 项由抢修工作负责人＿＿＿＿＿＿根据抢修任务布置人＿＿＿＿＿＿的指令，并根据现场勘察情况填写

6. 许可抢修时间＿＿＿＿年＿＿月＿＿日＿＿时＿＿分

　　　工作许可人＿＿＿＿＿＿

7. 抢修结束汇报

　　　本抢修工作于＿＿＿＿＿＿年＿＿月＿＿日＿＿时＿＿分结束。

　　　抢修班人员已全部撤离现场，材料、工具已清理完毕，故障紧急抢修单已终结。

　　　现场设备状况及保留安全措施

＿＿＿＿＿＿＿＿＿＿＿＿＿＿＿＿＿＿＿＿＿＿＿＿＿＿＿＿＿＿＿

＿＿＿＿＿＿＿＿＿＿＿＿＿＿＿＿＿＿＿＿＿＿＿＿＿＿＿＿＿＿＿

＿＿＿＿＿＿＿＿＿＿＿＿＿＿＿＿＿＿＿＿＿＿＿＿＿＿＿＿＿＿＿

　　　抢修工作负责人＿＿＿＿＿＿

　　　工作许可人＿＿＿＿＿＿

　　　填写时间＿＿＿＿＿＿年＿＿月＿＿日＿＿时＿＿分

8. 备注

＿＿＿＿＿＿＿＿＿＿＿＿＿＿＿＿＿＿＿＿＿＿＿＿＿＿＿＿＿＿＿

＿＿＿＿＿＿＿＿＿＿＿＿＿＿＿＿＿＿＿＿＿＿＿＿＿＿＿＿＿＿＿

＿＿＿＿＿＿＿＿＿＿＿＿＿＿＿＿＿＿＿＿＿＿＿＿＿＿＿＿＿＿＿

五、低压工作票（适用于不需要将高压设备、线路停电或者做安全措施的低压配电工作）

低压工作票

单位＿＿＿＿＿　　　编号＿＿＿＿＿

1. 工作负责人＿＿＿＿＿　　　班组＿＿＿＿＿

2. 工作班成员（不包括工作负责人）

＿＿＿＿＿＿＿＿＿＿＿＿＿＿＿＿＿＿＿＿＿＿＿＿＿

＿＿＿＿＿＿＿＿＿＿＿＿＿＿＿＿＿＿＿＿＿＿＿＿＿

＿＿＿＿＿＿＿＿＿＿＿＿＿＿＿＿＿＿＿＿＿＿＿＿＿

＿＿＿＿＿＿＿＿＿＿＿＿＿＿＿＿＿＿　共＿＿＿＿人。

3. 工作的线路名称或设备双重名称（多回路应注明双重称号及方位）、工作任务

＿＿＿＿＿＿＿＿＿＿＿＿＿＿＿＿＿＿＿＿＿＿＿＿＿

＿＿＿＿＿＿＿＿＿＿＿＿＿＿＿＿＿＿＿＿＿＿＿＿＿

＿＿＿＿＿＿＿＿＿＿＿＿＿＿＿＿＿＿＿＿＿＿＿＿＿

＿＿＿＿＿＿＿＿＿＿＿＿＿＿＿＿＿＿＿＿＿＿＿＿＿

4. 计划工作时间

　　　自＿＿＿＿年＿＿月＿＿日＿＿时＿＿分至＿＿＿

年＿＿月＿＿日＿＿时＿＿分

5. 安全措施（必要时可附页绘图说明）

　　（1）工作的条件和应采取的安全措施（停电、接地、隔离和装设的安全遮栏、围栏、标示牌等）：

＿＿＿＿＿＿＿＿＿＿＿＿＿＿＿＿＿＿＿＿＿＿＿＿＿

＿＿＿＿＿＿＿＿＿＿＿＿＿＿＿＿＿＿＿＿＿＿＿＿＿

＿＿＿＿＿＿＿＿＿＿＿＿＿＿＿＿＿＿＿＿＿＿＿＿＿

＿＿＿＿＿＿＿＿＿＿＿＿＿＿＿＿＿＿＿＿＿＿＿＿＿

＿＿＿＿＿＿＿＿＿＿＿＿＿＿＿＿＿＿＿＿＿＿＿＿＿

（2）保留的带电部位：

_____

_____

_____

_____

（3）其他安全措施和注意事项：

_____

_____

_____

_____

工作票签发人签名_____

_____年____月____日____时____分

工作负责人签名_____

_____年____月____日____时____分

6. 工作许可

（1）现场补充的安全措施：

_____

_____

_____

_____

（2）确认本工作票安全措施正确完备，许可工作开始。

许可方式_____

许可工作时间_____年____月____日____时____分

工作许可人签名_____

工作负责任签名_____

7. 现场交底，工作班成员确认工作负责人布置的工作任务、人员分工、安全措施和注意事项并签名

_____

_____

_____

_____

_____

_____

_____

8. 工作票终结

工作班现场所装设的接地线共_____组、个人保安线共_____组已全部拆除，工作班人员已全部撤离现场，材料、工具已清理完毕，杆塔、设备上已无遗留物。

工作负责人签名_____

工作许可人签名_____

工作终结时间_____年_____月_____日_____时_____分

9. 备注

_____

_____

_____

_____

_____

_____

_____

参 考 文 献

［1］《全国特种作业人员安全技术培训考核统编教材》编委会．全国特种作业人员安全技术培训考核统编教材：电工作业．北京：气象出版社，2011．

［2］王曹荣．低压供配电技术问答．北京：中国电力出版社，2012．